机械制图与 CAD

主　编　董继明
副主编　苗全生

北京理工大学出版社
BEIJING INSTITUTE OF TECHNOLOGY PRESS

内容简介

本书计算机绘图采用了 Auto CAD 2006 的新版本编写，浓缩了 CAD 制图的实用知识点。

全书共分十章，主要包括制图的基本知识与技能、常用图形的画法、投影基础、组合体、机件的表达方法、标准件与常用件、零件图、装配图、展开图与焊接图、计算机绘图等内容。

本书可作为高职高专以及成人高等教育机械类、汽车类等近机械类专业基础课教材，也可供电视、函授等其他类型学校有关专业使用，还可为其他专业师生和工程技术人员参考。

版权专有　侵权必究

图书在版编目（CIP）数据

机械制图与 CAD/董继明主编．—北京：北京理工大学出版社，2018.7 重印

21 世纪高职高专规划教材．汽车类

ISBN 978-7-5640-1513-8

Ⅰ. 机… Ⅱ. 董… Ⅲ. ①机械制图－高等学校：技术学校－教材 ②机械制图：计算机制图－高等学校：技术学校　Ⅳ. TH126

中国版本图书馆 CIP 数据核字（2008）第 073551 号

出版发行 / 北京理工大学出版社
社　　址 / 北京市海淀区中关村南大街 5 号
邮　　编 / 100081
电　　话 / （010）68914775（办公室）　68944990（批销中心）　68911084（读者服务部）
网　　址 / http：// www.bitpress.com.cn
经　　销 / 全国各地新华书店
印　　刷 / 保定市中画美凯印刷有限公司
开　　本 / 787 毫米×1092 毫米　1/16
印　　张 / 17
字　　数 / 403 千字
版　　次 / 2018 年 7 月第 1 版第 11 次印刷　　　责任校对 / 陈玉梅
定　　价 / 45.00 元　　　　　　　　　　　　　　责任印制 / 周瑞红

图书出现印装质量问题，本社负责调换

编委会名单

主　编：舒　华

编　委：(按姓氏笔画排序)

王　鹏　　王世震　　朱　凯　　刘焕学

刘皓宇　　安相璧　　杨智勇　　李良洪

李春明　　沈中杰　　张　宪　　张　煜

张文双　　张松青　　张真忠　　赵振宁

胡光辉　　南金瑞　　段兴华　　侯建生

姚国平　　阎连新　　董宏国　　董继明

焦建民

编写说明

汽车作为人类文明发展的标志，从1886年发明至今，已有100多年的历史。近几年，我国的汽车生产量和销售量都迅速增大，全国汽车拥有量大幅度上升。世界知名汽车企业进入国内汽车市场，促进了国内汽车技术的进步。汽车保有量的急剧增加，汽车技术又不断更新，使得汽车运用与维修行业的车源、车种、服务对象以及维修作业形式都已发生了新的变化，使得技能型、应用型人才非常紧缺。

根据"职业院校开展汽车运用与维修专业领域技能型紧缺人才培养培训工程"的通知精神，并配合高等职业院校关于紧缺人才培养计划的实施，北京理工大学出版社组织了一批多年工作在教学一线的优秀教师，根据他们多年的教学和实践经验，再结合高等职业院校汽车运用与维修专业的教学大纲要求，编写了本套教材。

本套教材既有专业基础课，又有专业技术课。在专业技术课中又分几个专门化方向组织编写，分别是：汽车电工专门化方向，检测技术专门化方向，汽车机修专门化方向，大型运输车维修技术专门化方向，车身修复技术专门化方向，技术服务与贸易专门化方向，汽车保险与理赔专门化方向。

本套教材是按照"高等职业教育汽车运用与维修专业领域技能型紧缺人才培养指导方案"要求而编写的。在内容的编排上根据汽车专业教育教学改革的要求，注重职业教育的特点，按技能型、应用型人才培养的模式进行设计构思。本套教材编写中，坚持以就业为导向，以服务市场为基础，以能力为本位，以培养学生的职业技能和就业能力为宗旨；合理控制理论知识，丰富实例，注重实用性，突出新技术、新工艺、新知识和新方法。

本套教材适用于培养汽车维修、检测、管理、评估、保险、销售等方面的高技术应用型人才的院校使用。

本套教材经中国汽车工程学会汽车工程图书出版专家委员会评审，并做了适量的修改，内容更具体，更实用。本套教材由汽车工程图书出版专家委员会推荐出版。

汽车工程图书出版专家委员会

前 言

本书参照了教育部制订的"高职高专工程制图课程教学基本要求",其知识体系完整,以必需、够用为原则,适当降低了复杂组合体、零件图、装配图的难度要求,加强了读图、测绘和徒手画图的能力训练。

计算机绘图采用了 Auto CAD 2006 的新版本编写,该章浓缩了 CAD 制图的实用知识点,内容上参照了 CAD 职业技能培训要求,使学生基本掌握计算机制图的基本技能。

本书力求文字简练、图文并茂、通俗易懂。

全书共分十章,主要包括制图的基本知识与技能、常用图形的画法、投影基础、组合体、机件的表达方法、标准件与常用件、零件图、装配图、展开图与焊接图、计算机绘图等内容。

本书在编写过程中,根据高职高专教育改革和发展对制图教学的新要求及岗位需要,将多年的教学、生产、培训及教学改革成果融入本书,突出职教特点,内容上考虑了就业实际需要和中级技术工人等级考核标准的要求,注重基础知识的讲解和识图能力的培养。

本书由河南职业技术学院董继明任主编,河南工程学院苗全生任副主编,其他参编人员有肖珑、邵立新、赵文涛、何丽、李彦勤、邱放。

本书在编写过程中,曾得到许多专家和同行的热情支持,并参阅了许多国内外公开出版和发表的文献,在此一并表示感谢。

由于编者水平有限,书中难免存在不妥与疏漏之处,恳请读者批评指正。

编 者

目 录

第一章　制图的基本知识与技能 …………………………………………………… (1)
　第一节　图样 …………………………………………………………………… (1)
　第二节　制图的国家标准与规定 ………………………………………………… (5)
　第三节　尺寸标注 ………………………………………………………………… (11)
　第四节　常用绘图工具 …………………………………………………………… (15)
　本章小结 …………………………………………………………………………… (17)

第二章　常用图形的画法 …………………………………………………………… (19)
　第一节　几何作图 ………………………………………………………………… (19)
　第二节　平面图形的画法 ………………………………………………………… (25)
　本章小结 …………………………………………………………………………… (29)

第三章　投影基础 …………………………………………………………………… (31)
　第一节　投影的基本知识 ………………………………………………………… (32)
　第二节　三视图的形成与对应关系 ……………………………………………… (34)
　第三节　点、线、面的投影 ……………………………………………………… (37)
　第四节　基本几何体的投影 ……………………………………………………… (52)
　第五节　截交线、相贯线过渡线 ………………………………………………… (59)
　第六节　轴测图 …………………………………………………………………… (67)
　本章小结 …………………………………………………………………………… (77)

第四章　组合体 ……………………………………………………………………… (79)
　第一节　组合体的形体分析 ……………………………………………………… (79)
　第二节　组合体的画法 …………………………………………………………… (82)
　第三节　组合体的尺寸标注 ……………………………………………………… (84)
　第四节　读组合体视图 …………………………………………………………… (87)
　本章小结 …………………………………………………………………………… (93)

第五章　机件的表达方法 …………………………………………………………… (94)
　第一节　视图 ……………………………………………………………………… (94)
　第二节　剖视图 …………………………………………………………………… (98)
　第三节　断面图 …………………………………………………………………… (105)
　第四节　其他方法 ………………………………………………………………… (107)
　第五节　读综合图样 ……………………………………………………………… (114)
　本章小结 …………………………………………………………………………… (115)

第六章 标准件与常用件 (117)
 第一节 螺纹 (117)
 第二节 螺纹紧固件 (124)
 第三节 键连接、销连接 (129)
 第四节 齿轮 (133)
 第五节 滚动轴承 (137)
 第六节 弹簧 (140)
 本章小结 (143)

第七章 零件图 (144)
 第一节 零件图概述 (145)
 第二节 零件图的尺寸标注与技术要求 (152)
 第三节 零件图上的技术要求 (160)
 第四节 零件的测绘与零件图的识读 (170)
 本章小结 (176)

第八章 装配图 (177)
 第一节 概述 (177)
 第二节 装配图的尺寸与技术要求 (182)
 第三节 识读装配图 (185)
 本章小结 (188)

第九章 展开图与焊接图 (189)
 第一节 求一般位置直线的实长 (190)
 第二节 棱柱管和圆柱管的展开 (191)
 第三节 棱锥管和圆锥管的展开 (192)
 第四节 管接头的展开 (193)
 第五节 焊接图 (196)
 本章小结 (203)

第十章 计算机绘图 (204)
 第一节 概述 (204)
 第二节 Auto CAD 的基本操作 (206)
 第三节 基本设置和坐标系统 (210)
 第四节 基本绘图命令 (215)
 第五节 基本编辑命令及应用 (224)
 第六节 文本及尺寸标注 (231)
 第七节 绘制平面图形 (238)
 第八节 零件图绘制 (240)
 第九节 三维实体建模 (245)
 第十节 图形输出 (257)
 本章小结 (258)

参考文献 (261)

第一章　制图的基本知识与技能

主要内容：

1. 图样的概念及形成
2. 国家标准和标准代号
3. 图纸幅面和格式
4. 图线的种类、应用和画法
5. 尺寸的标注方法
6. 常用绘图工具

教学要求：

1. 了解机械图样的概念、作用和分类
2. 理解国家标准及标准代号的含义，熟悉国家标准的内容
3. 掌握各种图线的应用和画法
4. 掌握常用尺寸的标注方法
5. 掌握常用绘图工具的使用方法

教学重点：

1. 图样的形成及与立体图的比较
2. 粗实线、细实线、虚线和细点画线的画法
3. 常用尺寸的标注方法

教学难点：

1. 虚线和细点画线的画法
2. 直径尺寸、角度尺寸的标注方法

第一节　图　　样

机械制图是一门重要的技术基础课，它是研究如何运用正投影基本原理，绘制和阅读机械工程图样的课程。主要任务是培养学生看图、绘图和空间想象能力，以适应今后从事工程技术工作的需要。

一、零件的图样

图样是按照一定的投影方法,遵照国家标准绘制的,能准确地表达物体的形状、尺寸和技术要求的图,称为图样。其中,形状、尺寸和技术要求三个方面,缺一不可。

图样是表达设计者设计意图的重要手段,是工程技术人员交流技术思想的重要工具,被誉为"工程界技术语言"。在生产过程中,图样是工厂组织生产、制造零件和装配机器的依据。

在建筑工程中使用的图样称为建筑图样,在机械工程中使用的图样称为机械图样。机械制图课程是以机械图样作为研究对象的,即研究如何运用正投影基本原理,绘制和阅读机械工程图样的课程。

二、图样的类型

1. 立体图与平面图

反映零件的形状、尺寸和技术要求可以用立体图和平面图反映。

立体图是从一个方向、用一个图形来表达物体的形状。如图1-1所示,只能看见长方体的前面、上面和左面,后面、下面和右面无法看清;而且长方体是由六个矩形面构成的,但矩形都变形为平行四边形。

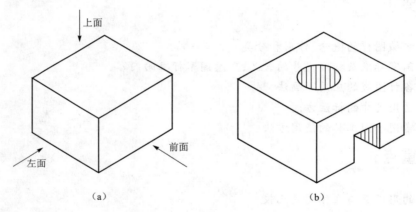

图 1-1 立体图
(a) 普通长方体;(b) 带槽和孔的长方体

若长方体上有孔和槽,则会发现:圆孔有多深,方槽是否前后贯通,在立体图中表达不清楚,而圆形也变形为椭圆形。图1-3是千斤顶的立体图,仅用一个图形表达了千斤顶的三个方向的形状,富有立体感,但不能反映千斤顶的真实形状。如顶块的正方形表面成了菱形,螺杆上的圆孔成了椭圆形。

立体图直观、容易识读,但其图样表达发生变形、且内部和后面结构表达不清楚。即立体图不能反映出物体的真实形状,所以,不能直接应用在生产上。只能作为生产图样的辅助性说明。生产中广泛采用的图样是用正投影法绘制的平面图。

所谓正投影法,在物体后面放一张图纸,眼睛正对着图纸看物体,把看到的物体形状在图纸上反映出来。这里把平行的视线当做投影线,把图纸看做投影面,画在纸上的图形就是物体的投影,称为视图。

如图1-1(a)所示的长方体,采用正投影法,从三个方向对物体投影,因此得到三个图形,称为三视图。长方体的三视图如图1-2所示。

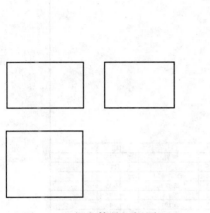

图1-2 长方体的三视图

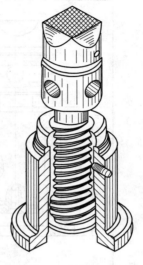

图1-3 千斤顶立体图

立体图产生变形的地方,视图能正确地表达出来;立体图表达不清楚的地方,视图却能完全表达清楚,这样就能把物体的真实形状完全地反映出来,如果再注上尺寸、技术要求,就构成一张完整的图样。

2. 零件图与装配图

图1-4所示是用正投影法绘制的千斤顶顶块,图中用两个图形表达零件的形状,将立体图表达不清楚的地方完整地表达出来,并标注了尺寸和技术要求,这种表达单个零件的形状、结构、大小及技术要求的图样称为零件图,零件图是生产制造和检验零件的依据。

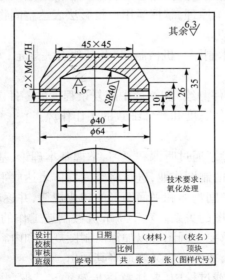

图1-4 千斤顶顶块零件图

图1-5是千斤顶的装配图,它表达了各组成零件之间的装配关系和连接方式,这种表达机器或部件中零件间的相对位置、联系方式、装配关系的图样称为装配图样,简称装配图。

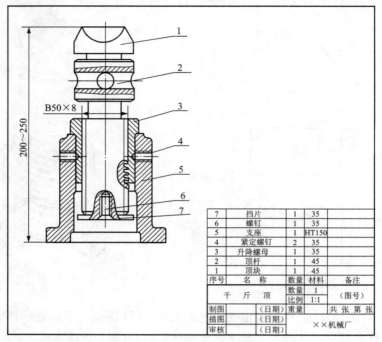

图1-5 千斤顶装配图

三、本课程的任务和学习方法

1. 本课程的主要任务

（1）学习正确、熟练地使用绘图仪器、工具,掌握较强的绘图方法和技能。

（2）学习正投影法的基本原理,掌握运用正投影法表达空间物体的基本理论和方法,具有图解空间几何问题的初步能力。

（3）学习《国家标准技术制图与机械制图》及其他有关规定,并具有查阅有关标准及手册的能力。

（4）培养绘制（含零、部件测绘）和阅读中等复杂程度的零件图和装配图的能力。

（5）培养严肃认真的工作态度和严谨细致的工作作风。

2. 本课程的学习方法

（1）在学习本课程时,除了通过听课和复习,掌握基本理论、基本知识和基本方法以外,还要结合生产实际完成一系列的制图作业,进行将空间物体表达成平面图形,再由平面图形想象空间物体的反复训练,掌握空间物体和平面图形的转化规律,并逐步培养空间想象力。

（2）正确处理读图和画图的关系。对于从事机械制造工作的人员,正确地读懂图样是非常重要的,绘制图样也同样重要。画图可以加深对制图规律和内容的理解,从而能够提高读图能力。只有对图样理解得好,才能又快又好地将其画出。

（3）在读图和画图的实践过程中,要注意逐步熟悉和掌握《国家标准技术制图与机械制图》及其他有关规定,在学习中应养成认真负责、耐心细致、一丝不苟的优良作风。

第二节 制图的国家标准与规定

一、图纸幅面的规定

为了便于图样的绘制、使用和保管,图样均应画在规定幅面和格式的图纸。

1. 图纸幅面

绘制图样时优先采用表 1-1 中规定的图纸幅面尺寸。

表 1-1 图纸幅面尺寸   mm

幅面代号	A0	A1	A2	A3	A4	幅面代号	A0	A1	A2	A3	A4
$B \times L$	841× 1 189	594× 841	420× 594	297× 420	210× 297	c	10	10	10	5	5
a	25					e	20	20	10	10	10

上述五种幅面中,各相邻幅面的面积大小均相差一倍,如 A0 为 A1 幅面的两倍,A1 为 A2 幅面的两倍,依此类推。

2. 图纸格式

图纸上必须用粗实线画出图框,其规格分为不留装订边(图 1-6)和留装订边(图 1-7)两种,各周边的具体尺寸与图纸幅面大小有关,见表 1-1。

值得注意的是同一产品的图样应采用同一种图框格式。

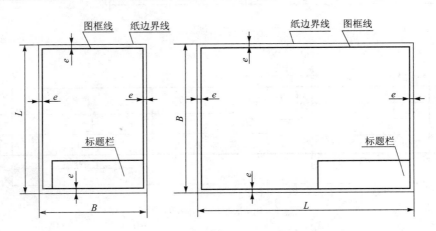

图 1-6 不留装订边图样的图框格式

3. 标题栏的位置和格式

每张图纸上必须画出标题栏,标题栏的位置一般在图框的右下角。其格式和尺寸必须遵守国家标准规定,如图 1-8 所示。标题栏中应填写零件的名称、材料、代号、绘图比例、数量及设计者的姓名、设计日期等内容。

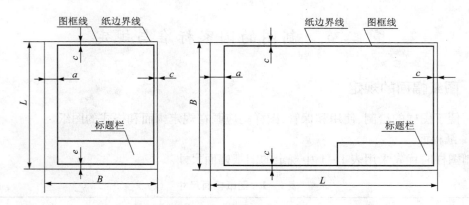

图1-7 留有装订边图样的图框格式

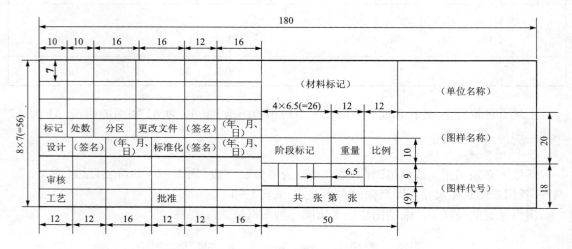

图1-8 标题栏

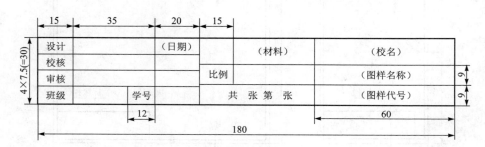

图1-9 学生练习用标题栏

二、比例

图样中机件要素的线性尺寸与实际机件相应要素的线性尺寸之比。

比例中1:1的比例称为"原值比例",其比值为1,表示实物尺寸与图形相应要素尺寸相同。比例大于1的称为"放大比例",表示实物尺寸小于图形相应要素尺寸。比例小于1的称为"缩小比例",表示表示实物尺寸大于图形相应要素尺寸。绘图时应尽量采用1:1比例,也可根据物体的大小及结构复杂程度采用缩小或放大比例。国家标准中规定的比例系列见表 1-2 所示。不同比例的图形及尺寸标注见图 1-10。

表 1-2 标准比例系列

种　类	优先选用比例	允许选用比例
原值比例	1∶1	
放大比例	5∶1　　2∶1 $5×10^n∶1$　$2×10^n∶1$ $1×10^n∶1$	4∶1　　2.5∶1 $4×10^n∶1$　$2.5×10^n∶1$
缩小比例	1∶2　1∶5　1∶10 $1∶2×10^n$　$1∶5×10^n$ $1∶1×10^n$	1∶1.5　1∶2.5　1∶3　1∶4　1∶6 $1∶1.5×10^n$　$1∶2.5×10^n$　$1∶3×10^n$ $1∶4×10^n$　$1∶6×10^n$

(1) 比例规范化,不可随意确定,按照表 1-2 选取。

(2) 画图时应尽量采用 1∶1 的比例(即原值比例)画图,以便直接从图样中看出机件的真实大小。

(3) 图样不论放大或缩小,图样上标注的尺寸均为机件的实际大小,而与采用的比例无关。

(4) 绘制同一机件的各个视图应采用相同的比例,并在标题栏的比例栏中填写。

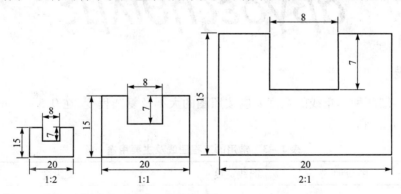

图 1-10　不同比例的图形及其尺寸标注

三、字体

图样中的汉字应采用长仿宋体,并采用《汉字简化方案》中规定的简化字,其字宽约为字高的 0.7 倍。国家标准中规定的汉字的最小高度不应小于 3.5 mm。字体的高度及字体的号数分为 1.8 mm、2.5 mm、3.5 mm、5 mm、7 mm、10 mm、14 mm、20 mm 八种。如 5 号字的高度为 5 mm。图样中书写的汉字、数字、字母,必须做到字体工整、笔画清楚、间隔均匀、排列整齐。

在图样中,字母和数字可写成斜体或直体。斜体字字头向右倾斜,与水平基准线成 75°夹角。

字母和数字按笔画宽度分为 A 型和 B 型两类,A 型字体的笔画宽度为字高的 1/14,B 型字体的笔画宽度为字高的 1/10，同一图样中只允许用同一种字体，建议采用 B 型字体。

（1）长仿宋汉字示例：

字体工整 笔画清楚 间隔均匀 排列整齐

机械制图 国家标准 图纸幅面 图框格式

（2）B 型斜体数字示例：

0 123456789

I II III IV V VI VII VIII IX X

（3）B 型斜体拉丁字母示例：

ABCDEFGHI JKLM

αβγδεζηθιλμξ

四、图线

图线分粗、细两种。粗线的宽度 b 应按照图的大小及复杂程度，在 0.5～2 mm 选择，细线的宽度约为 b/2。

表 1-3 常用的工程图线及主要用途

图线名称	图线形式	图线宽度	主要用途
粗实线		$d(\approx 0.7)$	可见轮廓线、相贯线、螺纹牙顶线、螺纹长度终止线、齿轮的齿顶圆、齿顶线、部切符号线
细实线		约 $d/2$	尺寸线、尺寸界线、部面线、辅助线、过渡线、重合断面的轮廓线、引出线、螺纹的牙底线及齿轮的齿根线等
波浪线		约 $d/2$	断裂处的边界线、视图和剖视图的分界线
双折线		约 $d/2$	断裂处的边界线
粗虚线		约 d	允许表面处理的表示线

续表

图线名称	图线形式	图线宽度	主要用途
细虚线	⊢┤├2~6├─ ─ ─┤├≈1	约 $d/2$	不可见轮廓线
粗点画线	———————————	约 d	限定范围表示线
细点画线	—·—·—·—·—·—·	约 $d/2$	轴线、对称中心线、齿轮分度圆及分度线
双点画线	├15~20┤≈5	约 $d/2$	相邻辅助零件的轮廓线、中断线、轨迹线、极限位置的轮廓线、假想投影轮廓线

图线宽度的推荐系列为:0.18 mm、0.25 mm、0.35 mm、0.5 mm、0.7 mm、1 mm、1.4 mm、2 mm。制图作业中一般选择0.7 mm为宜。同一图样中,同类图线的宽度应基本一致。图线的画法参照表1-3。

1. 粗实线

一般用于可见轮廓线,如图1-13所示。

2. 细实线

用于尺寸线、尺寸界线、剖面线、指引线、重合断面轮廓线。如图1-13所示。

3. 虚线

用于不可见轮廓线。

虚线在图样中表示应注意:

(1) 虚线的每个线段长度和间隔应大致相等。

(2) 当虚线成为实线的延长线时,在虚、实线的连接处,虚线应留出空隙。如图1-11所示。

(3) 虚线以及其他图线相交时,都应在线段处相交,不应在空隙处相交。如图1-11所示。

4. 细点画线

用于轴线、对称中心线。

细点画线在图样中表示应注意:

(1) 细点画线的每个线段长度和间隔应大致相等。图1-12所示。

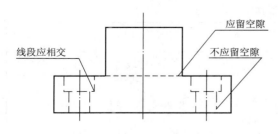

图1-11 虚线在图样中的画法

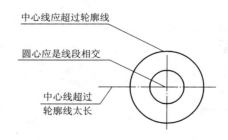

图1-12 细点画线在图样中的画

（2）细点画线和双点画线中的"点"应画成约 1 mm 的短画,细点画线的首尾两端应是线段而不是短画。图 1-12 所示。

（3）细点画线,应超出轮廓线 2~5 mm。图 1-12 所示。

（4）细点画线与其他图线相交时,都应在线段处相交,不应在短画处相交。图 1-12 所示。

（5）在绘制圆形时,必须作出两条互相垂直的细点画线,作为圆的对称中心线,线段的交点应为圆心。图 1-12 所示。

5. 波浪线

应用于断裂处边界线、视图和剖视图的分界线。如图 1-13 所示。

6. 双折线

应用于断裂处边界线。如图 1-13 所示。

7. 粗虚线

应用于允许表面处理的表示线。如图 1-13 所示。

8. 粗点画线

应用于有特殊要求的线或表面的表示线。如图 1-13 所示。

9. 双点画线

应用于相邻辅助零件轮廓线、极限轮廓线、假想投影轮廓线。如图 1-13 所示。

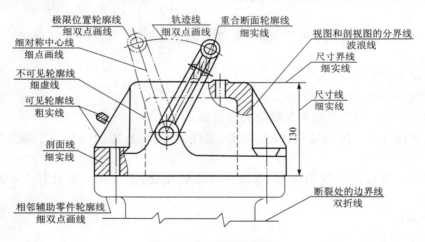

图 1-13　图线应用示例

表 1-4 为机械工程图样中的线宽组,优先采用第 4 组。

表 1-4　机械工程图样中的线宽组

组别	1	2	3	4	5	一般用途
线宽/mm	2.0	1.4	1.0	0.7	0.5	粗实线、粗点画线、粗虚线
	1.0	0.7	0.5	0.35	0.25	细实线、波浪线、双折线、虚线、细点画线、双点画线

绘制圆心的中心线时,圆心应为线段的交点,两端超出轮廓 2~5 mm,当图形较小,用点画线绘制有困难时,可用细实线代替,如图 1-14 所示。

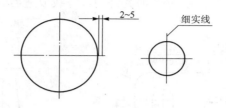

图 1-14　中心线的画法

第三节　尺寸标注

图样中,图形只能表示物体的形状,不能确定它的大小,因此,图样中必须标注尺寸来确定其大小。尺寸标注必须符合国家标准的规定。

一、基本规则

(1) 机件的真实大小应以图样上所注的尺寸数值为依据,与图形的大小及绘图的准确度无关。

(2) 图样中(包括技术要求和其他说明)的尺寸,一般以毫米为单位。以毫米为单位时,不注计量单位的代号或名称,如采用其他单位,则必须注明相应的计量单位的代号或名称。

(3) 图样中所标注的尺寸,为该图样所表示机件的最后完工尺寸,否则应另加说明。

(4) 机件的每一尺寸,一般只标注一次,并应标注在反映该结构最清晰的图形上。为了便于图样的绘制、使用和保管,图样均应画在规定幅面和格内。

二、标注尺寸的基本规定

完整的尺寸标注包含下列三个要素:尺寸界限、尺寸线、尺寸数字如图 1-15 所示。

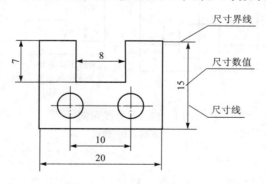

图 1-15　尺寸三要素

1. 尺寸界线

作用:表示所注尺寸的起始和终止位置,用细实线绘制。

它由图形的轮廓线、轴线或对称中心线处引出。也可利用轮廓线、轴线或对称中心线本身作尺寸界线。

尺寸界线一般应与尺寸线垂直,必要时允许与尺寸线成适当的角度;尺寸界线超出尺寸线 2 mm 左右。参照图 1-16 说明。

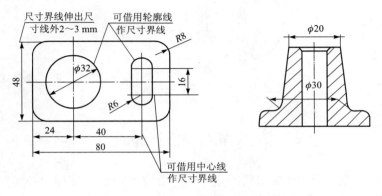

图 1-16 尺寸界线示例

2. 尺寸线

作用:表示所注尺寸的范围,用细实线绘制。

尺寸线不能用其他图线代替,不得与其他图线重合或画在其延长线上,并应尽量避免尺寸线之间及尺寸线与尺寸界线相交。

标注线性尺寸时,尺寸线必须与所标注的线段平行,相互平行的尺寸线小尺寸在内,大尺寸在外,依次排列整齐。并且各尺寸线的间距要均匀,间隔应大于 5 mm,以便注写尺寸数字和有关符号。参照图 1-17 说明。

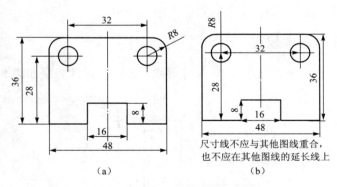

图 1-17 尺寸线示例
(a) 正确;(b) 错误

3. 尺寸线终端

尺寸线终端有两种形式:箭头和细斜线。机械图样一般用箭头形式,箭头尖端与尺寸界线接触,不得超出也不得离开。

当尺寸线太短,没有足够的位置画箭头时,允许将箭头画在尺寸线外边;标注连续的小尺寸时可用圆点代替箭头,如图 1-18 所示。

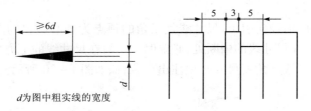

图 1-18 尺寸线箭头

4. 尺寸数字

作用:尺寸数字表示所注尺寸的数值。

(1) 线性尺寸的数字一般应写在尺寸线的上方、左方或尺寸线的中断处,位置不够时,也可以引出标注。

(2) 尺寸数字不能被任何图线通过,否则必须将该图线断开。

(3) 在同一张图上基本尺寸的字高要一致,一般采用 3.5 号字,不能根据数值的大小而改变。

三、常用尺寸的标注方法

1. 线性尺寸的标注

线性尺寸的数字应按图 1-19(a)所示的方向填写,图示 30°范围内,应按图 1-19(b)形式标注。尺寸数字一般应写在尺寸线的上方,当尺寸线为垂直方向时,应注写在尺寸线的左方,也允许注写在尺寸线的中断处,如图 1-19(c)所示。狭小部位的尺寸数字按图 1-19(d)所示方式注写。

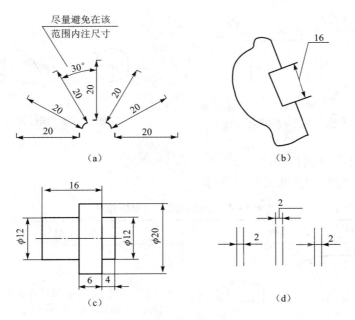

图 1-19 线性尺寸标注示例
(a)(b) 线性数字尺寸填写方向;(c)(d) 尺寸标注示例

2. 角度尺寸的标注

角度的尺寸界线应沿径向引出,尺寸线是以角的顶点为圆心画出的圆弧线。角度的数字应水平书写,一般注写在尺寸线的中断处,必要时也可写在尺寸线的上方或外侧。角度较小时也可以用指引线引出标注。角度尺寸必须注出单位,如如图1-20所示。

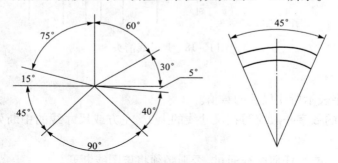

图1-20 角度尺寸标注示例

3. 圆和圆弧尺寸的标注

标注圆及圆弧的尺寸时,一般可将轮廓线作为尺寸界线,尺寸线或其延长线要通过圆心。大于半圆的圆弧标注直径,在尺寸数字前加注符号"φ",小于和等于半圆的圆弧标注半径,在尺寸数字前加注符号"R"。没有足够的空位时,尺寸数字也可写在尺寸界线的外侧或引出标注。圆和圆弧的小尺寸的标注如图1-21所示。

4. 球体尺寸的标注

圆球在尺寸数字前加注符号"Sφ",半球在尺寸数字前加注符号"SR"。标注如图1-22所示。

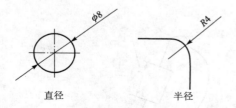

图1-21 圆和圆弧的小尺寸的标注

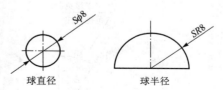

图1-22 球体尺寸的标注

5. 大圆弧和小尺寸的标注

大圆弧和小尺寸的标注见表1-5所示。

表1-5 大圆弧与小尺寸的标注

标注内容	图 例		说 明
大圆弧	R80	R80	无法标出圆心位置时,可按左图标注;不需标出圆心位置时,可按右图标注

续表

标注内容	图例	说明
小尺寸		如上排图例所示,没有足够空间时,箭头可画在外面,或用小圆点代替两个箭头;尺寸数字也可注写在图形外面或引出标注。圆和圆弧的小尺寸,可按下排图例标注

第四节　常用绘图工具

图样中的各种图形,一般是由直线和曲线按照一定的几何关系绘制而成的。作图时,需要利用绘图工具,按照图形的几何关系顺序完成。绘图工具和仪器的使用方法如下。

一、图板、丁字尺、三角板

图板用作画图时的垫板,要求表面平坦光洁;又因它的左边用作导边,所以左边必须平直。丁字尺是画水平线的长尺。丁字尺由尺头和尺身组成,画图时,应使尺头靠着图板左侧的导边。画水平线必须自左向右画,如图1-23所示。

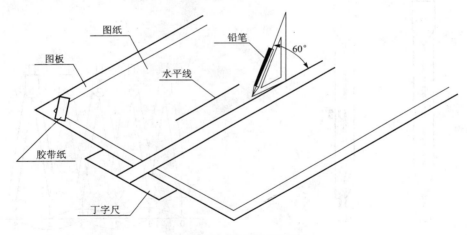

图1-23　图板和丁字尺

一副三角板有两块,一块是45°三角板,另一块是30°和60°三角板。除了直接用它们来画直线外,也可配合丁字尺画铅垂线和其他倾斜线。用一块三角板能画与水平线成30°、45°、60°的倾斜线。用两块三角板能画与水平线成15°、75°、105°和165°的倾斜线,如图1-24所示。

二、圆规和分规

1. 圆规

圆规用来画圆和圆弧。圆规的一个脚上装有钢针,称为针脚,用来定圆心;另一个脚可装铅芯,称为笔脚。

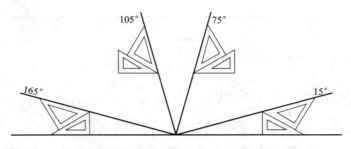

图 1-24　用两块三角板配合画线

在使用前应先调整针脚,使针尖略长于铅芯,如图 1-25(b)所示。笔脚上的铅芯应削成楔形,以便画出粗细均匀的圆弧。

画图时圆规向前进方向稍微倾斜;画较大的圆时,应使圆规两脚都与纸面垂直。

2. 分规

分规用来等分和量取线段的。分规两脚的针尖在并拢后,应能对齐,如图 1-25 所示。图 1-26 为用分规等分线段的方法。

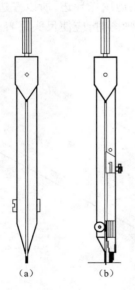

图 1-25　圆规和分规
(a) 分规;(b) 圆规

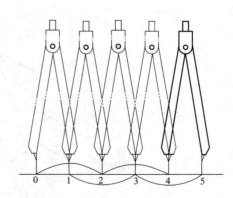

图 1-26　分规的使用

三、曲线板

曲线板是用来绘制非圆曲线的。首先要定出曲线上足够数量的点,再徒手用铅笔轻轻地将各点光滑地连接起来,然后选择曲线板上曲率与之相吻合的部分分段画出各段曲线。注意应留出各段曲线末端的一小段不画,用于连接下一段曲线,这样曲线才显得圆滑,如图 1-27 所示。

图 1-27 用曲线板作图

四、铅笔

画图时，通常用 H 或 2H 铅笔画底稿（细线）；用 B 或 HB 铅笔加粗加深全图（粗实线）；写字时用 HB 铅笔。

2H、H、HB 铅笔：修磨成圆锥形；

B 铅笔：修磨成扁铲形。

铅笔削法如图 1-28 所示。

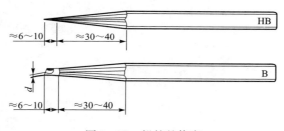

图 1-28 铅笔的修磨

本章小结

1. 图样是按照一定的投影方法，遵照国家标准绘制的准确地表达物体的形状、尺寸和技术要求的图，称为图样。其中，形状、尺寸和技术要求三个方面，缺一不可。

2. 立体图直观、容易识读，但其图样表达发生变形、且内部和后面结构表达不清楚。

3. 表达单个零件的形状、结构、大小及技术要求的图样称为零件图。

4. 图纸幅面有 A0、A1、A2、A3、A4 五种基本形式，A0 尺寸最大，A4 尺寸最小。

5. 图框有不留装订边和留装订边两种，同一产品的图样应采用同一种图框格式。

6. 每张图纸上必须画出标题栏，标题栏中应填写零件的名称、材料、代号、绘图比例、数量及设计者的姓名、设计日期等内容。

7. 比例中 1∶1 的比例表示实物尺寸与图形相应要素尺寸相同。比例大于 1 的称为"放大比例"，表示实物尺寸小于图形相应要素尺寸。比例小于 1 的称为"缩小比例"，表示实物尺寸大于图形相应要素尺寸。绘图时应尽量采用 1∶1 比例。

8. 图样不论放大或缩小，图样上标注的尺寸均为机件的实际大小，而与采用的比例无关。

9. 绘制同一机件的各个视图应采用相同的比例，并在标题栏的比例栏中填写。

10. 粗实线一般用于可见轮廓线。

11. 细实线用于尺寸线、尺寸界线、剖面线、指引线、重合断面轮廓线。
12. 虚线用于不可见轮廓线。
13. 波浪线应用于断裂处边界线、视图和剖视图的分界线。
14. 双折线应用于断裂处边界线。
15. 粗虚线应用于允许表面处理的表示线。
16. 粗点画线应用于有特殊要求的线或表面的表示线。
17. 双点画线应用于相邻辅助零件轮廓线、极限轮廓线、假想投影轮廓线。
18. 图样中必须标注尺寸来确定其大小。尺寸标注必须符合国家标准的规定。
19. 完整的尺寸标注包含下列三个要素：尺寸界限、尺寸线、尺寸数字。
20. 常用尺寸的标注方法。
21. 图板、丁字尺、三角板、圆规和分规、曲线板、铅笔的正确使用。

第二章　常用图形的画法

主要内容：

1. 常用等分法作图方法
2. 斜度和锥度的概念、计算、画法和标注
3. 各种形式圆弧连接的作图方法和步骤
4. 同心圆法和四心圆弧法画椭圆
5. 平面图形的尺寸分析、线段分析和平面图形的作图步骤
6. 仪器绘图和徒手绘图的基本方法

目的要求：

1. 掌握对线段、角度、圆周的等分和正多边形的作图方法
2. 掌握斜度和锥度的区别
3. 掌握各种形式圆弧连接方法
4. 用四心圆弧法画椭圆
5. 会画中等难度的平面图形

教学重点：

平面图形的尺寸分析

教学难点：

平面图形尺寸基准的判断和选择

第一节　几何作图

一、线段和圆周的等分

1. 等分直线段

（1）过已知线段的一个端点，画任意角度的直线，并用分规自线段的起点量取 n 个线段。

（2）将等分的最末点与已知线段的另一端点相连。

（3）过各等分点作该线的平行线与已知线段相交即得到等分点，即推画平行线法。如图

2-1 所示。

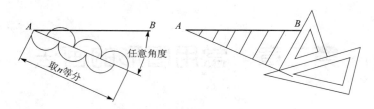

图 2-1 等分直线段

2. 等分圆周

（1）正五边形

方法如图 2-2 所示：

① 作 OA 的中点 M。

② 以 M 点为圆心，M1 为半径作弧，交水平直径于 K 点。

③ 以 1K 为边长，将圆周五等分，即可作出圆内接正五边形。

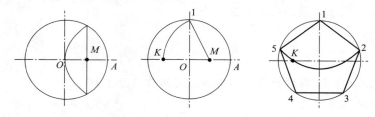

图 2-2 正五边形画法

（2）正六边形

方法一：用圆规作图

分别以已知圆在水平直径上的两处交点 A、D 为圆心，以 R = D/2 作圆弧，与圆交于 C、B、E、F 点，依次连接 A、B、C、D、E、F 点即得圆内接正六边形，如图 2-3(a)所示。

方法二：用三角板作图

以 60°三角板配合丁字尺作平行线，画出四条边斜边，再以丁字尺作上、下水平边，即得圆内接正六边形，如图 2-3(b)所示。

图 2-3 正六边形画法
(a)作图方法一；(b)作图方法二

（3）正 n 边形（以正七边形为例）

n 等分铅垂直径 AK(在图 2-4 中 $n=7$),以 A 点为圆心,AK 为半径作弧,交水平中心线于点 S,延长连线 $S2$、$S4$、$S6$,与圆周交得点 G、F、E,再作出它们的对称点,即可作出圆内接正 n 边形。

二、斜度和锥度

1. 斜度

斜度是指一直线(或平面)对另一直线(或平面)的倾斜程度。它的特点是单向分布。如图 2-5 所示。

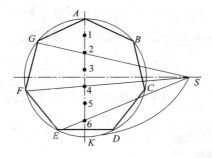

图 2-4 正 n 边形画法

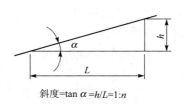

图 2-5 斜度

斜度:高度差与长度之比

斜度 $= H/L = 1:n$

斜度的画法及表示方法如图 2-6 所示。

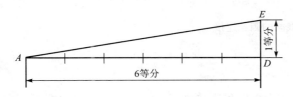

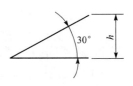

图 2-6 斜度的画法与表示方法

2. 锥度

锥度是指正圆锥底圆直径与其高度之比,或正圆台的两底圆直径差与其高度之比。它的特点是双向分布。如图 2-7 所示。

锥度:直径差与长度之比

锥度 $= D/L = D-d/l = 1:n$

锥度的画法与表示方法如图 2-8 所示。

注意:计算时,均把比例前项化为 1,在图中以 $1:n$ 的形式标注。

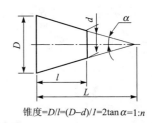

图 2-7 锥度

三、圆弧的连接

在绘制零件的轮廓形状时,经常遇到从一条直线(或圆弧)光滑地过渡到另一条直线(或圆弧)的情况,这种光滑过渡的连接方式,称为圆弧连接。

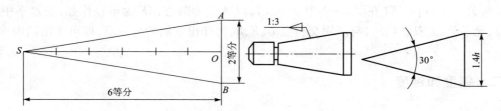

图 2-8 锥度的画法与表示方法

1. 圆弧连接作图的基本步骤

首先求作连接圆弧的圆心,它应满足到两被连接线段的距离均为连接圆弧的半径的条件。然后找出连接点,即连接圆弧与被连接线段的切点。最后在两连接点之间画连接圆弧。

2. 直线间的圆弧连接

如图 2-9 所示。

(1) 作与两已知直线分别相距为 R(连接圆弧的半径)的平行线。两平行线的交点 O 即为圆心。

(2) 从圆心 O 向两已知直线作垂线,垂足即为连接点。

(3) 以 O 为圆心,以 R 为半径,在两连接点之间画弧。

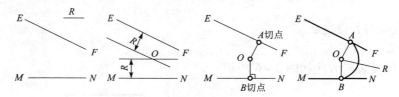

图 2-9 直线间的圆弧连接

3. 圆弧间的圆弧连接

(1) 连接圆弧的圆心和连接点的求法

① 用算术法求圆心:根据已知圆弧的半径 R_1 或 R_2 和连接圆弧的半径 R 计算出连接圆弧的圆心轨迹线圆弧的半径 R',作图方法如图 2-10 所示。

外切时:$R' = R + R_1$

内切时:$R' = |R - R_2|$

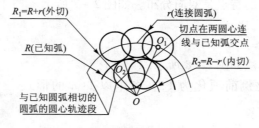

图 2-10 圆弧间的圆弧连接

② 用连心线法求连接点:

外切时:连接点在已知圆弧和圆心轨迹线圆弧的圆心连线上。

内切时:连接点在已知圆弧和圆心轨迹线圆弧的圆心连线的延长线。
③ 以 O 为圆心,以 R 为半径,在两连接点之间画弧。
(2)圆弧间的圆弧连接的两种形式
① 外连接:连接圆弧和已知圆弧的弧向相反。如图 2-11 所示。
② 内连接:连接圆弧和已知圆弧的弧向相同。如图 2-12 所示。

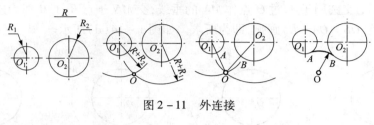

图 2-11 外连接

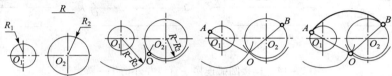

图 2-12 内连接

(3)作与已知圆相切的直线。与圆相切的直线,垂直于该圆心与切点的连线。因此,利用三角板的两直角边,便可作圆的切线。方法如图 2-13 所示。

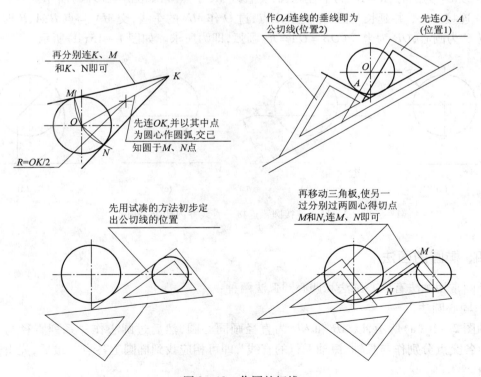

图 2-13 作圆的切线

4. 直线与圆弧间的圆弧连接

（1）连接圆弧连接一直线并外切于一圆弧。

① 以 M、N 为圆心，R 为半径分别画弧，过两弧的顶点作两弧的切线 JK；如图 2-14（b）所示。

② 以 O_1 为圆心，$R_1 + R$ 为半径画弧，交直线 JK 于点 O；如图 1-14（c）所示。

③ 连接 OO_1，交圆周于 A，过 O 点作 MN 的垂线，交 MN 于点 B；A、B 即为连接点。以 O 为圆心，OB 为半径（$OB = OA = R$）画弧，即为所求。如图 1-14（d）所示。

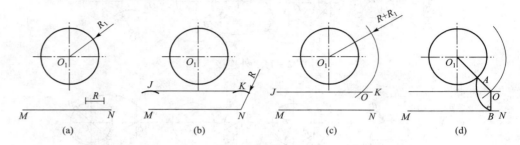

图 2-14　连接圆弧连接一直线并外切于一圆弧

（2）连接圆弧连接一直线并内切于一圆弧

① 以 M、N 为圆心，R 为半径分别画弧，过两弧的顶点作两弧的切线 JK；如图 2-15（b）所示。

② 以 O_1 为圆心，$R - R_1$ 为半径画弧，交直线 JK 于点 O；如图 1-15（c）所示。

③ 连接 OO_1，并延长与圆 O_1 交于 A 点，过 O 作 MN 的垂线，交 MN 与点 B；A、B 即为连接点。以 O 为圆心，OB 为半径（$OB = OA = R$）画弧，即为所求。如图 1-15（d）所示。

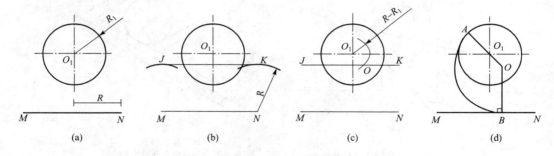

图 2-15　连接圆弧连接一直线并内切于一圆弧

四、椭圆的画法

椭圆常用画法有同心圆法和四心圆弧法两种：

1. 同心圆法

如图 2-16（a）所示，以 AB 和 CD 为直径画同心圆，然后过圆心作一系列直径与两圆相交。由各交点分别作与长轴、短轴平行的直线，即可相应找到椭圆上各点。最后，光滑连接各点即可。

2. 椭圆的近似画法（四心圆弧法）

如图 2-16(b)所示,已知椭圆的长轴 AB 与短轴 CD。
(1) 连 AC,以 O 为圆心,OA 为半径画圆弧,交 CD 延长线于 E;
(2) 以 C 为圆心,CE 为半径画圆弧,截 AC 于 E_1;
(3) 作 AE_1 的中垂线,交长轴于 O_1,交短轴于 O_2,并找出 O_1 和 O_2 的对称点 O_3 和 O_4。
(4) 把 O_1 与 O_2、O_2 与 O_3、O_3 与 O_4、O_4 与 O_1 分别连直线;
(5) 以 O_1、O_3 为圆心,O_1A 为半径;O_2、O_4 为圆心,O_2C 为半径,分别画圆弧到连心线,K、K_1、N_1、N 为连接点即可。

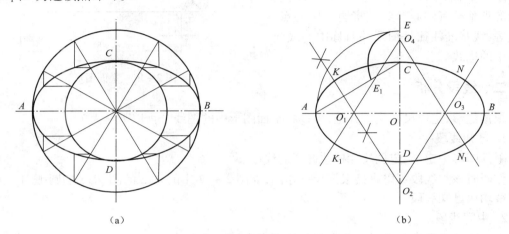

图 2-16 椭圆的画法
(a) 同心圆法;(b) 四心圆弧法

第二节 平面图形的画法

平面图形是由直线和曲线按照一定的几何关系绘制而成的,这些线段又必须根据给定的尺寸关系画出,所以就必须对图形中标注的尺寸进行分析。

一、平面图形的尺寸分析

1. 定形尺寸

定形尺寸是指确定平面图形上几何元素形状大小的尺寸,如图 2-17 所示中的 $\phi12$、R13、R26、R7、R8、48 和 10。一般情况下确定几何图形所需定形尺寸的个数是一定的,如直线的定形尺寸是长度,圆的定形尺寸是直径,圆弧的定形尺寸是半径,正多边形的定形尺寸是边长,矩形的定形尺寸是长和宽两个尺寸等。

2. 定位尺寸

定位尺寸是指确定各几何元素相对位置的尺寸,如图 2-17 中的 18、40。确定平面图形位置需要两个方向的定位尺寸,即水平方向和垂直方向,也可以以极坐标的形式定位,即半径加角度。

3. 尺寸基准

任意两个平面图形之间必然存在着相对位置,就是说必有一个是参照的。图形上用来确定其他点、线、面位置的依据称为基准。

平面图形上确定其他点、线位置的点和线称为尺寸基准,简称基准。图纸上基准是标注尺寸的起点。平面图形尺寸有水平和垂直两个方向(相当于坐标轴 x 方向和 y 方向),因此基准也必须从水平和垂直两个方向考虑。平面图形中尺寸基准是点或线。常用的点基准有圆心、球心、多边形中心点、角点等,线基准往往是图形的对称中心线或图形中的边线。

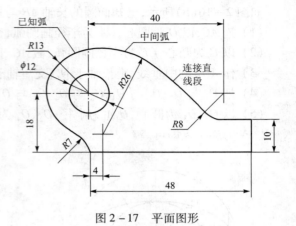

图 2-17 平面图形

二、线段分析

根据定形、定位尺寸是否齐全,可以将平面图形中的图线分为以下三大类:

1. 已知线段

平面图形中定形、定位尺寸标注齐全的线段。

作图时该类线段可以直接根据尺寸作图,如图 2-17 中的 $\phi 12$ 的圆、$R13$ 的圆弧、48 和 10 的直线均属已知线段。

2. 中间线段

平面图形中只有定形尺寸但定位尺寸不齐全的线段。

作图时必须根据该线段与相邻已知线段的几何关系,通过几何作图的方法求出,如图 2-17 中 $R26$ 和 $R8$ 两段圆弧。

3. 连接线段

平面图形中只有定形尺寸没有定位尺寸的线段。其定位尺寸需根据与线段相邻的两线段的几何关系,通过几何作图的方法求出,如图 2-17 中的 $R7$ 圆弧段、$R26$ 和 $R8$ 间的连接直线段。

在两条已知线段之间,可以有多条中间线段,但必须而且只能有一条连接线段。否则,尺寸将出现缺少或多余。

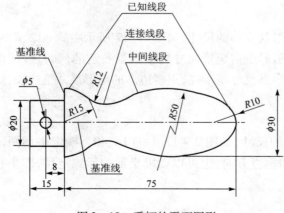

图 2-18 手柄的平面图形

三、平面图形的画图步骤

如图 2-18 所示手柄的平面图形所示。其作图步骤如下:

1. 画图前的准备工作

(1)准备好必须的制图工具和仪器。

(2)根据图形大小选择比例及图纸幅面。

(3)分析平面图形中哪些是已知线段,哪些是连接线段,以及所给定的连接条件。决定画图的先后顺序,确定图形在图纸上的布局。

2. 画图步骤

(1) 根据各组成部分的尺寸关系画出作图基准、定位线。如图 2-19(a)所示。
(2) 画出已知线段,如图 2-19(b)所示。
(3) 画出中间线段,如图 2-19(c)所示。
(4) 画出连接线段。如图 2-19(d)所示。
(5) 擦去多余线段,将图线加粗加深。如图 2-19(e)所示。
(6) 标注尺寸,填写标题栏。

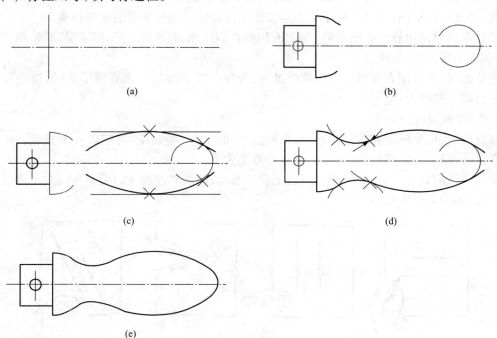

图 2-19　平面图形的作图步骤
(a) 画出作图基准;(b) 画已知线段;(c) 画中间线段;(d) 画连接线段;(e) 擦去多余线段

四、平面图形的尺寸注法

平面图形中标注的尺寸,必须能唯一地确定图形的形状和大小,不遗漏、不多余地标注出确定各线段的相对位置及其大小的尺寸。标注尺寸的方法和步骤如图 2-20 所示。

(1) 分析图形,确定图形中各线段的性质,选择水平和垂直方向的基准线。

整个图形左右是对称的,所以选择对称中心线为水平方向基准。垂直方向基准选两个小圆的中心线。

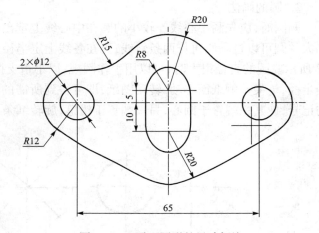

图 2-20　平面图形的尺寸标注

（2）按已知线段、中间线段、连接线段的次序逐个标注尺寸。

① 标注定形尺寸。外线框需注出 $R12$ 和两个 $R20$ 以及 $R15$；内线框需注出 $R8$，两个小圆要注出 $2\times\phi12$。

② 标注定位尺寸。左右两个圆心的定位尺寸65，上下两个半圆的圆心定位尺寸5和10。

五、徒手绘图的基本方法

依靠目测来估计物体各部分的尺寸比例、徒手绘制的图样称为草图。在设计、测绘、修配机器时，都要绘制草图。所以，徒手绘图是和使用仪器绘图同样重要的绘图技能。

绘制草图时使用软一些的铅笔（如HB、B或者2B），铅笔削长一些，铅芯呈圆形，粗细各一支，分别用于绘制粗、细线。

画草图时，可以用有方格的专用草图纸，或者在白纸下面垫一张有格子的纸，以便控制图线的平直和图形的大小。

1. 直线的画法

画直线时，可先标出直线的两端点，在两点之间先画一些短线，再连成一条直线。运笔时手腕要灵活，目光应注视线的端点，不可只盯着笔尖。

画水平线应自左至右画出；垂直线自上而下画出；斜线斜度较大时可自左向右下或自右向左下画出，如图2-21所示。

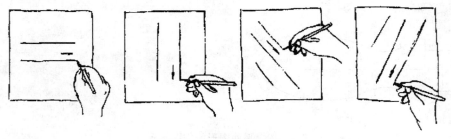

图 2-21　直线的画法

2. 圆的画法

画圆时，应先画中心线。较小的圆在中心线上定出半径的四个端点，过这四个端点画圆。稍大的圆可以过圆心再作两条斜线，再在各线上定半径长度，然后过这八个点画圆。如图2-22所示。圆的直径很大时，可以用手作圆规，以小指支撑于圆心，使铅笔与小指的距离等于圆的半径，笔尖接触纸面不动，转动图纸，即可得到所需的大圆。也可在一纸条上作出半径长度的记号，使其一端置于圆心，另一端置于铅笔，旋转纸条，便可以画出所需圆。图2-23所示。

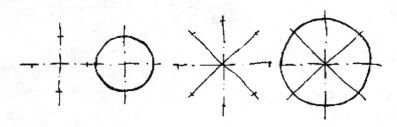

图 2-22　圆的画法

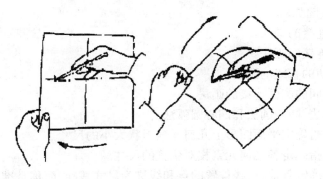

图 2-23 徒手绘制圆形

3. 徒手绘制平面图形

徒手绘制平面图形时,也和使用尺、规作图时一样,要进行图形的尺寸分析和线段分析,先画已知线段,再画中间线段,最后画连接线段。在方格纸上画平面图形时,主要轮廓线和定位中心线应尽可能利用方格纸上的线条,图形各部分之间的比例可按方格纸上的格数来确定。图 2-24 所示为徒手在方格纸上画平面图形的示例。

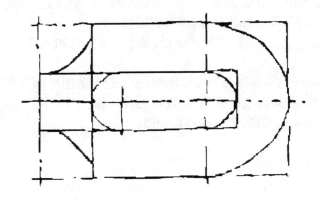

图 2-24 徒手绘制平面图形

本章小结

1. 用三角板、圆规等工具等分直线的画法。
2. 用三角板、圆规、丁字尺等工具等分圆周的画法。
3. 斜度是指一直线(或平面)对另一直线(或平面)的倾斜程度。它的特点是单向分布。
4. 锥度是指正圆锥底圆直径与其高度之比,或正圆台的两底圆直径差与其高度之比。它的特点是双向分布。
5. 在绘制零件的轮廓形状时,经常遇到从一条直线(或圆弧)光滑地过渡到另一条直线(或圆弧)的情况,这种光滑过渡的连接方式,称为圆弧连接。
6. 圆弧连接作图的基本步骤:首先求作连接圆弧的圆心,它应满足到两被连接线段的距离均为连接圆弧的半径的条件。然后找出连接点,即连接圆弧与被连接线段的切点。最后在两连接点之间画连接圆弧。

7. 直线间圆弧连接的画法。

8. 圆弧间圆弧连接的画法。

9. 与已知圆相切的直线的画法。

10. 直线与圆弧间的圆弧连接的画法。

11. 椭圆两种画法：同心圆法和四心圆弧法。

12. 定形尺寸是指确定平面图形上几何元素形状大小的尺寸。

13. 定位尺寸是指确定各几何元素相对位置的尺寸。

14. 平面图形上确定其他点、线位置的点和线称为尺寸基准，简称基准。图纸上基准是标注尺寸的起点。

15. 平面图形中尺寸基准是点或线。常用的点基准有圆心、球心、多边形中心点、角点等，线基准往往是图形的对称中心线或图形中的边线。

16. 已知线段：平面图形中定形、定位尺寸标注齐全的线段。

17. 中间线段：平面图形中只有定形尺寸但定位尺寸不齐全的线段。

18. 连接线段：平面图形中只有定形尺寸没有定位尺寸的线段。

19. 画图步骤：先画出作图基准、定位线。再依次画出已知线段、中间线段、连接线段。擦去多余线段，将图线加粗加深。标注尺寸，填写标题栏。

20. 平面图形的尺寸标注步骤：先分析图形、基准。再按已知线段、中间线段、连接线段的次序逐个标注尺寸。

21. 依靠目测来估计物体各部分的尺寸比例、徒手绘制的图样称为草图。

22. 徒手绘制平面图形时，也和使用尺、规作图时一样，要进行图形的尺寸分析和线段分析，先画已知线段，再画中间线段，最后画连接线段。

第三章　投影基础

主要内容：

1. 投影法的概念、种类、应用
2. 正投影法的基本性质
3. 三投影面体系和三视图的形成、投影规律
4. 点、线、面的三面投影规律
5. 平面体、回转体的投影
6. 截交线的概念、性质及与平面立体截交的截交线的投影
7. 相贯线的概念、形状及画法

教学要求：

1. 掌握正投影法的基本性质
2. 理解并掌握三视图的形成和投影规律
3. 理解并掌握在三面投影图中点的投影规律
4. 理解并掌握各种位置直线的投影特性，并能根据投影特性判别直线对投影面的相对位置
5. 掌握典型平面体、回转体的投影特点和规律
6. 掌握平面体、曲面体的截交线的形成，熟悉圆柱与圆柱、圆柱与圆球、相贯线的形成并能分析其形状
7. 了解轴测图的种类、性质，掌握平面立体的正等测图的画法

教学重点：

1. 三视图的投影规律
2. 在两面和三面投影图中点的投影规律
3. 各种位置直线、平面的投影特性
4. 在平面立体和圆柱体表面取点、取线的作图方法
5. 基本体的尺寸标注
6. 平面立体截交线的画法

教学难点：

1. 三视图与物体方位的对应关系
2. 特殊位置点的投影
3. 在圆柱体、圆球体表面取点、取线的作图方法
4. 相贯线的画法

第一节　投影的基本知识

在工程技术中，人们常用到各种图样，如机械图样、建筑图样等。这些图样都是按照不同的投影方法绘制出来的，而机械图样是用正投影法绘制的。

一、投影法的概念

在日常生活中，人们看到太阳光或灯光照射物体时，在地面或墙壁上出现物体的影子，这就是一种投影现象。我们把光线称为投射线（或叫投影线），地面或墙壁称为投影面，影子称为物体在投影面上的投影。

下面进一步从几何观点来分析投影的形成。设空间有一定点 S 和任一点 A，以及不通过点 S 和点 A 的平面 P，如图 3-1 所示，从点 S 经过点 A 作直线 SA，直线 SA 必然与平面 P 相交于一点 a，则称点 a 为空间任一点 A 在平面 P 上的投影，称定点 S 为投影中心，称平面 P 为投影面，称直线 SA 为投影线。据此，要作出空间物体在投影面上的投影，其实质就是通过物体上的点、线、面作出一系列的投影线与投影面的交点，并根据物体上的线、面关系，对交点进行恰当的连线。

如图 3-2 所示，作 $\triangle ABC$ 在投影面 P 上的投影。先自点 S 过点 A、B、C 分别作直线 SA、SB、SC 与投影面 P 的交点 a、b、c，再过点 a、b、c 作直线，连成 $\triangle abc$，$\triangle abc$ 即为空间的 $\triangle ABC$ 在投影面 P 上的投影。

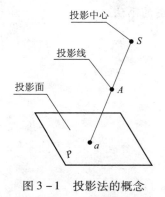

图 3-1　投影法的概念　　　　图 3-2　中心投影法

上述这种用投射线（投影线）通过物体，向选定的面投影，并在该面上得到图形的方法称为投影法。

二、投影法的种类及应用

1. 中心投影法

投影中心距离投影面在有限远的地方,投影时投影线汇交于投影中心的投影法称为中心投影法,如图3-2所示。

缺点:中心投影不能真实地反映物体的形状和大小,不适用于绘制机械图样。

优点:有立体感,工程上常用这种方法绘制建筑物的透视图。

2. 平行投影法

投影中心距离投影面在无限远的地方,投影时投影线都相互平行的投影法称为平行投影法,如图3-3所示。

根据投影线与投影面是否垂直,平行投影法又可分为两种:

(1)斜投影法——投影线与投影面相倾斜的平行投影法,如图3-3(a)所示。

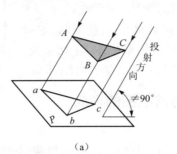
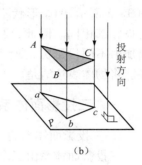

图3-3 平行投影法
(a)斜投影法;(b)正投影法

(2)正投影法——投影线与投影面相垂直的平行投影法,如图3-3(b)所示。

正投影法优点:能够表达物体的真实形状和大小,作图方法也较简单,所以广泛用于绘制机械图样。

3. 正投影的基本性质

(1)真实性。当直线或平面与投影面平行时则直线的投影反映实长、平面的投影反映实形。如图3-4(a)所示。

(2)集聚性。当直线或平面与投影面垂直时则直线的投影集聚成一点,平面的投影集聚成一条直线。如图3-4(b)所示。

(3)相似性。当直线或平面与投影面倾斜时则直线的投影长度变短,平面的投影面变小但投影的形状仍与原来的形状相似。如图3-4(c)所示。

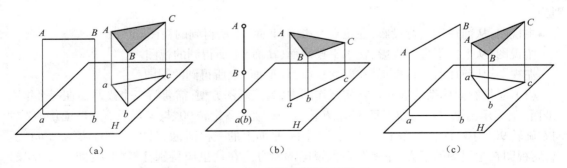

图3-4 直线、平面的投影
(a)直线、平面与投影面平行;(b)直线、平面与投影面垂直;(b)直线、平面与投影面倾斜

第二节　三视图的形成与对应关系

在机械制图中,通常假设人的视线为一组平行的,且垂直于投影面的投影线,这样在投影面上所得到的正投影称为视图。

一般情况下,一个视图不能确定物体的形状。如图3-5所示,两个形状不同的物体,它们在投影面上的投影都相同。因此,要反映物体的完整形状,必须增加由不同投影方向所得到的几个视图,互相补充,才能将物体表达清楚。工程上常用的是三视图。

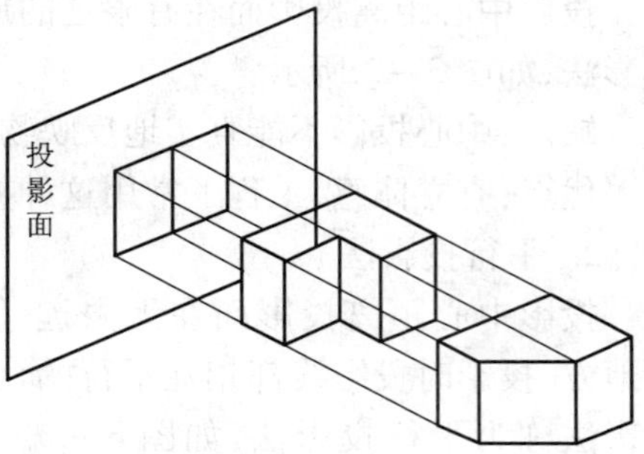

一、三投影面体系与三视图的形成

1. 三投影面体系的建立

三投影面体系由三个互相垂直的投影面所组成,如图3-6所示。

图3-5　一个视图不能确定物体的形状

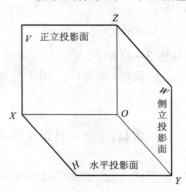

图3-6　三投影面体系

在三投影面体系中,三个投影面分别为:

正立投影面:简称为正面,用 V 表示;
水平投影面:简称为水平面,用 H 表示;
侧立投影面:简称为侧面,用 W 表示。

三个投影面的相互交线,称为投影轴。它们分别是:

OX 轴:是 V 面和 H 面的交线,它代表长度方向;
OY 轴:是 H 面和 W 面的交线,它代表宽度方向;
OZ 轴:是 V 面和 W 面的交线,它代表高度方向。

三个投影轴垂直相交的交点 O,称为原点。

2. 三视图的形成

将物体放在三投影面体系中,物体的位置处在人与投影面之间,然后将物体对各个投影面进行投影,得到三个视图,这样才能把物体的长、宽、高三个方向,上下、左右、前后六个方位的形状表达出来,如图3-7(a)所示。三个视图分别为:

主视图:从前往后进行投影,在正立投影面(V 面)上所得到的视图。

俯视图:从上往下进行投影,在水平投影面(H 面)上所得到的视图。

左视图:从前往后进行投影,在侧立投影面(W 面)上所得到的视图。

(1) 三投影面体系的展开。在实际作图中,为了画图方便,需要将三个投影面在一个平面(纸面)上表示出来,规定:使 V 面不动,H 面绕 OX 轴向下旋转90°与 V 面重合,W 面绕 OZ 轴向右旋转90°与 V 面重合,这样就得到了在同一平面上的三视图,如图3-7(b)所示。可以看出,俯视图在主视图的下方,左视图在主视图的右方。在这里应特别注意的是:同一条 OY 轴旋转后出现了两个位置,因为 OY 是 H 面和 W 面的交线,也就是两投影面的共有线,所以 OY 轴随着 H 面旋转到 OY_H 的位置,同时又随着 W 面旋转到 OY_W 的位置。为了作图简便,投影图中不必画出投影面的边框,如图3-7(c)所示。由于画三视图时主要依据投影规律,所以投影轴也可以进一步省略,如图3-7(d)所示。

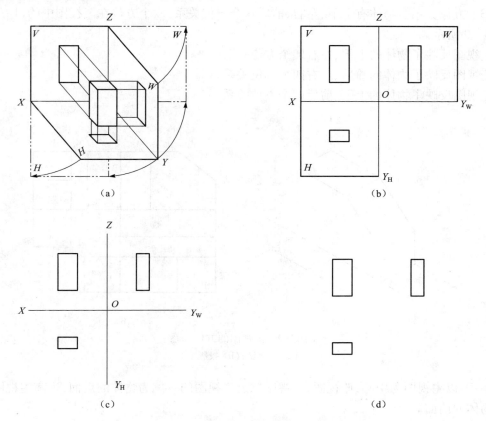

图3-7 三视图的形成与展开

（2）三视图的投影规律。从图3-8可以看出,一个视图只能反映两个方向的尺寸,主视图反映了物体的长度和高度,俯视图反映了物体的长度和宽度,左视图反映了物体的宽度和高度。由此可以归纳出三视图的投影规律：

主、俯视图"长对正"（即等长）；

主、左视图"高平齐"（即等高）；

俯、左视图"宽相等"（即等宽）；

三视图的投影规律反映了三视图的重要特性,也是画图和读图的依据。无论是整个物体还是物体的局部,其三面投影都必须符合这一规律。

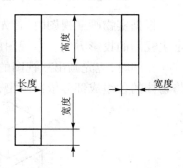

图3-8 视图间的"三等"关系

3. 三视图与物体的对应关系

（1）位置关系。以主视图为准,俯视图放置在它的正下方,左视图放置在它的正右方,画三视图时要严格按照此位置关系绘制。

（2）尺寸关系。物体有长、宽、高三个方向的尺寸,每个视图都反映物体两个方向的尺寸：主视图反映物体的长度和高度尺寸,俯视图反映物体的长度和宽度尺寸,左视图反映物体宽度和高度尺寸。由于三视图反映的是同一物体,所以相邻两个视图同一方向的尺寸必定相等。

如图 3-9 所示。

（3）方位关系。物体有上下、左右、前后六个方位关系，六个方位在三视图中的对应关系。如图 3-9 所示。

主视图反映了物体的上下、左右四个方位关系；
俯视图反映了物体的前后、左右四个方位关系；
左视图反映了物体的上下、前后四个方位关系。

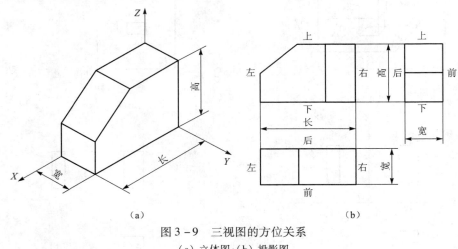

图 3-9 三视图的方位关系
(a) 立体图；(b) 投影图

注意：以主视图为中心，俯视图、左视图靠近主视图的一侧为物体的后面，远离主视图的一侧为物体的前面。

二、三视图的作图方法和步骤

根据实物画三视图时，首先应分析其结构和形状，放正物体，使其主要面与投影面平行，确定主视图的投影方向。主视图应尽量反映物体的主要特征。

作图时，应先画出三视图的定位基准线，然后根据"长对正、高平齐、宽相等"的投影规律，将物体的各组成部分依次画出，如图 3-10 所示。

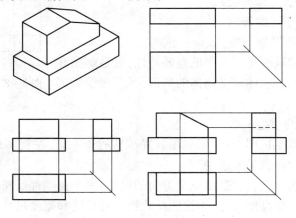

图 3-10 三视图的画图步骤

第三节 点、线、面的投影

任何物体都是由点、线、面等几何元素构成的,只有学习和掌握了几何元素的投影规律和特征,才能透彻理解机械图样所表示物体的具体结构形状。

一、点的投影及其标记

当投影面和投影方向确定时,空间一点只有唯一的一个投影。如图 3-11(a)所示,假设空间有一点 A,过点 A 分别向 H 面、V 面和 W 面作垂线,得到三个垂足 a、a'、a'',便是点 A 在三个投影面上的投影。

规定用大写字母(如 A)表示空间点,它的水平投影、正面投影和侧面投影,分别用相应的小写字母(如 a、a' 和 a'')表示。

根据三面投影图的形成规律将其展开,可以得到如图 3-11(b)所示的带边框的三面投影图,即得到点 A 三面投影;省略投影面的边框线,就得到如图 3-11(c)所示的 A 点的三面投影图。

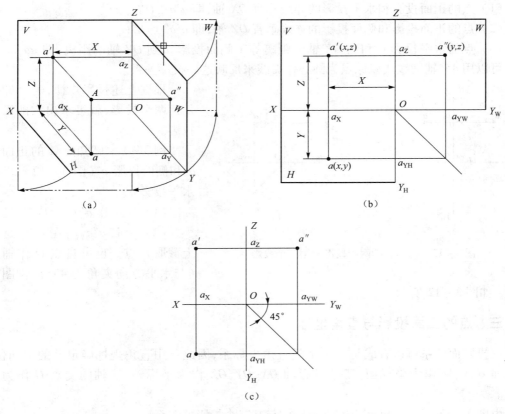

图 3-11 点的两面投影

二、点的三面投影规律

1. 点的投影与点的空间位置的关系

从图 3-11(a)(b)可以看出,Aa、Aa'、Aa''分别为点 A 到 H、V、W 面的距离,即:

$Aa = a'a_x = a''a_y$(即 $a''a_{YW}$),反映空间点 A 到 H 面的距离;

$Aa' = aa_x = a''a_z$,反映空间点 A 到 V 面的距离;

$Aa'' = a'a_z = aa_y$(即 a_{YH}),反映空间点 A 到 W 面的距离。

上述即是点的投影与点的空间位置的关系,根据这个关系,若已知点的空间位置,就可以画出点的投影。反之,若已知点的投影,就可以完全确定点在空间的位置。

2. 点的三面投影规律

由图 3-11 中还可以看出:

$aa_{YH} = a'a_z$ 即 $a'a \perp OX$

$a'a_x = a''a_{YW}$ 即 $a'a'' \perp OZ$

$aa_x = a''a_z$

这说明点的三个投影不是孤立的,而是彼此之间有一定的位置关系。而且这个关系不因空间点的位置改变而改变,因此可以把它概括为普遍性的投影规律:

(1) 点的正面投影和水平投影的连线垂直 OX 轴,即 $a'a \perp OX$;

(2) 点的正面投影和侧面投影的连线垂直 OZ 轴,即 $a'a'' \perp OZ$;

(3) 点的水平投影 a 和到 OX 轴的距离等于侧面投影 a'' 到 OZ 轴的距离,即 $aa_x = a''a_z$。一般可以用 45°辅助线或以原点为圆心作弧线来反映这一投影关系。

根据上述投影规律,若已知点的任何两个投影,就可求出它的第三个投影。

例 3-1 已知点 A 的正面投影 a' 和侧面投影 a''(图 3-12),求作其水平投影 a。

(1) 过 a' 作 $a'a_x \perp OX$,并延长。

(2) 量取 $a''a_{YW}$,在 $a'a_x$ 延长线上截取 a 点。也可自点 O 作辅助线(与水平方向夹角为 45°),作图求得

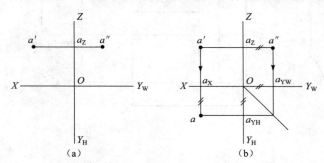

图 3-12 已知点的两个投影求第三个投影

a 点。如图 3-12 所示。

三、点的三面投影与直角坐标

三投影面体系可以看成是一个空间直角坐标系,因此可用直角坐标确定点的空间位置。投影面 H、V、W 作为坐标面,三条投影轴 OX、OY、OZ 作为坐标轴,三轴的交点 O 作为坐标原点。

由图 3-13 可以看出 A 点的直角坐标与其三个投影的关系:

点 A 到 W 面的距离 $= Oa_x = a'a_z = aa_{YH} = x$ 坐标;

点 A 到 V 面的距离 $= Oa_{YH} = aa_x = a''a_z = y$ 坐标;

点 A 到 H 面的距离 $= Oa_z = a'a_x = a''a_{YW} = z$ 坐标。

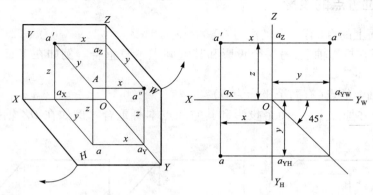

图 3-13　点的三面投影与直角坐标

用坐标来表示空间点位置比较简单,可以写成 $A(x,y,z)$ 的形式。

由图 3-13 可知,坐标 x 和 z 决定点的正面投影 a',坐标 x 和 y 决定点的水平投影 a,坐标 y 和 z 决定点的侧面投影 a'',若用坐标表示,则为 $a(x,y,0),a'(x,0,z),a''(0,y,z)$。

因此,已知一点的三面投影,就可以量出该点的三个坐标;相反的,已知一点的三个坐标,就可以量出该点的三面投影。

例 3-2　已知点 A 的坐标 $(20,10,18)$,作出点的三面投影,并画出其立体图。其作图方法与步骤如图 3-14 所示。

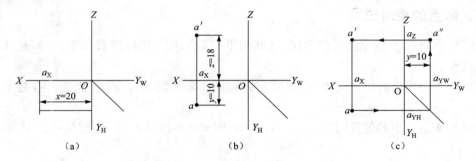

图 3-14　由点的坐标作点的三面投影

立体图的作图步骤如图 3-15 所示。

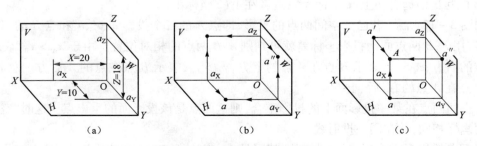

图 3-15　由点的坐标作立体图

四、特殊位置点的投影

1. 在投影面上的点(有一个坐标为 O)

有两个投影在投影轴上,另一个投影和其空间点本身重合。例如在 V 面上的点 A,如图 3-16(a)所示。

2. 在投影轴上的点(有两个坐标为 O)

有一个投影在原点上,另两个投影和其空间点本身重合。例如在 OZ 轴上的点 B,如图 3-16(b)所示。

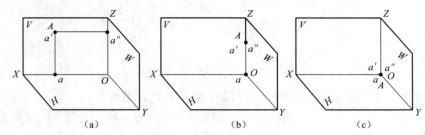

图 3-16 特殊位置点的投影
(a) 在投影面积上的点;(b) 在投影轴上的点;(c) 在原点上的点

3. 在原点上的空间点(有三个坐标都为 O)

它的三个投影必定都在原点上。如图 3-16(c)所示。

五、两点的相对位置

设已知空间点 A,由原来的位置向上(或向下)移动,则 z 坐标随着改变,也就是 A 点对 H 面的距离改变;

如果点 A 由原来的位置向前(或向后)移动,则 y 坐标随着改变,也就是 A 点对 V 面的距离改变;

如果点 A 由原来的位置向左(或向右)移动,则 x 坐标随着改变,也就是 A 点对 W 面的距离改变。

综上所述,对于空间两点 A、B 的相对位置,有:
(1) 距 W 面远者在左(x 坐标大);近者在右(x 坐标小);
(2) 距 V 面远者在前(y 坐标大);近者在后(y 坐标小);
(3) 距 H 面远者在上(z 坐标大);近者在下(z 坐标小)。

如图 3-17 所示,若已知空间两点的投影,即点 A 的三个投影 a、a'、a'' 和点 B 的三个投影 b、b'、b'',用 A、B 两点同面投影坐标差就可判别 A、B 两点的相对位置。由于 $x_A > x_B$,表示 B 点在 A 点的右方;$z_B > z_A$,表示 B 点在 A 点的上方;$y_A > y_B$,表示 B 点在点的 A 后方。总起来说,就是 B 点在 A 点的右、后、上方。

若空间两点在某一投影面上的投影重合,则这两点是该投影面的重影点。这时,空间两点的某两坐标相同,并在同一投射线上。

当两点的投影重合时,就需要判别其可见性,应注意:对 H 面的重影点,从上向下观察,z 坐标值大者可见;对 W 面的重影点,从左向右观察,x 坐标值大者可见;对 V 面的重影点,从前

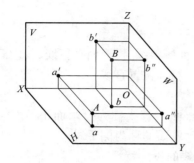 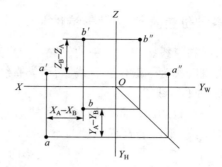

图 3-17 两点的相对位置

向后观察,y 坐标值大者可见。在投影图上不可见的投影加括号表示,如(a')。

如图 3-18 中,C、D 位于垂直 H 面的投影线上,c、d 重影为一点,则 C、D 为对 H 面的重影点,z 坐标值大者为可见,图中 $z_C > z_D$,故 c 为可见,d 为不可见,用 $c(d)$ 表示。

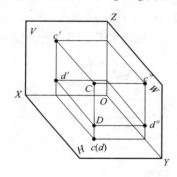 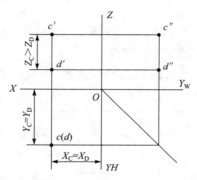

图 3-18 重影点位置判断

空间两点确定一条空间直线段,空间直线的投影一般也是直线。直线段投影的实质,就是线段两个端点的同面投影的连线;所以学习直线的投影,必须与点的投影联系起来。

六、直线的投影图

空间一直线的投影可由直线上的两点(通常取线段两个端点)的同面投影来确定。如图 3-19 所示的直线 AB,求作它的三面投影图时,可分别作出 A、B 两端点的投影(a、a'、a'')、(b、b'、b''),然后将其同面投影连接起来即得直线 AB 的三面投影图(ab、$a'b'$、$a''b''$)。

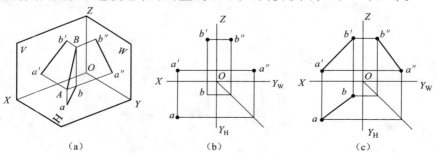

图 3-19 直线的投影

七、各种位置直线的投影特性

根据直线在三投影面体系中的位置可分为投影面倾斜线、投影面平行线、投影面垂直线三类。前一类直线称为一般位置直线,后两类直线称为特殊位置直线。

1. 投影面平行线

平行于一个投影面且同时倾斜于另外两个投影面的直线称为投影面平行线。平行于 V 面的称为正平线;平行于 H 面的称为水平线;平行于 W 面的称为侧平线。

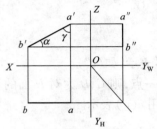

图 3-20 直线对投影面的倾角

投影面平行线的投影特性:在直线所平行的投影面上,其投影反映实长并倾斜于投影轴,另外两个投影分别平行于相应投影轴,且小于实长。

直线与投影面所夹的角称为直线对投影面的倾角。α、β、γ 分别表示直线对 H 面、V 面、W 面的倾角。如图 3-20 所示。

当直线的投影有两个平行于投影轴,第三投影与投影轴倾斜时,则该直线一定是投影面平行线,且一定平行于其投影为倾斜线的那个投影面。

投影面的平行线如表 3-1 所示。

表 3-1 投影面平行线

	三视图	投影面	投影特性
水平线	(a)	(b)	(1) 水平投影 ab 反映实长 (2) 正面投影 $a'b' \parallel OX$,侧面投影 $a''b'' \parallel OY_W$,都不反映实长
正平线	(a)	(b)	(1) 正面投影 $a'b'$ 反映实长 (2) 水平投影 $ab \parallel OX$,侧面投影 $a''b'' \parallel OZ$,都不反映实长

续表

三视图	投影面	投影特性
侧平线 (a)	(b)	（1）侧面投影 $a''b''$ 反映实长 （2）正面投影 $a'b'$ // OZ，水平投影 ab // OY_H，都不反映实长

例 3-3 如图 3-21 所示,已知空间点 A,试作线段 AB,长度为 15,并使其平行 V 面,与 H 面倾角 $\alpha=30°$。

2. 投影面垂直线

垂直于一个投影面且同时平行于另外两个投影面的直线称为投影面垂直线。垂直于 V 面的称为正垂线;垂直于 H 面的称为铅垂线;垂直于 W 面的称为侧垂线。如图 3-22 所示。

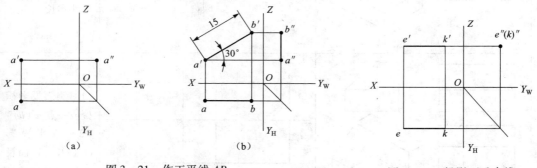

图 3-21 作正平线 AB 图 3-22 投影面垂直线

投影面垂直线的投影特性:在直线所垂直的投影面上,其投影集聚成一点,另外两个投影分别垂直于相应投影轴,且反映实长。

直线的投影中只要有一个投影积聚为一点,则该直线一定是投影面垂直线,且一定垂直于其投影积聚为一点的那个投影面。

投影面垂直线如表 3-2 所示。

例 3-4 如图 3-23 所示,已知正垂线 AB 的点 A 的投影,直线 AB 长度为 10 mm,试作直线 AB 的三面投影。

3. 一般位置直线

与三个投影面都处于倾斜位置的直线称为一般位置直线。

如图 3-24(a)所示,直线 AB 与 H、V、W 面都处于倾斜位置,倾角分别为 α、β、γ。其投影如图 3-24(b)所示。

表 3-2 投影面垂直线

三视图	投影面	投影特性
铅垂线 (a)	(b)	(1) 水平投影积聚成一点 $a(b)$ (2) 正面投影 $a'b' \perp OX$，侧面投影 $a''b'' \perp OY_W$，都反映实长
正垂线 (a)	(b)	(1) 正面投影积聚成一点 $a'(b')$ (2) 水平投影 $ab \perp OX$，侧面投影 $a''b'' \perp OZ$，都反映实长
侧垂线 (a)	(b)	(1) 侧面投影积聚成一点 $a''(b)''$ (2) 水平投影 $ab \perp OY_H$，正面投影 $a'b' \perp OZ$，都反映实长

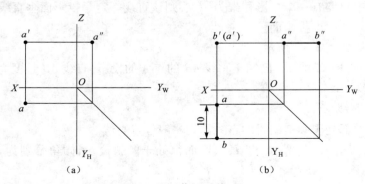

图 3-23 作正垂线 AB

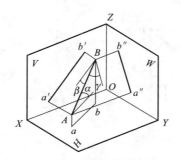 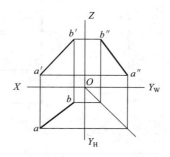

图 3-24 一般位置直线

一般位置直线的投影特征可归纳为：

（1）直线的三个投影和投影轴都倾斜，各投影和投影轴所夹的角度不等于空间线段对相应投影面的倾角；

（2）任何投影都小于空间线段的实长，也不能积聚为一点。

直线的投影如果与三个投影轴都倾斜，则可判定该直线为一般位置直线。

八、直线上点的投影

1. 直线上点的投影

点在直线上，则点的各个投影必定在该直线的同面投影上，反之，若一个点的各个投影都在直线的同面投影上，则该点必定在直线上。

如图 3-25 所示直线 AB 上有一点 C，则 C 点的三面投影 c、c'、c'' 必定分别在该直线 AB 的同面投影 ab、$a'b'$、$a''b''$ 上。

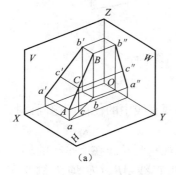 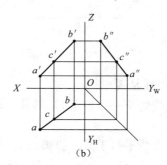

(a) (b)

图 3-25 直线上点的投影

2. 直线投影的定比性

直线上的点分割线段之比等于其投影之比，这称为直线投影的定比性。

在图 3-25 中，点 C 在线段 AB 上，它把线段 AB 分成 AC 和 CB 两段。根据直线投影的定比性，$AC:CB = ac:cb = a'c':c'b' = a''c'':c''b''$。

例 3-5 如图 3-26(a)，已知侧平线 AB 的两投影和直线上 K 点的正面投影 k'，求 K 点的水平投影 k。

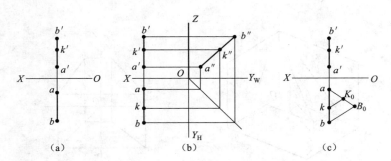

图 3-26 求直线上点的投影
(a) 投影点；(b) 解法 1；(c) 解法 2

九、两直线的相对位置

两直线的相对位置有平行、相交、交叉三种情况。

1. 两直线平行

（1）两直线平行的特性。若空间两直线平行,则它们的各同面投影必定互相平行。如图 3-27 所示,由于 $AB/\!/CD$,则必定 $ab/\!/cd$、$a'b'/\!/c'd'$、$a''b''/\!/c''d''$。反之,若两直线的各同面投影互相平行,则此两直线在空间也必定互相平行。

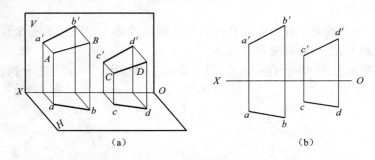

图 3-27 两直线平行

（2）判定两直线是否平行：

① 如果两直线处于一般位置时,则只需观察两直线中的任何两组同面投影是否互相平行即可判定。

② 当两平行直线平行于某一投影面时,则需观察两直线在所平行的那个投影面上的投影是否互相平行才能确定。如图 3-28 所示,两直线 AB、CD 均为侧平线,虽然 $ab/\!/cd$,$a'b'/\!/c'd'$,但不能断言两直线平行,还必需求作两直线的侧面投影进行判定,由于图中所示两直线的侧面投影 $a''b''$ 与 $c''d''$ 相交,所以可判定直线 AB、CD 不平行。

2. 两直线相交

（1）两直线相交的特性。若空间两直线相交,则它们的各同面投影必定相交,且交点符合点的投影规律。如图 3-29 所示,两直线 AB、CD 相交于 K 点,因为 K 点是两直线的共有点,则此两直线的各组同面投影的交点 k、k'、k'' 必定是空间交点 K 的投影。反之,若两直线的各同面投影相交,且各组同面投影的交点符合点的投影规律,则此两直线在空间也必定相交。

（2）判定两直线是否相交：

图 3 – 28　判断两直线是否平行

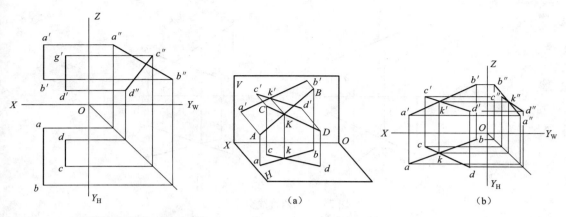

图 3 – 29　两直线相交

① 如果两直线均为一般位置线时，则只需观察两直线中的任何两组同面投影是否相交且交点是否符合点的投影规律即可判定。

② 当两直线中有一条直线为投影面平行线时，则需观察两直线在该投影面上的投影是否相交且交点是否符合点的投影规律才能确定；或者根据直线投影的定比性进行判断。如图 3 – 30 所示，两直线 AB、CD 两组同面投影 ab 与 cd、a'b' 与 c'd' 虽然相交，但经过分析判断，可判定两直线在空间不相交。

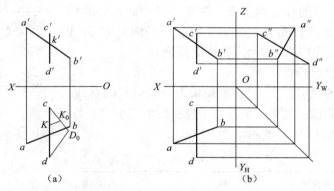

图 3 – 30　两直线在空间不相交

3. 两直线交叉

两直线既不平行又不相交，称为两直线交叉。

（1）两直线交叉的特性。若空间两直线交叉，则它们的各组同面投影必不同时平行，或者它们的各同面投影虽然相交，但其交点不符合点的投影规律。反之亦然。如图 3 – 31（a）所示。空间直线 AB、CD 为两交叉直线。

（2）判定空间交叉两直线的相对位置。空间交叉两直线的投影的交点，实际上是空间两点的投影重合点。利用重影点和可见性，可以很方便地判别两直线在空间的位置。在图 3 – 31（b）中，判断 AB 和 CD 的正面重影点 k'(l') 的可见性时，由于 K、L 两点的水平投影 k 比 l 的 y 坐标值大，所以当从前往后看时，点 K 可见，点 L 不可见，由此可判定 AB 在 CD 的前方。同理，判断 AB 和 CD 的水平面重影点从上往下看时，点 M 可见，点 N 不可见，可判定 CD 在 AB 的上方。

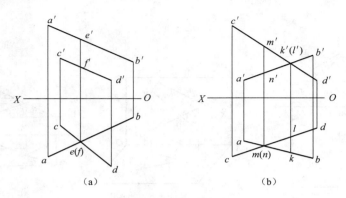

(a)　　　　　　　　　　(b)

图 3-31　两直线交叉

十、各种位置平面的投影特性

根据平面在三投影面体系中的位置可分为投影面倾斜面、投影面平行面、投影面垂直面三类。前一类平面称为一般位置平面,后两类平面称为特殊位置平面。

1. 投影面垂直面

垂直于一个投影面且同时倾斜于另外两个投影面的平面称为投影面垂直面。垂直于 V 面的称为正垂面;垂直于 H 面的称为铅垂面;垂直于 W 面的称为侧垂面。平面与投影面所夹的角度称为平面对投影面的倾角。α、β、γ 分别表示平面对 H 面、V 面、W 面的倾角。如图 3-32 所示为铅垂面投影。

投影面垂直面投影特性:

在平面所垂直的投影面上,其投影积聚为一条倾斜的直线,并反映与另外两投影面的夹角。另外两个投影均为缩小了的类似形。

投影面垂直面如表 3-3 所示。

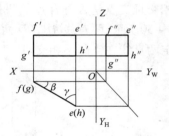

图 3-32　投影面垂直面

表 3-3　投影面垂直面

	三视图	投影面	投影特性
铅垂面	(a)	(b)	(1) 水平投影积聚成直线 (2) 正面和侧面投影为缩小的类似形

续表

三视图	投影面	投影特性
正垂面		（1）正面投影积聚成直线 （2）水平和侧面投影为缩小的类似形
侧垂面		（1）侧面投影积聚成直线 （2）水平和正面投影为缩小的类似形

对于投影面垂直面的辨认：如果空间平面在某一投影面上的投影积聚为一条与投影轴倾斜的直线，则此平面垂直于该投影面。

例 3 - 6 如图 3 - 33（a）所示，四边形 ABCD 垂直于 V 面，已知 H 面的投影 abcd 及 B 点的 V 面投影 b'，且于 H 面的倾角 α = 45°，求作该平面的 V 面和 W 面投影。

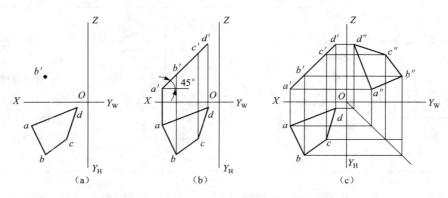

图 3 - 33 求作四边形平面 ABCD 的投影

2. 投影面平行面

平行于一个投影面且同时垂直于另外两个投影面的平面称为投影面平行面。平行于 V 面的称为正平面；平行于 H 面的称为水平面；平行于 W 面的称为侧平面；如图 3-34 所示为正平面投影。

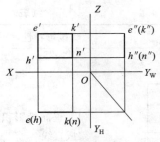

图 3-34 正平面投影

投影面平行面投影特性：

在平面所平行的投影面上，其投影反映实形。另外两个投影积聚为直线且分别平行于相应的投影轴。

投影面平行面如表 3-4 所示。

表 3-4 投影面平行面

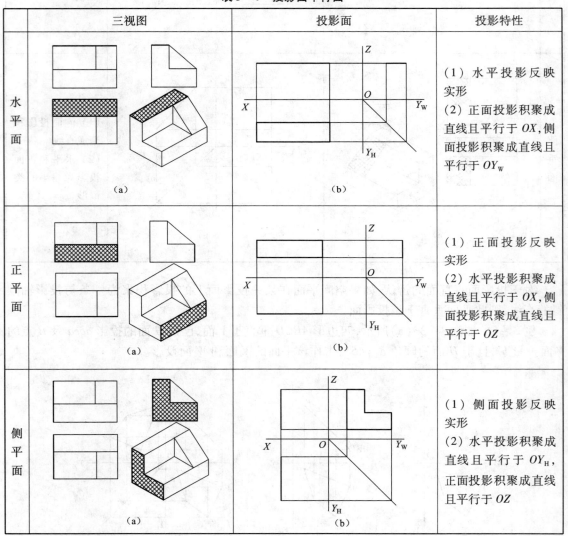

	三视图	投影面	投影特性
水平面	(a)	(b)	(1) 水平投影反映实形 (2) 正面投影积聚成直线且平行于 OX，侧面投影积聚成直线且平行于 OY_W
正平面	(a)	(b)	(1) 正面投影反映实形 (2) 水平投影积聚成直线且平行于 OX，侧面投影积聚成直线且平行于 OZ
侧平面	(a)	(b)	(1) 侧面投影反映实形 (2) 水平投影积聚成直线且平行于 OY_H，正面投影积聚成直线且平行于 OZ

如果空间平面在某一投影面上的投影积聚为一条与投影轴倾斜的直线，则此平面垂直于该投影面。

3. 一般位置平面

与三个投影面都处于倾斜位置的平面称为一般位置平面。

例如平面△ABC与H、V、W面都处于倾斜位置,倾角分别为α、β、γ。其投影如图3-35所示。

一般位置平面的投影特征为:一般位置平面的三面投影,既不反映实形,也无积聚性,而都为缩小了的类似形。

如果平面的三面投影都是类似的几何图形的投影,则可判定该平面一定是一般位置平面。

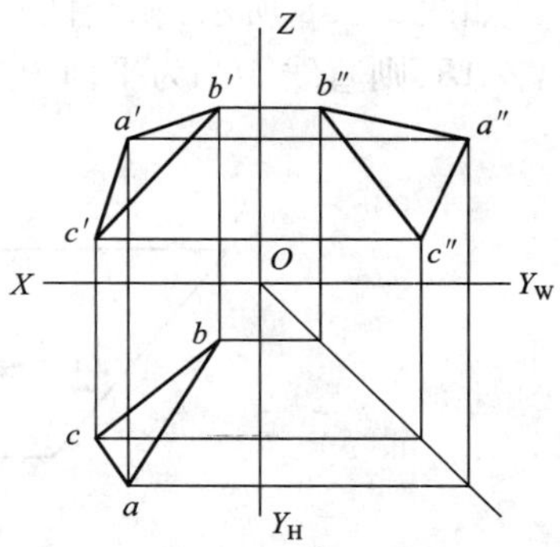

图3-35 一般位置平面

十一、平面上的直线和点

1. 平面上的点

点在平面上的几何条件是:点在平面内的一直线上,则该点必在平面上。因此在平面上取点,必须先在平面上取一直线,然后再在该直线上取点。这是在平面的投影图上确定点所在位置的依据。

如图3-36所示,相交两直线AB、AC确定一平面P,点S取自直线AB,所以点S必在平面P上。

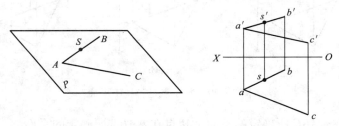

图3-36 平面上的点

2. 平面上的直线

直线在平面上的几何条件是:

(1) 若一直线通过平面上的两个点,则此直线必定在该平面上。

如图3-37(a)所示,相交两直线AB、AC确定一平面P,分别在直线AB、AC上取点E、F,连接EF,则直线EF为平面P上的直线。作图方法见图3-37(b)所示。

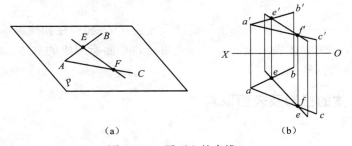

(a)　　　　　　　　(b)

图3-37 平面上的直线1

(2) 若一直线通过平面上的一点并平行于平面上的另一直线,则此直线必定在该平面上。

如图 3-38 所示,相交两直线 AB、AC 确定一平面 P,在直线 AC 上取点 E,过点 E 作直线 MN∥AB,则直线 MN 为平面 P 上的直线。作图方法见图 3-38(b) 所示。

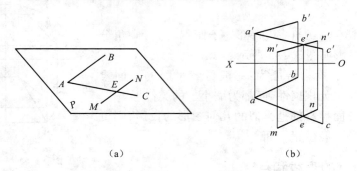

图 3-38　平面上的直线 2

例 3-7　如图 3-39(a)所示,试判断点 K 和点 M 是否属于 △ABC 所确定的平面。

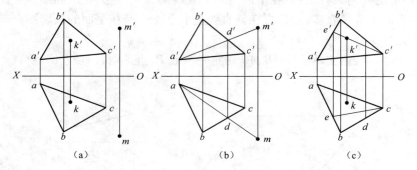

图 3-39　判断点是否属于平面

所以,K 点不在 △ABC 所确定的平面。M 点在 △ABC 所确定的平面。

第四节　基本几何体的投影

机器上的零件,不论形状多么复杂,都可以看做是由基本几何体按照不同的方式组合而成的。

基本几何体——表面规则而单一的几何体。按其表面性质,可以分为平面立体和曲面立体两类。

(1) 平面立体——立体表面全部由平面所围成的立体,如棱柱和棱锥等。

(2) 曲面立体——立体表面全部由曲面或曲面和平面所围成的立体,如圆柱、圆锥、圆球等。曲面立体也称为回转体。

一、平面立体的投影及表面取点

1. 棱柱

棱柱由两个底面和棱面组成,棱面与棱面的交线称为棱线,棱线互相平行。棱线与底面垂直的棱柱称为正棱柱。本节仅讨论正棱柱的投影。

(1) 棱柱的投影。以正六棱柱为例。如图 3-40(a)所示为一正六棱柱，由上、下两个底面(正六边形)和六个棱面(长方形)组成。设将其放置成上、下底面与水平投影面平行，并有两个棱面平行于正投影面。

上、下两底面均为水平面，它们的水平投影重合并反映实形，正面及侧面投影积聚为两条相互平行的直线。六个棱面中的前、后两个为正平面，它们的正面投影反映实形，水平投影及侧面投影积聚为一直线。其他四个棱面均为铅垂面，其水平投影均积聚为直线，正面投影和侧面投影均为类似形。

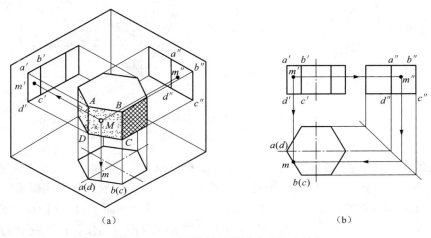

图 3-40　正六棱柱的投影及表面上的点
(a) 立体图；(b) 投影图

正棱柱的投影特征：当棱柱的底面平行某一个投影面时，则棱柱在该投影面上投影的外轮廓为与其底面全等的正多边形，而另外两个投影则由若干个相邻的矩形线框所组成。

(2) 棱柱表面上点的投影。平面立体表面上取点实际就是在平面上取点。首先应确定点位于立体的哪个平面上，并分析该平面的投影特性，然后再根据点的投影规律求得。因为正棱柱的各个面均为特殊位置面，均具有积聚性。可利用此特性求出其他投影。

如图 3-40(b)所示，已知棱柱表面上点 M 的正面投影 m'，求作它的其他两面投影 m、m''。因为 m' 可见，所以点 M 必在面 $ABCD$ 上。此棱面是铅垂面，其水平投影积聚成一条直线，故点 M 的水平投影 m 必在此直线上，再根据 m、m' 可求出 m''。由于 $ABCD$ 的侧面投影为可见，故 m'' 也为可见。

2. 棱锥

(1) 棱锥的投影。以正三棱锥为例。如图 3-41(a)所示为一正三棱锥，它的表面由一个底面(正三边形)和三个侧棱面(等腰三角形)围成，设将其放置成底面与水平投影面平行，并有一个棱面垂直于侧投影面。

由于锥底面△ABC 为水平面，所以它的水平投影反映实形，正面投影和侧面投影分别积聚为直线段 $a'b'c'$ 和 $a''(c'')b''$。棱面△SAC 为侧垂面，它的侧面投影积聚为一段斜线 $s''a''(c'')$，正面投影和水平投影为类似形 △$s'a'c'$ 和 △sac，前者为不可见，后者可见。棱面△SAB 和 △SBC 均为一般位置平面，它们的三面投影均为类似形。

棱线 SB 为侧平线,棱线 SA、SC 为一般位置直线,棱线 AC 为侧垂线,棱线 AB、BC 为水平线。

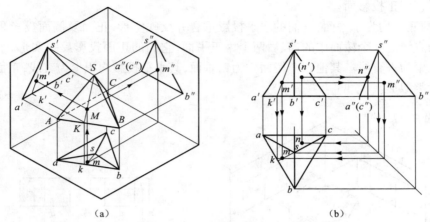

图 3-41 正三棱锥的投影及表面上的点
(a) 立体图;(b) 投影图

正棱锥的投影特征:当棱锥的底面平行某一个投影面时,则棱锥在该投影面上投影的外轮廓为与其底面全等的正多边形,而另外两个投影则由若干个相邻的三角形线框所组成。

(2) 棱锥表面上点的投影。首先确定点位于棱锥的哪个平面上,再分析该平面的投影特性。若该平面为特殊位置平面,可利用投影的积聚性直接求得点的投影;若该平面为一般位置平面,可通过辅助线法求得。

如图 3-41(b)所示,已知正三棱锥表面上点 M 的正面投影 m' 和点 N 的水平面投影 n,求作 M、N 两点的其余投影。

因为 m' 可见,因此点 M 必定在 △SAB 上。△SAB 是一般位置平面,采用辅助线法,过点 M 及锥顶点 S 作一条直线 SK,与底边 AB 交于点 K。图 3-41 中即过 m' 作 s'k',再作出其水平投影 sk。由于点 M 属于直线 SK,根据点在直线上的从属性质可知 m 必在 sk 上,求出水平投影 m,再根据 m、m' 可求出 m"。

因为点 N 可见,故点 N 必定在棱面 △SAC 上。棱面 △SAC 为侧垂面,它的侧面投影积聚为直线段 s"a"(c"),因此 n" 必在 s"a"(c") 上,由 n、n" 即可求出 n'。

二、曲面立体的投影及表面取点

曲面立体的曲面是由一条母线(直线或曲线)绕定轴回转而形成的。在投影图上表示曲面立体就是把围成立体的回转面或平面与回转面表示出来。

圆柱表面由圆柱面和两底面所围成。圆柱面可看做一条直母线 AB 围绕与它平行的轴线 OO_1 回转而成。圆柱面上任意一条平行于轴线的直线,称为圆柱面的素线。

(1) 圆柱的投影。画图时,一般常使它的轴线垂直于某个投影面。

如图 3-42(a)所示,圆柱的轴线垂直于侧面,圆柱面上所有素线都是侧垂线,因此圆柱面的侧面投影积聚成为一个圆。圆柱左、右两个底面的侧面投影反映实形并与该圆重合。两条相互垂直的点画线,表示确定圆心的对称中心线。圆柱面的正面投影是一个矩形,是圆柱面前半部与后半部的重合投影,其左右两边分别为左右两底面的积聚性投影,上、下两边 $a'a'_1$、$b'b'_1$ 分别是圆柱最上、最下素线的投影。最上、最下两条素线 AA_1、BB_1 是圆柱面由前向后的转向线,是正面投影中可见的前半圆柱面和不可见的后半圆柱面的分界线,也称为正面投影的转向轮廓素线。同理,可对水平投影中的矩形进行类似的分析。

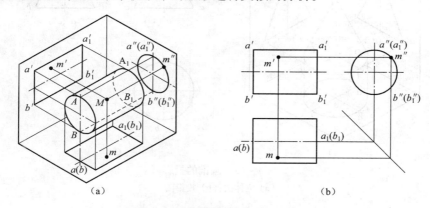

图3-42 圆柱的投影及表面上的点
(a)立体图;(b)投影图

圆柱的投影特征:当圆柱的轴线垂直某一个投影面时,必有一个投影为圆形,另外两个投影为全等的矩形。

(2)圆柱面上点的投影。如图3-42(b)所示,已知圆柱面上点 M 的正面投影 m',求作点 M 的其余两个投影。

因为圆柱面的投影具有积聚性,圆柱面上点的侧面投影一定重影在圆周上。又因为 m' 可见,所以点 M 必在前半圆柱面的上边,由 m' 求得 m'',再由 m' 和 m'' 求得 m。

三、曲面立体的投影及表面取点

1. 圆锥

圆锥表面由圆锥面和底面所围成。圆锥面可看做是一条直母线 SA 围绕轴线回转而成。在圆锥面上通过锥顶的任一直线称为圆锥面的素线。

(1)圆锥的投影。画圆锥面的投影时,也常使它的轴线垂直于某一投影面。

如图3-43(a)所示圆锥的轴线是铅垂线,底面是水平面,图3-43(b)是它的投影图。圆锥的水平投影为一个圆,反映底面的实形,同时也表示圆锥面的投影。圆锥的正面、侧面投影均为等腰三角形,其底边均为圆锥底面的积聚投影。正面投影中三角形的两腰 $s'a'$、$s'c'$ 分别表示圆锥面最左、最右轮廓素线 SA、SC 的投影,他们是圆锥面正面投影可见与不可见的分界线。SA、SC 的水平投影 sa、sc 和横向中心线重合,侧面投影 $s''a''(c'')$ 与轴线重合。同理可对侧面投影中三角形的两腰进行类似的分析。

总结圆锥的投影特征:当圆锥的轴线垂直某一个投影面时,则圆锥在该投影面上投影为与其底面全等的圆形,另外两个投影为全等的等腰三角形。

(2)圆锥面上点的投影。如图3-44、图3-45所示,已知圆锥表面上 M 的正面投影 m',求作点 M 的其余两个投影。因为 m' 可见,所以 M 必在前半个圆锥面的左边,故可判定点 M 的另两面投影均为可见。作图方法有两种:

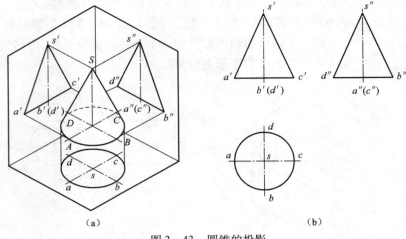

(a)　　　　　　　　　　　　(b)

图 3-43　圆锥的投影
(a) 立体图；(b) 投影图

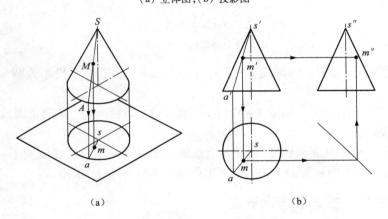

(a)　　　　　　　　　　　　(b)

图 3-44　用辅助线法在圆锥面上取点
(a) 立体图；(b) 投影图

做法一：辅助线法　如图 3-44(a) 所示，过锥顶 S 和 M 作一直线 SA，与底面交于点 A。点 M 的各个投影必在此 SA 的相应投影上。在图 3-44(b) 中过 m′ 作 s′a′，然后求出其水平投影 sa。由于点 M 属于直线 SA，根据点在直线上的从属性质可知 m 必在 sa 上，求出水平投影 m，再根据 m、m′ 可求出 m″。

做法二：辅助圆法　如图 3-45(a) 所示，过圆锥面上点 M 作一垂直于圆锥轴线的辅助圆，点 M 的各个投影必在此辅助圆的相应投影上。在图 3-45(b) 中过 m′ 作水平线 a′b′，此为辅助圆的正面投影积聚线。辅助圆的水平投影为一直径等于 a′b′ 的圆，圆心为 s，由 m′ 向下引垂线与此圆相交，且根据点 M 的可见性，即可求出 m。然后再由 m′ 和 m 可求出 m″。

2. 圆球

圆球的表面是球面，圆球面可看做是一条圆母线绕通过其圆心的轴线回转而成。

(1) 圆球的投影。如图 3-46(a) 所示为圆球的立体图，如图 3-46(b) 所示为圆球的投影。圆球在三个投影面上的投影都是直径相等的圆，但这三个圆分别表示三个不同方向的圆球面轮廓素线的投影。正面投影的圆是平行于 V 面的圆素线 A（它是前面可见半球与后面不

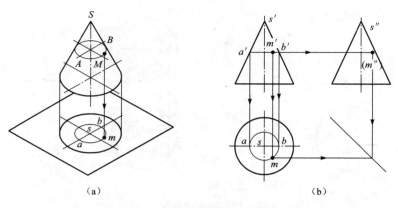

图 3-45　用辅助线法在圆锥面上取点
(a) 立体图；(b) 投影图

可见半球的分界线)的投影。与此类似，侧面投影的圆是平行于 W 面的圆素线 C 的投影；水平投影的圆是平行于 H 面的圆素线 B 的投影。这三条圆素线的其他两面投影，都与相应圆的中心线重合，不应画出。

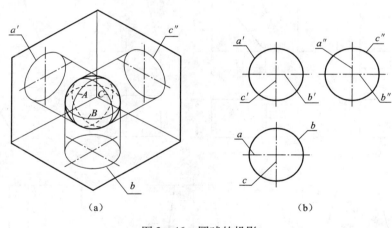

图 3-46　圆球的投影
(a) 立体图；(b) 投影图

(2) 圆球面上点的投影。圆球面的投影没有积聚性，求作其表面上点的投影需采用辅助圆法，即过该点在球面上作一个平行于任一投影面的辅助圆。

如图 3-47(a) 所示，已知球面上点 M 的水平投影，求作其余两个投影。过点 M 作一平行于正面的辅助圆，它的水平投影为过 m 的直线 ab，正面投影为直径等于 ab 长度的圆。自 m 向上引垂线，在正面投影上与辅助圆相交于两点。又由于 m 可见，故点 M 必在上半个圆周上，据此可确定位置偏上的点即为 m'，再由 m、m' 可求出 m"。如图 3-47(b) 所示。

四、基本体的尺寸标注

1. 平面立体的尺寸标注

平面立体一般标注长、宽、高三个方向的尺寸，如图 3-48 所示。其中正方形的尺寸可采

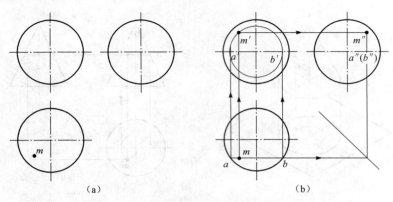

图 3-47 圆球面上点的投影

用如图 3-48(f) 所示的形式注出,即在边长尺寸数字前加注"□"符号。图 3-48(d)(g) 中加"( )"的尺寸称为参考尺寸。

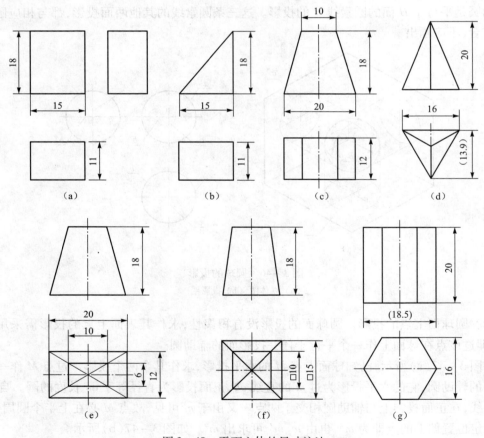

图 3-48 平面立体的尺寸注法

2. 曲面立体的尺寸标注

圆柱和圆锥应注出底圆直径和高度尺寸,圆锥台还应加注顶圆的直径。直径尺寸应在其数字前加注符号"ϕ",一般注在非圆视图上。这种标注形式用一个视图就能确定其形状和大小,其他视图就可省略,如图3-49(a)(b)(c)所示。

标注圆球的直径和半径时,应分别在"φ、R"前加注符号"S",如图3-49(d)(e)所示。

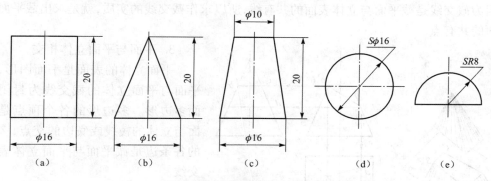

图3-49 曲面立体的尺寸注法

第五节 截交线、相贯线过渡线

在曲面几次课中我们学习了基本几何体的投影及表面求点,而在实际应用中,机器中的零件,往往不是基本几何体,而是基本几何体经过不同方式的截割或组合而成的。

一、截交线

1. 截交线的概念

平面与立体表面相交,可以认为是立体被平面截切,此平面通常称为截平面,截平面与立体表面的交线称为截交线。图3-50为平面与立体表面相交示例。

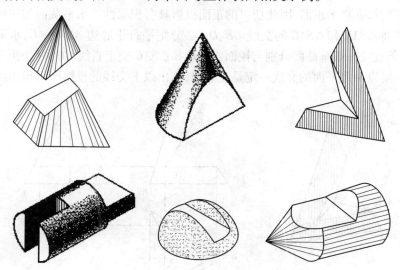

图3-50 平面与立体表面相交

2. 截交线的性质

(1)截交线一定是一个封闭的平面图形。

· 59 ·

（2）截交线既在截平面上，又在立体表面上，截交线是截平面和立体表面的共有线。截交线上的点都是截平面与立体表面上的共有点。

因为截交线是截平面与立体表面的共有线，所以求作截交线的实质，就是求出截平面与立体表面的共有点。

3. 平面与平面立体相交

平面立体的表面是平面图形，因此平面与平面立体的截交线为封闭的平面多边形。多边形的各个顶点是截平面与立体的棱线或底边的交点，多边形的各条边是截平面与平面立体表面的交线。

如图 3-51(a) 所示，求作正垂面 P 斜切正四棱锥的截交线。

分析：截平面与棱锥的四条棱线相交，可判定截交线是四边形，其四个顶点分别是四条棱线与截平面的交点。

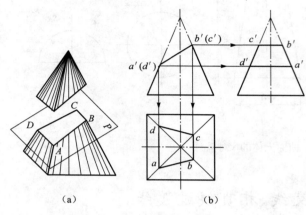

图 3-51 四棱锥的截交线

因此，只要求出截交线的四个顶点在各投影面上的投影，然后依次连接顶点的同名投影，即得截交线的投影。

当用两个以上平面截切平面立体时，在立体上会出现切口、凹槽或穿孔等。作图时，只要作出各个截平面与平面立体的截交线，并画出各截平面之间得交线，就可作出这些平面立体的投影。

如图 3-52(a) 所示，一带切口的正三棱锥，已知它的正面投影，求其另两面投影。

分析：该正三棱锥的切口是由两个相交的截平面切割而形成。两个截平面一个是水平面，一个是正垂面，它们都垂直于正面，因此切口的正面投影具有积聚性。水平截面与三棱锥的底面平行，因此它与棱面△SAB 和△SAC 的交线 DE、DF 必分别平行于底边 AB 和 AC，水平截面的侧面投影积聚成一条直线。正垂截面分别与棱面△SAB 和△SAC 交于直线 GE、GF。由于两个截平面都垂直于正面，所以两截平面的交线一定是正垂线，作出以上交线的投影即可得出所求投影。

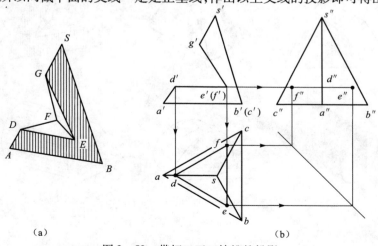

图 3-52 带切口正三棱锥的投影

第三章 投影基础

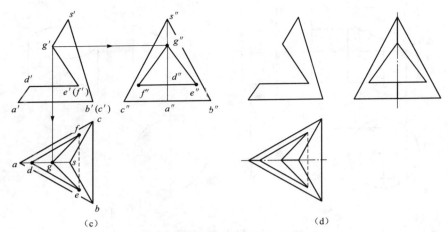

(c)

(d)

图 3-52 带切口正三棱锥的投影(续)

平面与曲面立体相交产生的截交线一般是封闭的平面曲线,也可能是由曲线与直线围成的平面图形,其形状取决于截平面与曲面立体的相对位置。

曲面立体的截交线,就是求截平面与曲面立体表面的共有点的投影,然后把各点的同名投影依次光滑连接起来。

当截平面或曲面立体的表面垂直于某一投影面时,则截交线在该投影面上的投影具有积聚性,可直接利用面上取点的方法作图。

4. 圆柱的截交线

平面截切圆柱时,根据截平面与圆柱轴线的相对位置不同,其截交线有三种不同的形状:截平面与轴线平行、截交线为长方形、截平面与轴线垂直、截交线为圆、截平面与轴线倾斜、截交线为椭圆。

如图 3-53(a)所示,求圆柱被正垂面截切后的截交线。

分析:截平面与圆柱的轴线倾斜,故截交线为椭圆。此椭圆的正面投影积聚为一直线。由于圆柱面的水平投影积聚为圆,而椭圆位于圆柱面上,故椭圆的水平投影与圆柱面水平投影重合。椭圆的侧面投影是它的类似形,仍为椭圆。可根据投影规律由正面投影和水平投影求出

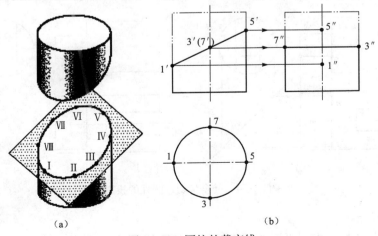

图 3-53 圆柱的截交线

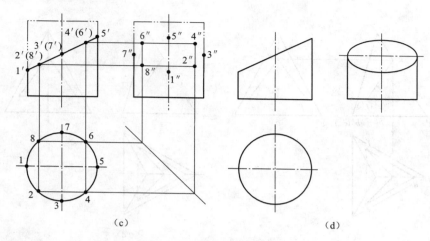

图 3-53 圆柱的截交线(续)

侧面投影。

如图 3-54(a)所示,完成被截切圆柱的正面投影和水平投影。

分析:该圆柱左端的开槽是由两个平行于圆柱轴线的对称的正平面和一个垂直于轴线的侧平面切割而成。圆柱右端的切口是由两个平行于圆柱轴线的水平面和两个侧平面切割而成。

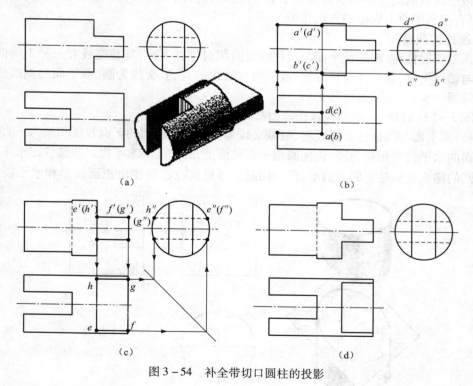

图 3-54 补全带切口圆柱的投影

5. 圆锥的截交线

平面截切圆锥时,根据截平面与圆锥轴线的相对位置不同,其截交线有五种不同的情况。

如图3-55(a)所示,求作被正平面截切的圆锥的截交线。

分析:因截平面为正平面,与轴线平行,故截交线为双曲线。截交线的水平投影和侧面投影都积聚为直线,只需求出正面投影。

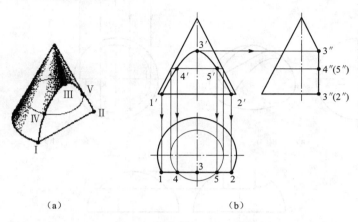

图3-55 正平面截切圆锥的截交线

6. 圆球的截交线

平面在任何位置截切圆球的截交线都是圆。当截平面平行于某一投影面时,截交线在该投影面上的投影为圆的实形,在其他两面上的投影都积聚为直线。如图3-56所示。

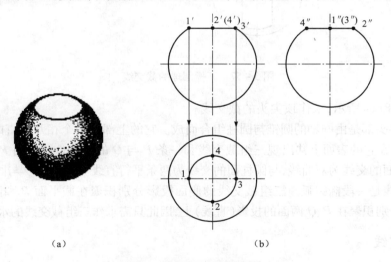

图3-56 圆球的截交线

如图3-57(a)所示,完成开槽半圆球的截交线。

分析:球表面的凹槽由两个侧平面和一个水平面切割而成,两个侧平面和球的交线为两段平行于侧面的圆弧,水平面与球的交线为前后两段水平圆弧,截平面之间得交线为正垂线。

7. 综合题例

实际机件常由几个回转体组合而成。求组合回转体的截交线时,首先要分析构成机件的各基本体与截平面的相对位置、截交线的形状、投影特性,然后逐个画出各基本体的截交线,再按它们之间的相互关系连接起来。

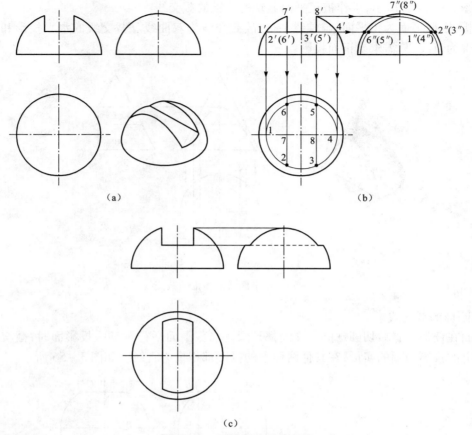

图 3-57 开槽圆球的截交线

如图3-58(a)所示,求作顶尖头的截交线。

分析:顶尖头部是由同轴的圆锥与圆柱组合而成。它的上部被两个相互垂直的截平面 P 和 Q 切去一部分,在它的表面上共出现三组截交线和一条 P 与 Q 的交线。截平面 P 平行于轴线,所以它与圆锥面的交线为双曲线,与圆柱面的交线为两条平行直线。截平面 Q 与圆柱斜交,它截切圆柱的截交线是一段椭圆弧。三组截交线的侧面投影分别积聚在截平面 P 和圆柱面的投影上,正面投影分别积聚在 P、Q 两面的投影(直线)上,因此只需求作三组截交线的水平投影。

二、相贯线

1. 相贯线的概念

两个基本体相交(或称相贯),表面产生的交线称为相贯线。本节只讨论最为常见的两个曲面立体相交的问题。

2. 相贯线的性质

(1)相贯线是两个曲面立体表面的共有线,也是两个曲面立体表面的分界线。相贯线上的点是两个曲面立体表面的共有点。

(2)两个曲面立体的相贯线一般为封闭的空间曲线,特殊情况下可能是平面曲线或直线。

求两个曲面立体相贯线的实质就是求它们表面的共有点。作图时,依次求出特殊点和一

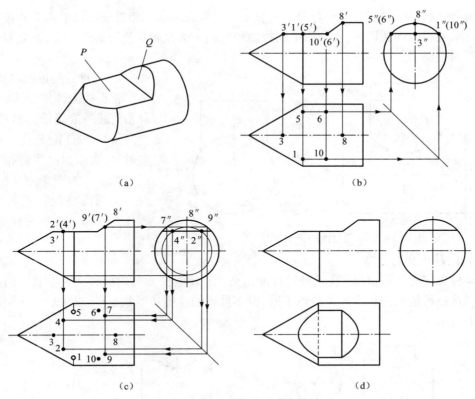

图 3-58 顶尖头的截交线

般点,判别其可见性,然后将各点光滑连接起来,即得截交线。

3. 相贯线的画法

两个相交的曲面立体中,如果其中一个是柱面立体(常见的是圆柱面),且其轴线垂直于某投影面时,相贯线在该投影面上的投影一定积聚在柱面投影上,相贯线的其余投影可用表面取点法求出。

如图 3-59(a)所示,求正交两圆柱体的相贯线。

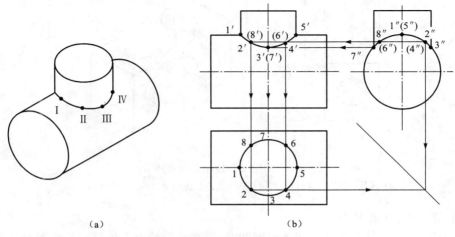

图 3-59 正交两圆柱的相贯线

分析：两圆柱体的轴线正交，且分别垂直于水平面和侧面。相贯线在水平面上的投影积聚在小圆柱水平投影的圆周上，在侧面上的投影积聚在大圆柱侧面投影的圆周上，故只需求作相贯线的正面投影。

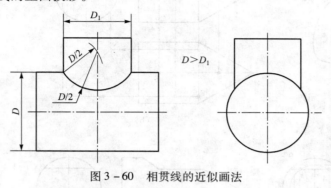

4. 相贯线的近似画法

相贯线的作图步骤较多，如对相贯线的准确性无特殊要求，当两圆柱垂直正交且直径有相差时，可采用圆弧代替相贯线的近似画法。如图3-60所示，垂直正交两圆柱的相贯线可用大圆柱的 $D/2$ 为半径作圆弧来代替。

图3-60 相贯线的近似画法

5. 两圆柱正交的类型

两圆柱正交有三种情况：① 两外圆柱面相交；② 外圆柱面与内圆柱面相交；③ 两内圆柱面相交。这三种情况的相交形式虽然不同，但相贯线的性质和形状一样，求法也是一样的。如图3-61所示。

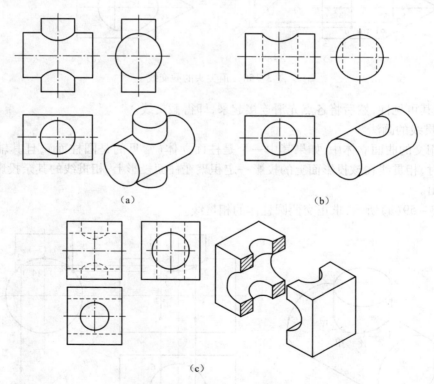

图3-61 两正交圆柱相交的三种情况
(a) 两外圆柱面相交；(b) 外圆柱面与内圆柱面相交；(c) 两内圆柱面相交

6. 相贯线的特殊情况

两曲面立体相交，其相贯线一般为空间曲线，但在特殊情况下也可能是平面曲线或直线。

(1) 两个曲面立体具有公共轴线时,相贯线为与轴线垂直的圆,如图3-62所示。

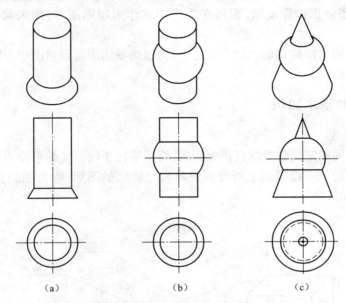

图3-62 两个同轴回转体的相贯线
(a) 圆柱与圆锥；(b) 圆柱与圆球；(c) 圆锥与圆球

(2) 当正交的两圆柱直径相等时,相贯线为投影为通过两轴线交点的直线,如图3-63所示。

(3) 当相交的两圆柱轴线平行时,相贯线为两条平行于轴线的直线,如图3-64所示。

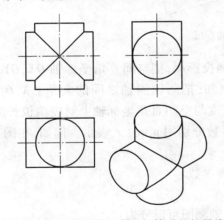
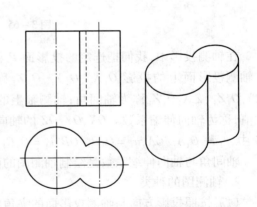

图3-63 正交两圆柱直径相等时的相贯线　　图3-64 相交两圆柱轴线平行时的相贯线

第六节 轴 测 图

多面正投影图能完整、准确地反映物体的形状和大小,且度量性好、作图简单,但立体感不强,只有具备一定读图能力的人才能看懂。

有时工程上还需采用一种立体感较强的图来表达物体,即轴测图。轴测图是用轴测投影的方法画出来的富有立体感的图形,它接近人们的视觉习惯,但不能确切地反映物体真实的形状和大小,并且作图较正投影复杂,因而在生产中它作为辅助图样,用来帮助人们读懂正投影图。

轴测图也是发展空间构思能力的手段之一,通过画轴测图可以帮助想象物体的形状,培养空间想象能力。

一、轴测图的基本知识

1. 轴测图的形成

将空间物体连同确定其位置的直角坐标系,沿不平行于任一坐标平面的方向,用平行投影法投射在某一选定的单一投影面上所得到的具有立体感的图形,称为轴测投影图,简称轴测图,如图3-65所示。

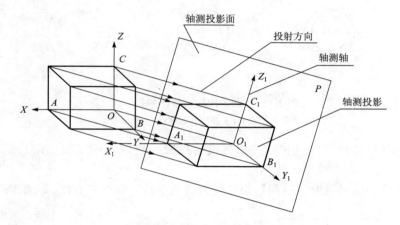

图3-65 轴测图的形成

在轴测投影中,我们把选定的投影面 P 称为轴测投影面;把空间直角坐标轴 OX、OY、OZ 在轴测投影面上的投影 O_1X_1、O_1Y_1、O_1Z_1 称为轴测轴;把两轴测轴之间的夹角 $\angle X_1O_1Y_1$、$\angle Y_1O_1Z_1$、$\angle X_1O_1Z_1$ 称为轴间角;轴测轴上的单位长度与空间直角坐标轴上对应单位长度的比值,称为轴向伸缩系数。OX、OY、OZ 的轴向伸缩系数分别用 p_1、q_1、r_1 表示。例如,在图3-65中,$p_1 = O_1A_1/OA$,$q_1 = O_1B_1/OB$,$r_1 = O_1C_1/OC$。

轴间角与轴向伸缩系数是绘制轴测图的两个主要参数。

2. 轴测图的种类

(1) 按照投影方向与轴测投影面的夹角的不同,轴测图可以分为:

① 正轴测图——轴测投影方向(投影线)与轴测投影面垂直时投影所得到的轴测图。

② 斜轴测图——轴测投影方向(投影线)与轴测投影面倾斜时投影所得到的轴测图。

(2) 按照轴向伸缩系数的不同,轴测图可以分为:

① 正(或斜)等测轴测图——$p_1 = q_1 = r_1$,简称正(斜)等测图;

② 正(或斜)二等测轴测图——$p_1 = r_1 \neq q_1$,简称正(斜)二测图;

③ 正(或斜)三等测轴测图——$p_1 \neq q_1 \neq r_1$,简称正(斜)三测图;

本节只介绍工程上常用的正等测图和斜二测图的画法。

3. 轴测图的基本性质

（1）物体上互相平行的线段,在轴测图中仍互相平行;物体上平行于坐标轴的线段,在轴测图中仍平行于相应的轴测轴,且同一轴向所有线段的轴向伸缩系数相同。

（2）物体上不平行于坐标轴的线段,可以用坐标法确定其两个端点然后连线画出。

（3）物体上不平行于轴测投影面的平面图形,在轴测图中变成原形的类似形。如长方形的轴测投影为平行四边形,圆形的轴测投影为椭圆等。

二、正等测图

1. 正等测图的形成及参数

（1）形成方法。如图3-66（a）所示,如果使三条坐标轴 OX、OY、OZ 对轴测投影面处于倾角都相等的位置,把物体向轴测投影面投影,这样所得到的轴测投影就是正等测轴测图,简称正等测图。

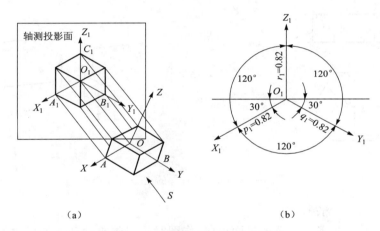

图3-66　正轴测图的形成及参数
（a）轴测投影；（b）轴测轴

（2）参数。图3-66（b）表示了正等测图的轴测轴、轴间角和轴向伸缩系数等参数及画法。从图中可以看出,正等测图的轴间角均为120°,且三个轴向伸缩系数相等。经推证并计算可知 $p_1 = q_1 = r_1 = 0.82$。为作图简便,实际画正等测图时采用 $p_1 = q_1 = r_1 = 1$ 的简化伸缩系数画图,即沿各轴向的所有尺寸都按物体的实际长度画图。但按简化伸缩系数画出的图形比实际物体放大了 $1/0.82 \approx 1.22$ 倍。

2. 平面立体正轴测图的画法

（1）长方体的正等测图。

分析:根据长方体的特点,选择其中一个角顶点作为空间直角坐标系原点,并以过该角顶点的三条棱线为坐标轴。先画出轴测轴,然后用各顶点的坐标分别定出长方体的八个顶点的轴测投影,依次连接各顶点即可,如图3-67所示。

（2）正六棱柱体的正等测图。

分析:由于正六棱柱前后、左右对称,为了减少不必要的作图线,从顶面开始作图比较方便。故选择顶面的中点作为空间直角坐标系原点,棱柱的轴线作为 OZ 轴,顶面的两条对称线

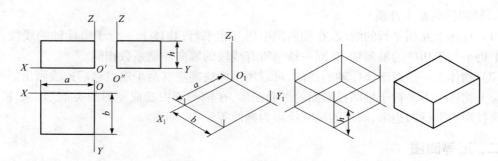

图 3-67 长方体的正等测图

作为 OX、OY 轴。然后用各顶点的坐标分别定出正六棱柱的各个顶点的轴测投影,依次连接各顶点即可,作图方法与步骤如图 3-68 所示。

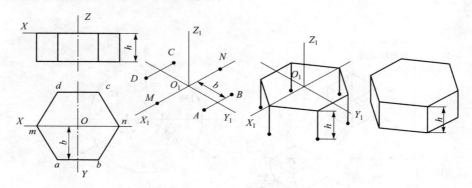

图 3-68 正六棱柱体的正等测图

(3) 三棱锥的正等测图。

分析:由于三棱锥由各种位置的平面组成,作图时可以先锥顶和底面的轴测投影,然后连接各棱线即可。作图方法与步骤如图 3-69 所示。

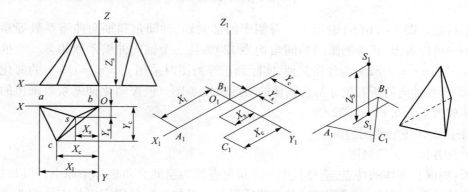

图 3-69 三棱锥的正等测图

(4) 正等测图的作图方法可以总结出以下两点:

① 画平面立体的轴测图时,首先应选好坐标轴并画出轴测轴;然后根据坐标确定各顶点的位置;最后依次连线,完成整体的轴测图。具体画图时,应分析平面立体的形体特征,一般总

是先画出物体上一个主要表面的轴测图。通常是先画顶面,再画底面;有时需要先画前面,再画后面,或者先画左面,再画右面。

② 为使图形清晰,轴测图中一般只画可见的轮廓线,避免用虚线表达。

三、圆的正轴测图的画法

1. 平行于不同坐标面的圆的正等测图

平行于坐标面的圆的正等测图都是椭圆,除了长短轴的方向不同外,画法都是一样的。图 3-70 所示为三种不同位置的圆的正等测图。

作圆的正等测图时,必须弄清椭圆的长短轴的方向。分析图 3-70 所示的图形(图中的菱形为与圆外切的正方形的轴测投影)即可看出,椭圆长轴的方向与菱形的长对角线重合,椭圆短轴的方向垂直于椭圆的长轴,即与菱形的短对角线重合。

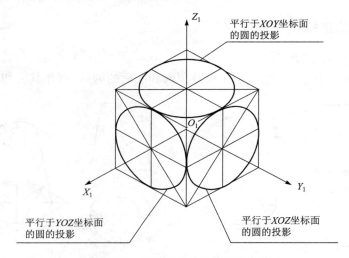

图 3-70 平行坐标面上圆的正等测

通过分析,还可以看出,椭圆的长短轴和轴测轴有关,即:

(1) 圆所在平面平行 XOY 面时,它的轴测投影——椭圆的长轴垂直 O_1Z_1 轴,即成水平位置,短轴平行 O_1Z_1 轴;

(2) 圆所在平面平行 XOZ 面时,它的轴测投影——椭圆的长轴垂直 O_1Y_1 轴,即向右方倾斜,并与水平线成 60°角,短轴平行 O_1Y_1 轴;

(3) 圆所在平面平行 YOZ 面时,它的轴测投影——椭圆的长轴垂直 O_1X_1 轴,即向左方倾斜,并与水平线成 60°角,短轴平行 O_1X_1 轴。

概括起来就是:平行坐标面的圆(视图上的圆)的正等测投影是椭圆,椭圆长轴垂直于不包括圆所在坐标面的那根轴测轴,椭圆短轴平行于该轴测轴。

2. 用"四心法"作圆的正等测图

"四心法"画椭圆就是用四段圆弧代替椭圆。下面以平行于 H 面(即 XOY 坐标面)的圆为例,说明圆的正等测图的画法。其作图方法与步骤如图 3-71 所示。

(1) 画出轴测轴,按圆的外切的正方形画出菱形(图 3-71(a))。

(2) 以 A、B 为圆心,AC 为半径画两大弧(图 3-71(b))。

(3) 连 AC 和 AD 分别交长轴于 M、N 两点(图 3-71(c))。

(4) 以 M、N 为圆心,MD 为半径画两小弧;在 C、D、E、F 处与大弧连接(图 3-71(d))。

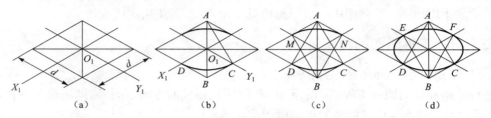

图 3-71　用四心法作圆的正等测图

平行于 V 面(即 XOZ 坐标面)的圆、平行于 W 面(即 YOZ 坐标面)的圆的正等测图的画法都与上面类似。

四、曲面立体正轴测图的画法

1. 圆柱和圆台的正等测图

如图 3-72 所示,作图时,先分别作出其顶面和底面的椭圆,再作其公切线即可。

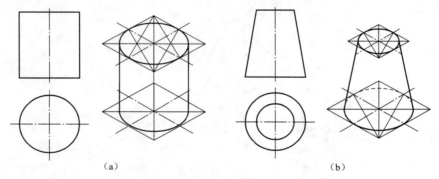

图 3-72　圆柱和圆台的正等测图
(a) 圆柱;(b) 圆台

2. 圆角的正等测图

圆角相当于 1/4 的圆周,因此,圆角的正等测图,正好是近似椭圆的四段圆弧中的一段。作图时,可简化成如图 3-73 所示的画法。

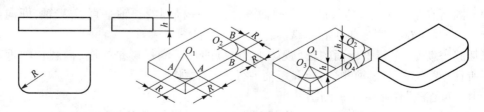

图 3-73　圆角的正等测图

在画曲面立体的正等测图时,一定要明确圆所在平面与哪一个坐标面平行,才能确保画出的椭圆正确。画同轴并且相等的椭圆时,要善于应用移心法以简化作图和保持图面的清晰。

五、斜二测图的形成和参数

1. 斜二测图的形成

如图 3-74(a)所示,如果使物体的 XOZ 坐标面对轴测投影面处于平行的位置,采用平行斜投影法也能得到具有立体感的轴测图,这样所得到的轴测投影就是斜二等测轴测图,简称斜二测图。

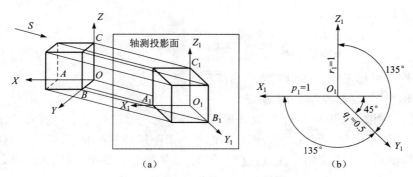

图 3-74 斜二测图的形成及参数

2. 斜二测图的参数

图 3-74(b)表示斜二测图的轴测轴、轴间角和轴向伸缩系数等参数及画法。从图中可以看出,在斜二测图中,$O_1X_1 \perp O_1Z_1$ 轴,O_1Y_1 与 O_1X_1、O_1Z_1 的夹角均为 135°,三个轴向伸缩系数分别为 $p_1 = r_1 = 1$,$q_1 = 0.5$。

3. 斜二测图的画法

斜二测图的画法与正等测图的画法基本相似,区别在于轴间角不同以及斜二测图沿 O_1Y_1 轴的尺寸只取实长的一半。在斜二测图中,物体上平行于 XOZ 坐标面的直线和平面图形均反映实长和实形,所以,当物体上有较多的圆或曲线平行于 XOZ 坐标面时,采用斜二测图比较方便。

(1)四棱台的斜二测图。作图方法与步骤如图 3-75 所示。

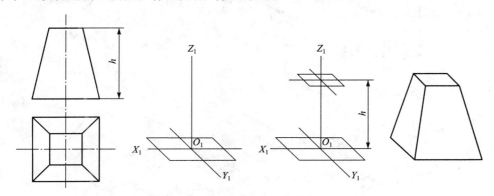

图 3-75 斜二测图的形成及参数

(2)圆台的斜二测图。作图方法与步骤如图 3-76 所示。

只有平行于 XOZ 坐标面的圆的斜二测投影才反映实形,仍然是圆。而平行于 XOY 坐标

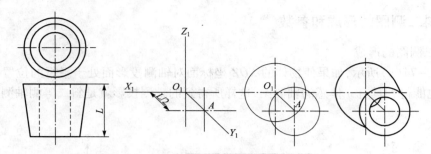

图 3-76 正四棱台的斜二测图

面和平行于 YOZ 坐标面的圆的斜二测投影都是椭圆。

4. 正等轴测图和斜二测图的优缺点

（1）在斜二测图中，由于平行于 XOZ 坐标面的平面的轴测投影反映实形，因此，当立体的正面形状复杂，具有较多的圆或圆弧，而在其他平面上图形较简单时，采用斜二测图比较方便。

（2）正等轴测图最为常用。优点：直观、形象，立体感强。缺点：椭圆作图复杂。

六、简单体的轴测图

画简单体的轴测图时，首先要进行形体分析，弄清形体的组合方式及结构特点，然后考虑表达的清晰性，从而确定画图的顺序，综合运用坐标法、切割法、叠加法等画出简单体的轴测图。

求作如图 3-77(a) 切割体的正等测图。

分析：该切割体由一长方体切割而成。画图时应先画出长方体的正等测图，再用切割法逐个画出各切割部分的正等测图，即可完成。具体作图方法和步骤如图 3-77 所示。

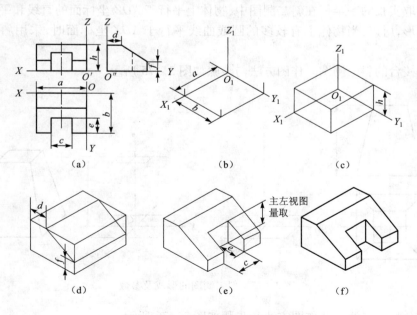

图 3-77 切割体的正等测图

求作如图 3-78(a) 支座的正等测图。

分析：支座由带圆角的底板、带圆弧的竖板和圆柱凸台组成。画图时应按照叠加的方法，逐个画出各部分形体的正等测图，即可完成。具体作图方法和步骤如图 3-78 所示。

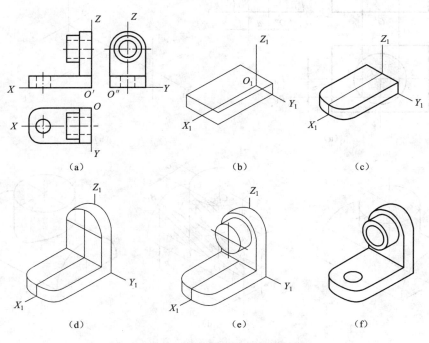

图 3-78　支座的正等测图

求作如图 3-79(a) 相交两圆柱的正等测图。

分析：画两相交圆柱体的正等测图，除了应注意各圆柱的圆所处的坐标面，掌握正等测图中椭圆的长短轴方向外，还要注意轴测图中相贯线的画法。作图时可以运用辅助平面法，即用若干辅助截平面来切这两个圆柱，使每个平面与两圆柱相交于素线或圆周，则这些素线或圆周彼此相应的交点，就是所求相贯线上各点的轴测投影。如图 3-79(d) 中，是以平行于 $X_1O_1Z_1$ 面的正平面 R 截切两圆柱，分别获得截交线 A_1B_1、C_1D_1、E_1F_1，其交点 Ⅳ、Ⅴ即为相贯线上的点。再作适当数量的截平面，即可求得一系列交点。具体作图方法和步骤如图 3-79 所示。

求作如图 3-80(a) 端盖的轴测图。

分析：端盖的形状特点是在一个方向的相互平行的平面上有圆。如果画成正等测图，则由于椭圆数量过多而显得繁琐，可以考虑画成斜二测图，作图时选择各圆的平面平行于坐标面 XOZ，即端盖的轴线与 Y 轴重合，具体作图方法和步骤如图 3-80 所示。

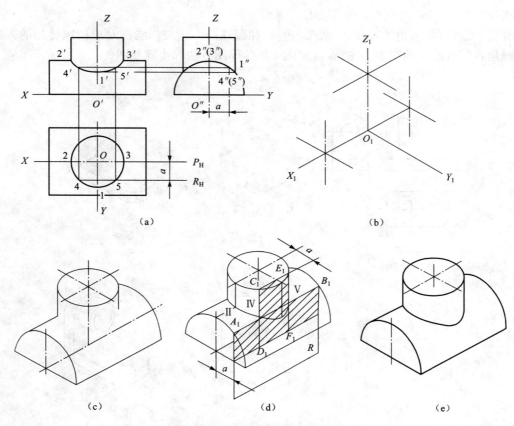

图 3-79 相交圆柱的正等测图

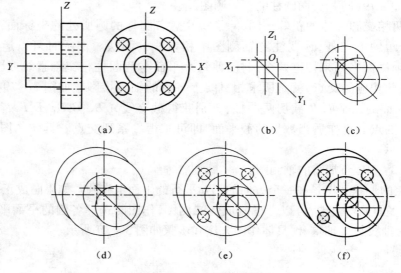

图 3-80 圆盘的斜二测图

本章小结

1. 正投影法是投影线与投影面相倾斜的平行投影法,其具有真实性、集聚性、相似性。能准确的表达物体的形状、大小。

2. 在三投影面体系中,三个投影面分别为:正立投影面,用 V 表示;水平投影面,用 H 表示;侧立投影面,用 W 表示。

3. 主视图:从前往后进行投影,在正立投影面(V面)上所得到的视图。
   俯视图:从上往下进行投影,在水平投影面(H面)上所得到的视图。
   主视图:从前往后进行投影,在侧立投影面(W面)上所得到的视图。

4. 主、俯视图"长对正";主、左视图"高平齐";俯、左视图"宽相等"。

5. 投影面平行线:平行于一个投影面且同时倾斜于另外两个投影面的直线称为投影面平行线。平行于 V 面的称为正平线;平行于 H 面的称为水平线;平行于 W 面的称为侧平线。

6. 投影面平行线的投影特性:在直线所平行的投影面上,其投影反映实长并倾斜于投影轴,另外两个投影分别平行于相应投影轴,且小于实长。

7. 投影面垂直线:垂直于一个投影面且同时平行于另外两个投影面的直线称为投影面垂直线。垂直于 V 面的称为正垂线;垂直于 H 面的称为铅垂线;垂直于 W 面的称为侧垂线。

8. 投影面垂直线的投影特性:在直线所垂直的投影面上,其投影集聚成一点,另外两个投影分别垂直于相应投影轴,且反映实长。

9. 一般位置直线:与三个投影面都处于倾斜位置的直线称为一般位置直线。

10. 一般位置直线的投影特征:直线的三个投影和投影轴都倾斜,各投影和投影轴所夹的角度不等于空间线段对相应投影面的倾角;任何投影都小于空间线段的实长,也不能积聚为一点。

11. 投影面垂直面:垂直于一个投影面且同时倾斜于另外两个投影面的平面称为投影面垂直面。垂直于 V 面的称为正垂面;垂直于 H 面的称为铅垂面;垂直于 W 面的称为侧垂面。

12. 投影面垂直面投影特性:在平面所垂直的投影面上,其投影积聚为一条倾斜的直线,并反映与另外两投影面的夹角。另外两个投影均为缩小了的类似形。

13. 投影面平行面:平行于一个投影面且同时垂直于另外两个投影面的平面称为投影面平行面。平行于 V 面的称为正平面;平行于 H 面的称为水平面;平行于 W 面的称为侧平面。

14. 投影面平行面投影特性:在平面所平行的投影面上,其投影反映实形。另外两个投影积聚为直线且分别平行于相应的投影轴。

15. 一般位置平面:与三个投影面都处于倾斜位置的平面称为一般位置平面。

16. 一般位置平面的投影特征为:一般位置平面的三面投影,既不反映实形,也无积聚性,而都为缩小了的类似形。

17. 正棱柱的投影特征:当棱柱的底面平行某一个投影面时,则棱柱在该投影面上投影的外轮廓为与其底面全等的正多边形,而另外两个投影则由若干个相邻的矩形线框所组成。

18. 正棱锥的投影特征:当棱锥的底面平行某一个投影面时,则棱锥在该投影面上投影的外轮廓为与其底面全等的正多边形,而另外两个投影则由若干个相邻的三角形线框所组成。

19. 圆柱的投影特征:当圆柱的轴线垂直某一个投影面时,必有一个投影为圆形,另外两个投影为全等的矩形。

20. 平面立体一般标注长、宽、高三个方向的尺寸。

21. 圆柱和圆锥应注出底圆直径和高度尺寸,圆锥台还应加注顶圆的直径。直径尺寸应在其数字前加注符号"ϕ",一般注在非圆视图上。

22. 平面与平面立体的截交线为封闭的平面多边形。多边形的各个顶点是截平面与立体的棱线或底边的交点,多边形的各条边是截平面与平面立体表面的交线。

23. 相贯线是两个曲面立体表面的共有线,也是两个曲面立体表面的分界线。相贯线上的点是两个曲面立体表面的共有点。两个曲面立体的相贯线一般为封闭的空间曲线,特殊情况下可能是平面曲线或直线。

24. 使三条坐标轴 OX、OY、OZ 对轴测投影面处于倾角都相等的位置,把物体向轴测投影面投影,这样所得到的轴测投影就是正等测轴测图,简称正等测图。

25. 使物体的 XOZ 坐标面对轴测投影面处于平行的位置,采用平行斜投影法也能得到具有立体感的轴测图,这样所得到的轴测投影就是斜二等测轴测图,简称斜二测图。

第四章 组 合 体

主要内容：

1. 组合体的组合形式和表面连接关系
2. 组合体的画法
3. 组合体的尺寸标注方法
4. 组合体读图的方法

目的要求：

1. 了解组合体的组合形式，掌握表面连接关系
2. 掌握用形体分析法分析组合体
3. 掌握组合体的画法
4. 掌握尺寸基准和尺寸种类
5. 会完整、清晰地标注组合体的尺寸
6. 掌握常见结构的尺寸注法
7. 掌握形体分析法并会读懂较复杂的组合体视图

教学重点：

1. 形体分析法
2. 组合体的画法

教学难点：

用形体分析法分析组合体

第一节 组合体的形体分析

由两个或两个以上的基本体按一定的方式所组成类似机件的形体，称为组合体。它可以理解为是把零件进行必要的简化，将零件看做由若干个基本几何体组成。学习组合体的投影作图为零件图的绘制提供了基本的方法，即形体分析法。为学习零件图奠定重要的基础。

一、组合体的组合形式和表面连接关系

1. 组合体的组合形式

根据组合体各组成基本体之间的组合关系,可分为以下三类。

(1) 叠加型组合体。

(2) 切割型组合体。

(3) 综合型组合体。

如图 4-1 所示。

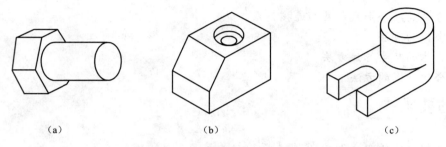

图 4-1 组合体的组合形式
(a) 叠加型;(b) 切割型;(c) 综合型

2. 组合体的表面连接关系

(1) 平齐或不平齐。当两基本体表面平齐时,结合处不画分界线。当两基本体表面不平齐时,结合处应画出分界线。

如图 4-2(a) 所示组合体,上、下两表面平齐,在主视图上不应画分界线。如图 4-2(b) 所示组合体,上、下两表面不平齐,在主视图上应画出分界线。

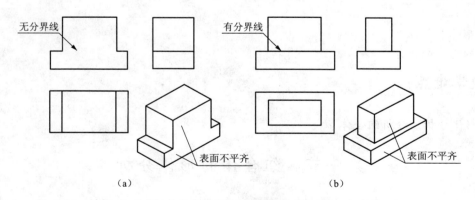

图 4-2 表面平齐和不平齐的画法
(a) 表面平齐;(b) 表面不平齐

(2) 相切。当两基本体表面相切时,在相切处不画分界线。

如图 4-3(a) 所示组合体,它是由底板和圆柱体组成,底板的侧面与圆柱面相切,在相切处形成光滑的过渡,因此主视图和左视图中相切处不应画线,此时应注意两个切点 A、B 的正

面投影 a'、(b') 和侧面投影 a''、(b'') 的位置。图 4-3(b) 是常见的错误画法。

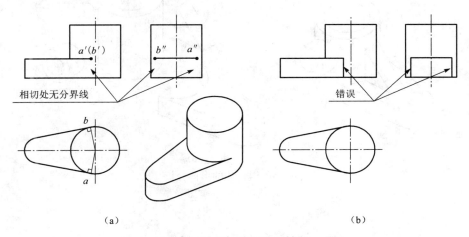

图 4-3 表面相切的画法
(a) 正确画法；(b) 错误画法

（3）相交。当两基本体表面相交时，在相交处应画出分界线。

如图 4-4(a)所示组合体，它也是由底板和圆柱体组成，但本例中底板的侧面与圆柱面是相交关系，故在主、左视图中相交处应画出交线。图 4-4(b)是常见的错误画法。

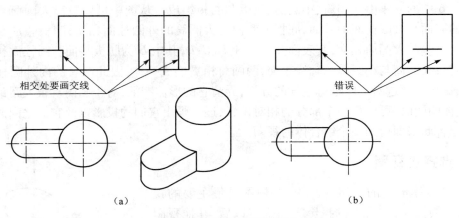

图 4-4 表面相交的画法
(a) 正确画法；(b) 错误画法

二、形体分析法

形体分析法——假想将组合体分解为若干基本体，分析各基本体的形状、组合形式和相对位置，弄清组合体的形体特征，这种分析方法称为形体分析法。

如图 4-5(a) 所示的支座可分解成图 4-5(b) 所示的四个部分。

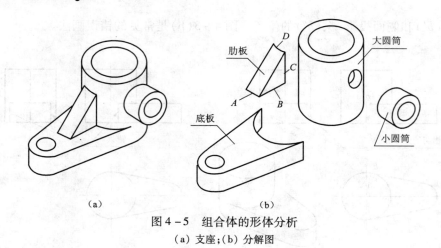

图 4-5 组合体的形体分析
(a) 支座；(b) 分解图

第二节 组合体的画法

组合体的画法分以下几个步骤。

一、形体分析

画图前，首先应对组合体进行形体分析，分析该组合体是由哪些基本体所组成的，了解它们之间的相对位置、组合形式以及表面间的连接关系及其分界线的特点。

图 4-6 中的支座由大圆筒、小圆筒、底板和肋板组成。从图中可以看出大圆筒与底板接合，底板的底面与大圆筒底面共面，底板的侧面与大圆筒的外圆柱面相切；肋板叠加在底板的上表面上，右侧与大圆筒相交，其表面交线为 A、B、C、D，其中 D 为肋板斜面与圆柱面相交而产生的椭圆弧；大圆筒与小圆筒的轴线正交，两圆筒相贯连成一体，因此两者的内外圆柱面相交处都有相贯线。通过对支座进行这样的分析，弄清它的形体特征，对于画图有很大帮助。

在具体画图时，可以按各个部分的相对位置，逐个画出它们的投影以及它们之间的表面连接关系，综合起来即得到整个组合体的视图。

二、选择主视图

表达组合体形状的一组视图中，主视图是最主要的视图。在画三视图时，主视图的投影方向确定以后，其他视图的投影方向也就被确定了。因此，主视图的选择是绘图中的一个重要环节。主视图的选择一般根据形体特征原则来考虑，即以最能反映组合体形体特征的那个视图作为主视图，同时兼顾其他两个视图表达的清晰性。选择时还应考虑物体的安放位置，尽量使其主要平面和轴线与投影面平行或垂直，以便使投影能得到实形。

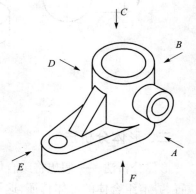

图 4-6 组合体的形体分析

如图 4-6 所示的支座，比较箭头所指的各个投影方向，选择 A 向投影为主视图较为合理。

三、确定比例和图幅

视图确定后,要根据物体的复杂程度和尺寸大小,按照标准的规定选择适当的比例与图幅。选择的图幅要留有足够的空间以便于标注尺寸和画标题栏等。

四、布置视图位置

布置视图时,应根据已确定的各视图每个方向的最大尺寸,并考虑到尺寸标注和标题栏等所需的空间,匀称地将各视图布置在图幅上。

五、绘制底稿

支座的绘图步骤如图 4-7 所示。

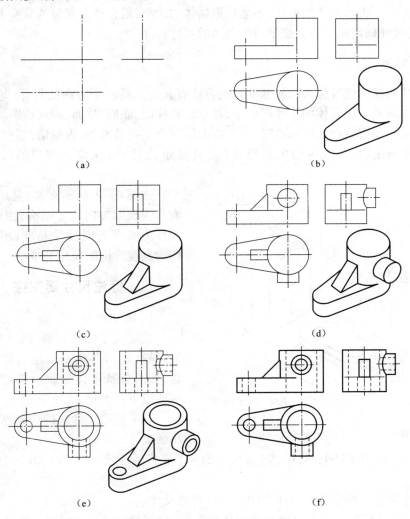

图 4-7 支座三视图的作图步骤
(a) 布置视图,画主要基准线;(b) 画底板和大圆筒外圆柱面;(c) 画肋板;
(d) 画小圆筒外圆柱面;(e) 画三个圆孔;(f) 检查、描深,完成全图绘图时应注意以下几点：

（1）为保证三视图之间相互对正，提高画图速度，减少差错，应尽可能把同一形体的三面投影联系起来作图，并依次完成各组成部分的三面投影。不要孤立地先完成一个视图，再画另一个视图。

（2）先画主要形体，后画次要形体；先画各形体的主要部分，后画次要部分；先画可见部分，后画不可见部分。

（3）应考虑到组合体是各个部分组合起来的一个整体，作图时要正确处理各形体之间的表面连接关系。

第三节　组合体的尺寸标注

一组视图只能表示物体的形状，不能确定物体的大小，组合体各部分的真实大小及相对位置，由标注的尺寸确定。本节就来学习组合体的尺寸标注。

一、尺寸基准

标注尺寸的起始位置称为尺寸基准。组合体有长、宽、高三个方向的尺寸，每个方向至少应有一个尺寸基准。组合体的尺寸标注中，常选取对称面、底面、端面、轴线或圆的中心线等几何元素作为尺寸基准。在选择基准时，每个方向除一个主要基准外，根据情况还可以有几个辅助基准。基准选定后，各方向的主要尺寸（尤其是定位尺寸）就应从相应的尺寸基准进行标注。

如图 4-8 所示支架，是用竖板的右端面作为长度方向尺寸基准；用前、后对称平面作为宽度方向尺寸基准；用底板的底面作为高度方向的尺寸基准。

二、标注尺寸要完整

1. 尺寸种类

要使尺寸标注完整，既无遗漏，又不重复，最有效的办法是对组合体进行形体分析，根据各基本体形状及其相对位置分别标注以下几类尺寸。

（1）定形尺寸。确定各基本体形状大小的尺寸。

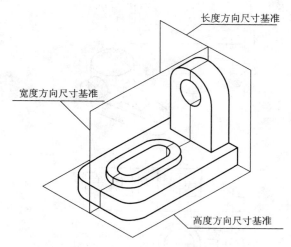

图 4-8　支架的尺寸基准分析

如图 4-9(a) 中的 50、34、10、R8 等尺寸确定了底板的形状。而 R14、18 等是竖板的定形尺寸。

（2）定位尺寸。确定各基本体之间相对位置的尺寸。

如图 4-9(a) 俯视图中的尺寸 8 确定竖板在宽度方向的位置，主视图中尺寸 32 确定 $\phi 16$ 孔在高度方向的位置。

（3）总体尺寸。确定组合体外形总长、总宽、总高的尺寸。总体尺寸有时和定形尺寸重合,如图4-9(a)中的总长50和总宽34同时也是底板的定形尺寸。对于具有圆弧面的结构,通常只注中心线位置尺寸,而不注总体尺寸。如图4-9(b)中总高可由32和R14确定,此时就不再标注总高46了。当标注了总体尺寸后,有时可能会出现尺寸重复,这时可考虑省略某些定形尺寸。如图4-9(c)中总高46和定形尺寸10、36重复,此时可根据情况将此二者之一省略。

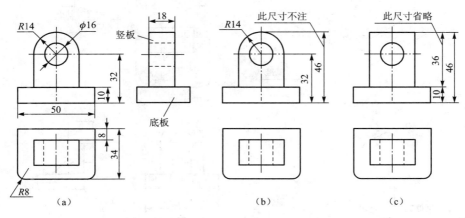

图4-9 尺寸种类

2. 标注尺寸的方法和步骤

标注组合体的尺寸时,应先对组合体进行形体分析,选择基准,标注出定形尺寸、定位尺寸和总体尺寸,最后检查、核对。

以图4-10(a)(b)所示的支座为例说明组合体尺寸标注的方法和步骤。

(1)进行形体分析。该支座由底板、圆筒、支撑板、肋板四个部分组成,它们之间的组合形式为叠加。如图4-10(c)所示。

(2)选择尺寸基准。该支座左右对称,故选择对称平面作为长度方向尺寸基准;底板和支撑板的后端面平齐,可选作宽度方向尺寸基准;底板的下底面是支座的安装面,可选作高度方向尺寸基准。如图4-10(a)所示。

(3)根据形体分析,逐个注出底板、圆筒、支撑板、肋板的定形尺寸。如图4-10(d)(e)所示。

(4)根据选定的尺寸基准,注出确定各部分相对位置的定位尺寸。如图4-10(f)中确定圆筒与底板相对位置的尺寸32,以及确定底板上两个φ8孔位置的尺寸34和26。

(5)标注总体尺寸。此图中所示支座的总长与底板的长度相等,总宽由底板宽度和圆筒伸出部分长度确定,总高由圆筒轴线高度加圆筒直径的一半决定,因此这几个总体尺寸都已标出。

(6)检查尺寸标注有无重复、遗漏,并进行修改和调整,最后结果如图4-10(f)所示。

三、标注尺寸要清晰

标注尺寸不仅要求正确、完整,还要求清晰,以方便读图。为此,在严格遵守机械制图国家标准的前提下,还应注意以下几点:

(1)尺寸应尽量标注在反映形体特征最明显的视图上。

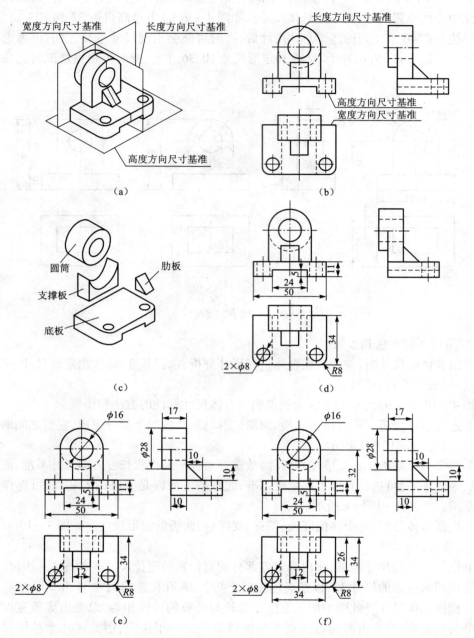

图4-10 支座的尺寸标注
(a)支座;(b)支座三视图;(c)支座形体分析;(d)标注底板定形尺;
(e)标注圆筒、支撑板、肋板定形尺寸;(f)标注定位尺寸、总体尺寸

如图4-10(d)中底板下部开槽宽度24和高度5,标注在反映实形的主视图上较好。

(2)同一基本形体的定形尺寸和确定其位置的定位尺寸,应尽可能集中标注在一个视图上。

如图4-10(f)上将两个φ8圆孔的定形尺寸2×φ8和定位尺寸34、26集中标注在俯视图上,这样便于在读图时寻找尺寸。

(3) 直径尺寸应尽量标注在投影为非圆的视图上,而圆弧的半径应标注在投影为圆的视图上。

如图 4-10(e) 中圆筒的外径 φ28 标注在其投影为非圆的左视图上,底板的圆角半径 R8 标注在其投影为圆的俯视图上。

(4) 尽量避免在虚线上标注尺寸。如图 5-10(e) 将圆筒的孔径 φ16 标注在主视图上,而不是标注在俯、左视图上,因为 φ16 孔在这两个视图上的投影都是虚线。

(5) 同一视图上的平行并列尺寸,应按"小尺寸在内,大尺寸在外"的原则来排列,且尺寸线与轮廓线、尺寸线与尺寸线之间的间距要适当。

(6) 尺寸应尽量配置在视图的外面,以避免尺寸线与轮廓线交错重叠,保持图形清晰。

四、常见结构的尺寸注法

图 4-11 列出了组合体上一些常见结构的尺寸注法。

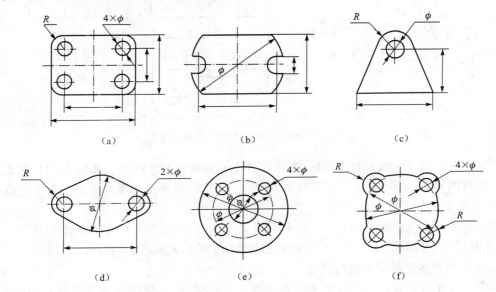

图 4-11 常见结构的尺寸注法

第四节 读组合体视图

画图和读图是学习本课程的两个重要环节,培养读图能力是本课程的基本任务之一。画图是将空间的物体形状在平面上绘制成视图,而读图则是根据已画出的视图,运用投影规律,对物体空间形状进行分析、判断、想象的过程,读图是画图的逆过程。

一、读图的基本要领

1. 理解视图中线框和图线的含义

视图是由图线和线框组成的,弄清视图中线框和图线的含义对读图有很大帮助。

(1) 视图中的每个封闭线框可以是物体上一个表面(平面、曲面或它们相切形成的组合面)的投影,也可以是一个孔的投影。如图 4-12 所示,主视图上的线框 A、B、C 是平面的投影,线框 D 是平面与圆柱面相切形成的组合面的投影,主、俯视图中大、小两个圆线框分别是大小两个孔的投影。

(2) 视图中的每一条图线可以是面的积聚性投影,如图 4-12 中直线 1 和 2 分别是 A 面和 E 面的积聚性投影;也可以是两个面的交线的投影,如图中直线 3 和 5 分别是肋板斜面 E 与拱形柱体左侧面和底板上表面的交线,直线 4 是 A 面和 D 面交线;还可以是曲面的转向轮廓线的投影,如左视图中直线 6 是小圆孔圆柱面的转向轮廓线(此时不可见,画虚线)。

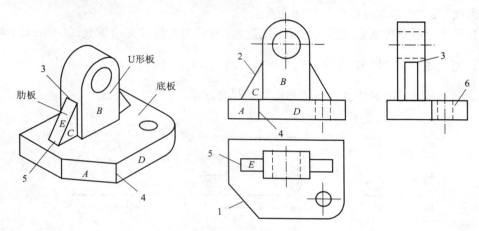

图 4-12　理解视图中线框和图线的含义

(3) 视图中相邻的两个封闭线框,表示位置不同的两个面的投影。如图 4-12 中 B、C、D 三个线框两两相邻,从俯视图中可以看出,B、C 以及 D 的平面部分互相平行,且 D 在最前,B 居中,C 最靠后。

(4) 大线框内包括的小线框,一般表示在大立体上凸出或凹下的小立体的投影。如图 4-12中俯视图上的小圆线框表示凹下的孔的投影,线框 E 表示凸起的肋板的投影。

2. 将几个视图联系起来进行读图

一个组合体通常需要几个视图才能表达清楚,一个视图不能确定物体形状。如图 4-13 所示的三组视图,他们的主视图都相同,但由于俯视图不同,表示的实际是三个不同的物体。

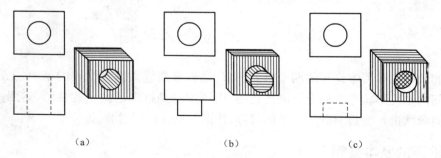

图 4-13　一个视图不能确定物体的形状

有时即使有两个视图相同,若视图选择不当,也不能确定物体的形状。如图 4-14 所示的三组视图,他们的主、俯视图都相同,但由于左视图不同,也表示了三个不同的物体。

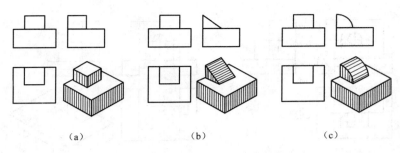

图 4-14 两个视图不能确定物体的形状

在读图时,一般应从反映特征形状最明显的视图入手,联系其他视图进行对照分析,才能确定物体形状,切忌只看一个视图就下结论。

二、读图的基本方法

读图的基本方法有形体分析法和线面分析法。

1. 形体分析法

根据组合体的特点,将其分成大致几个部分,然后逐一将每一部分的几个投影对照进行分析,想象出其形状,并确定各部分之间的相对位置和组合形式,最后综合想象出整个物体的形状。这种读图方法称为形体分析法。此法用于叠加类组合体较为有效。

读图步骤:

(1) 分离线框,对照投影(由于主视图上具有的特征部位一般较多,故通常先从主视图开始进行分析)。

(2) 想出形体,确定位置。

(3) 综合起来,想出整体。

一般的读图顺序是:先看主要部分,后看次要部分;先看容易确定的部分,后看难以确定的部分;先看某一组成部分的整体形状,后看其细节部分形状。

例 4-1 读如图 4-15(a)所示三视图,想象出它所表示的物体的形状。

读图步骤:

① 分离出特征明显的线框。三个视图都可以看做是由三个线框组成的,因此可大致将该物体分为三个部分。其中主视图中Ⅰ、Ⅲ两个线框特征明显,俯视图中线框Ⅱ的特征明显。如图 4-15(a)所示。

② 逐个想象各形体形状。根据投影规律,依次找出Ⅰ、Ⅱ、Ⅲ三个线框在其他两个视图的对应投影,并想象出他们的形状。如图 4-15(b)(c)(d)所示。

③ 综合想象整体形状。确定各形体的相互位置,初步想象物体的整体形状,如图 4-15(e)(f)所示。然后把想象的组合体与三视图进行对照、检查,如根据主视图中的圆线框及它在其他两视图中的投影想象出通孔的形状,最后想象出的物体形状如图 4-15(g)所示。

例 4-2 读轴承座的三视图,想象出它所表示的物体的形状。

分析:从主视图看有四个可见线框,可按照线框将它们分为四个部分。在根据视图间的投影关系,依次找每一个线框在其他两视图的对应投影,联系起来想象出每部分的形状。最后想象出轴承座的整体形状。

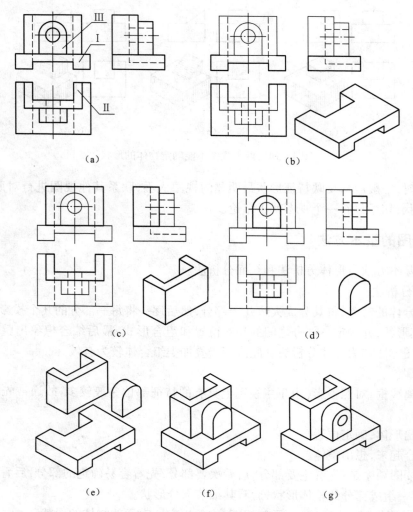

图 4-15 用形体分析法读组合体的三视图

2. 线面分析法

在读图过程中,遇到物体形状不规则,或物体被多个面切割,物体的视图往往难以读懂,此时可以在形体分析的基础上进行线面分析。

线面分析法读图,就是运用投影规律,通过对物体表面的线、面等几何要素进行分析,确定物体的表面形状、面与面之间的位置及表面交线,从而想象出物体的整体形状。此法用于切割类组合体较为有效。

通过例题介绍用线面分析法读图的步骤。

例 4-3 读如图 4-17(a)所示三视图,想象出它所表示的物体的形状。

读图步骤:

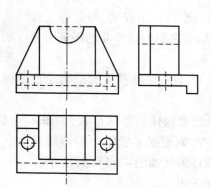

图 4-16 轴承座的三视图

(1) 初步判断主体形状。物体被多个平面切割,但从三个视图的最大线框来看,基本都是矩形,据此可判断该物体的主体应是长方体。

(2) 确定切割面的形状和位置。图 4-17(b)是分析图,从左视图中可明显看出该物体有 a、b 两个缺口,其中缺口 a 是由两个相交的侧垂面切割而成,缺口 b 是由一个正平面和一个水平面切割而成。还可以看出主视图中线框 1′、俯视图中线框 1 和左视图中线框 1″ 有投影对应关系,据此可分析出它们是一个一般位置平面的投影。主视图中线段 2′、俯视图中线框 2 和左视图中线段 2″ 有投影对应关系,可分析出它们是一个水平面的投影。并且可看出 Ⅰ、Ⅱ 两个平面相交。

(3) 逐个想象各切割处的形状。可以暂时忽略次要形状,先看主要形状。比如看图时可先将两个缺口在三个视图中的投影忽略,如图 4-17(c)所示。此时物体可认为是由一个长方体被 Ⅰ、Ⅱ 两个平面切割而成,可想象出此时物体的形状,如图 4-17(c)的立体图所示。然后再依次想象缺口 a、b 处的形状,分别如图 4-17(d)(e)所示。

(4) 想象整体形状。综合归纳各截切面的形状和空间位置,想象物体的整体形状,如图 4-17(f)所示。

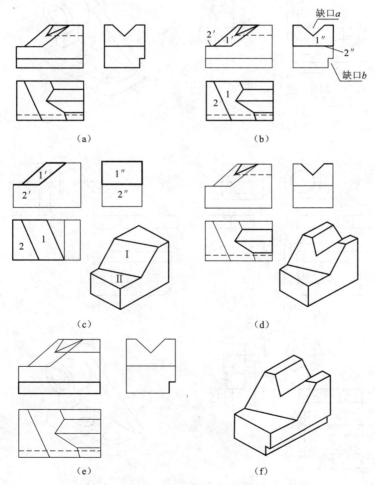

图 4-17 用线面分析法读组合体的三视图

三、读图综合实例

根据两个视图补画第三视图,是培养读图和画图能力的一种有效手段。而对于较复杂的组合体视图,需要综合运用这两种方法读图,下面以例题说明。

例 4-4 如图 4-18(a) 所示,根据已知的组合体主、俯视图,作出其左视图。

作图方法和步骤:

1. 形体分析

主视图可以分为四个线框,根据投影关系在俯视图上找出它们的对应投影,可初步判断该物体是由四个部分组成的。下部Ⅰ是底板,其上开有两个通孔;上部Ⅱ是一个圆筒;在底板与圆筒之间有一块支撑板Ⅲ,它的斜面与圆筒的外圆柱面相切,它的后表面与底板的后表面平齐;在底板与圆筒之间还有一个肋板Ⅳ。根据以上分析,想象出该物体的形状,如图 4-18(f) 所示。

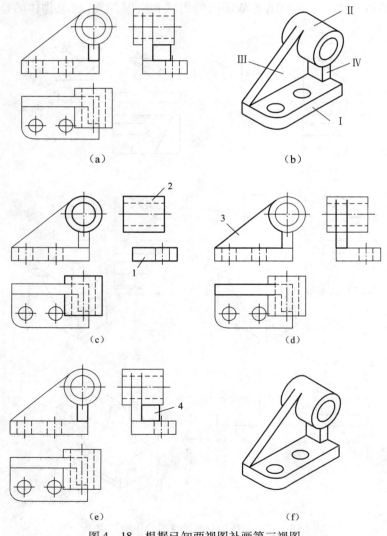

图 4-18 根据已知两视图补画第三视图

2. 画出各部分在左视图的投影

根据上面的分析及想出的形状,按照各部分的相对位置,依次画出底板、圆筒、支撑板、肋板在左视图中的投影。作图步骤如图4-18(b)(c)(d)(e)所示。最后检查、描深,完成全图。

本章小结

1. 由两个或两个以上的基本体按一定的方式所组成类似机件的形体,称为组合体。
2. 根据组合体各组成基本体相关间的组合关系,可分为叠加型组合体、切割型组合体、综合型组合体。
3. 组合体的表面连接关系可分为平齐、不平齐、相切、相交四种关系。
4. 假想将组合体分解为若干基本体,分析各基本体的形状、组合形式和相对位置,弄清组合体的形体特征,这种分析方法称为形体分析法。
5. 主视图的选择一般根据形体特征原则来考虑,即以最能反映组合体形体特征的那个视图作为主视图,同时兼顾其他两个视图表达的清晰性。选择时还应考虑物体的安放位置,尽量使其主要平面和轴线与投影面平行或垂直,以便使投影能得到实形。
6. 要根据物体的复杂程度和尺寸大小,按照标准的规定选择适当的比例与图幅。
7. 标注尺寸的起始位置称为尺寸基准。组合体有长、宽、高三个方向的尺寸,每个方向至少应有一个尺寸基准。组合体的尺寸标注中,常选取对称面、底面、端面、轴线或圆的中心线等几何元素作为尺寸基准。
8. 组合体的尺寸由定形尺寸、定位尺寸、总体尺寸构成。
9. 标注组合体的尺寸时,应先对组合体进行形体分析,选择基准,标注出定形尺寸、定位尺寸和总体尺寸,最后检查、核对。
10. 标注尺寸要求正确、完整、清晰。
11. 读图时,一般从反映特征形状最明显的视图入手。
12. 根据组合体的特点,将其分成大致几个部分,然后逐一将每一部分的几个投影对照进行分析,想象出其形状,并确定各部分之间的相对位置和组合形式,最后综合想象出整个物体的形状。这种读图方法称为形体分析法。
13. 线面分析法读图是运用投影规律,通过对物体表面的线、面等几何要素进行分析,确定物体的表面形状、面与面之间的位置及表面交线,从而想象出物体的整体形状。
14. 一般的读图顺序是:先看主要部分,后看次要部分;先看容易确定的部分,后看难以确定的部分;先看某一组成部分的整体形状,后看其细节部分形状。

第五章　机件的表达方法

主要内容：

1. 基本视图、向视图、局部视图、斜视图的形成、画法、标注和应用场合
2. 剖视图的形成、画法、标注方法及应用场合
3. 断面图的分类、画法和标注
4. 局部放大图、简化画法和规定画法
5. 第三角画法
6. 运用各种表达方法的综合读图和绘图

目的要求：

1. 理解并掌握基本视图、剖视图、断面图局部放大图画法、标注方法及应用场合
2. 掌握常用简化画法和规定画法
3. 了解第三角画法原理与应用
4. 能识读用各种表达方法的综合图样

教学重点：

1. 剖视图的画法和标注方法
2. 综合读图能力的培养

教学难点：

1. 剖切位置的选择
2. 断面图的标注
3. 用第三角画法实际作图
4. 综合运用各种表达方法的能力的培养和提高

第一节　视　　图

视图是机件向投影面投影所得的图形机件的可见部分，必要时才画出其不可见部分。

国家标准 GB/T 17451—1998 和 GB/T 4458.1—2002 规定了视图。视图主要用来表达机件的外部结构形状。视图分为：基本视图、向视图、局部视图和斜视图。

一、基本视图

当机件的外部结构形状在各个方向(上下、左右、前后)都不相同时,三视图往往不能清晰地把它表达出来。因此,必须加上更多的投影面,以得到更多的视图。

1. 概念

为了清晰地表达机件六个方向的形状,可在 H、V、W 三投影面的基础上,再增加三个基本投影面。这六个基本投影面组成了一个方箱,把机件围在当中,如图 5-1(a)所示。机件在每个基本投影面上的投影,都称为基本视图。图 5-1(b)表示机件投影到六个投影面上后,投影面展开的方法。展开后,六个基本视图的配置关系和视图名称见图 5-1(c)。按图 5-1(c)所示位置在一张图纸内的基本视图,一律不注视图名称。

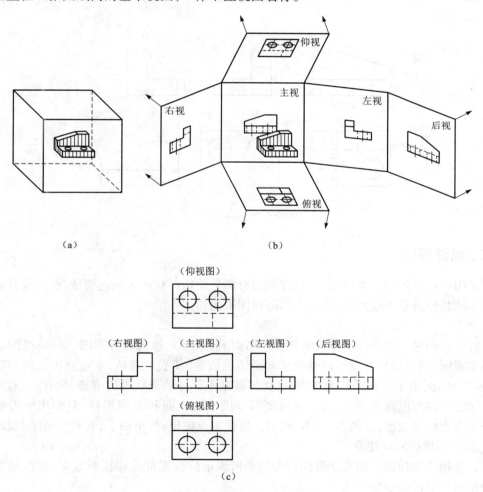

图 5-1 六个基本视图

2. 投影规律

六个基本视图之间,仍然保持着与三视图相同的投影规律,即:

主、俯、仰、后:长对正;

主、左、右、后:高平齐;
俯、左、仰、右:宽相等。

此外,除后视图以外,各视图的里边(靠近主视图的一边),均表示机件的后面,各视图的外边(远离主视图的一边),均表示机件的前面,即"里后外前"。

虽然机件可以用六个基本视图来表示,但实际上画哪几个视图,要看具体情况而定。

二、向视图

有时为了便于合理地布置基本视图,可以采用向视图。

向视图是可自由配置的视图,它的标注方法为:在向视图的上方注写"×"(×为大写的英文字母,如"A"、"B"、"C"等),并在相应视图的附近用箭头指明投影方向,并注写相同的字母,如图5-2所示。

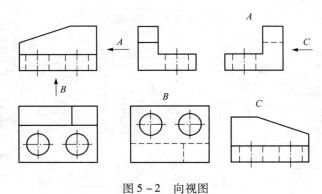

图 5-2　向视图

三、局部视图

当采用一定数量的基本视图后,机件上仍有部分结构形状尚未表达清楚,而又没有必要再画出完整的其他的基本视图时,可采用局部视图来表达。

1. 概念

只将机件的某一部分向基本投影面投射所得到的图形,称为局部视图。局部视图是不完整的基本视图,利用局部视图可以减少基本视图的数量,使表达简洁,重点突出。例如图5-3(a)所示工件,画出了主视图和俯视图,已将工件基本部分的形状表达清楚,只有左、右两侧凸台和左侧肋板的厚度尚未表达清楚,此时便可像图中的 A 向和 B 向那样,只画出所需要表达的部分而成为局部视图,如图 5-3(b)所示。这样重点突出、简单明了,有利于画图和看图。

2. 画局部视图时应注意

(1)在相应的视图上用带字母的箭头指明所表示的投影部位和投影方向,并在局部视图上方用相同的字母标明"×"。

(2)局部视图最好画在有关视图的附近,并直接保持投影联系。也可以画在图纸内的其他地方,如图5-3(b)中右下角画出的"B"。当表示投影方向的箭头标在不同的视图上时,同一部位的局部视图的图形方向可能不同。

(3)局部视图的范围用波浪线表示,如图 5-3(b)中"A"。所表示的图形结构完整、且外轮廓线又封闭时,则波浪线可省略,如图 5-3(b)中"B"。

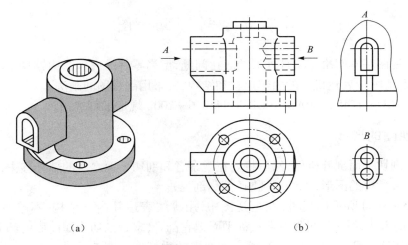

图 5-3　局部视图

四、斜视图

1. 斜视图的概念

将机件向不平行于任何基本投影面的投影面进行投影,所得到的视图称为斜视图。斜视图适合于表达机件上的斜表面的实形。例如图 5-4 所示是一个弯板形机件,它的倾斜部分在俯视图和左视图上的投影都不是实形。此时就可以另外加一个平行于该倾斜部分的投影面,在该投影面上则可以画出倾斜部分的实形投影,如图 5-4 中的"A"向所示。

2. 斜视图的标注

斜视图的标注方法与局部视图相似,并且应尽可能配置在与基本视图直接保持投影联系的位置,也可以平移到图纸内的适当地方。为了画图方便,也可以旋转,但必须在斜视图上方注明旋转标记,如图 5-4 所示。

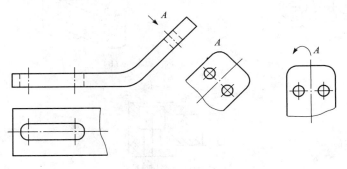

图 5-4　斜视图

3. 注意问题

画斜视图时增设的投影面只垂直于一个基本投影面,因此,机件上原来平行于基本投影面的一些结构,在斜视图中最好以波浪线为界而省略不画,以避免出现失真的投影。在基本视图中也要注意处理好这类问题,如图 5-4 中不用俯视图而用"A"向视图,即是一例。

第二节 剖 视 图

六个基本视图基本解决了机件外形的表达问题,但当零件的内部结构较复杂时,视图的虚线也将增多,要清晰地表达机件的内部形状和结构,常采用剖视图的画法。

国家标准 GB/T 17452—1998 和 GB/T 4458.6—2002 规定了剖视图。

一、剖视图的形成

想象用一剖切平面剖开机件,然后将处在观察者和剖切平面之间的部分移去,而将其余部分向投影面投影所得的图形,称为剖视图(简称剖视)。

例如,图 5-5(a) 所示的机件,在主视图中,用虚线表达其内部结构,不够清晰。按照图 5-5(b) 所示的方法,假想沿机件前后对称平面把它剖开,拿走剖切平面前面的部分后,将后面部分再向正投影面投影,这样,就得到了一个剖视的主视图。图 5-5(c) 表示机件剖视图的画法。

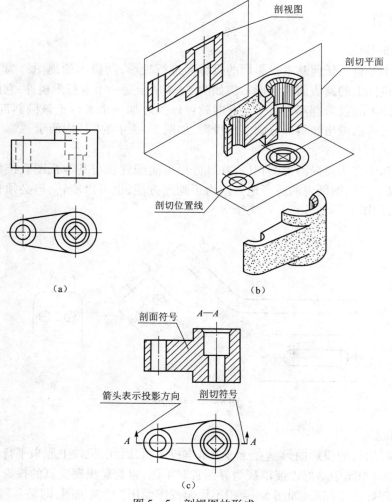

图 5-5 剖视图的形成

二、剖视图的画法

画剖视图时,首先要选择适当的剖切位置,使剖切平面尽量通过较多的内部结构(孔、槽等)的轴线或对称平面,并平行于选定的投影面。例如在图 5-5 中,以机件的前后对称平面为剖切平面。

其次,内外轮廓要画齐。机件剖开后,处在剖切平面之后的所有可见轮廓线都应画齐,不得遗漏。

最后要画上剖面符号。在剖视图中,凡是被剖切的部分应画上剖面符号。

金属材料的剖面符号,应画成与水平方向成 45°的互相平行、间隔均匀的细实线。同一机件各个视图的剖面符号应相同。但是如果图形的主要轮廓线与水平方向成 45°或接近 45°时,该图剖面线应画成与水平方向成 30°或 60°角,其倾斜方向仍应与其他视图的剖面线一致,如图 5-6 所示。

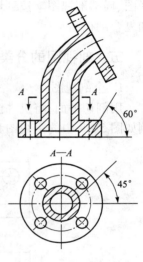

图 5-6 剖面线画法

三、剖视图的标注

剖视图的一般应该包括三步分:剖切平面的位置、投影方向和剖视图的名称。标注方法如图 5-5 所示:在剖视图中用剖切符号(即粗短线)标明剖切平面的位置,并写上字母;用箭头指明投影方向;在剖视图上方用相同的字母标出剖视图的名称"×—×"。

四、画剖视图应注意的问题

(1) 剖视只是一种表达机件内部结构的方法,并不是真正剖开和拿走一部分。因此,除剖视图以外,其他视图要按原来形状画出。

(2) 剖视图中一般不画虚线,但如果画少量虚线可以减少视图数量,而又不影响剖视图的清晰时,也可以画出这种虚线。

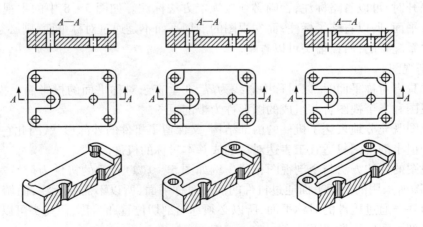

图 5-7 几种底板的剖视图

(3) 机件剖开后,凡是看得见的轮廓线都应画出,不能遗漏。要仔细分析剖切平面后面的结构形状,分析有关视图的投影特点,以免画错。如图5-7所示是剖面形状相同,但剖切平面后面的结构不同的三块底板的剖视图的例子。要注意区别它们不同点在什么地方。

为了用较少的图形,把机件的形状完整清晰地表达出来,就必须使每个图形能较多地表达机件的形状。这样,就产生了各种剖视图。按剖切范围的大小,剖视图可分为全剖视图、半剖视图、局部剖视图。按剖切面的种类和数量,剖视图可分为阶梯剖视图、旋转剖视图、斜剖视图和复合剖视图。

五、剖视图的分类

1. 全剖视图

用剖切平面,将机件全部剖开后进行投影所得到的剖视图,称为全剖视图(简称全剖视)。例如图5-8中的主视图和左视图均为全剖视图。

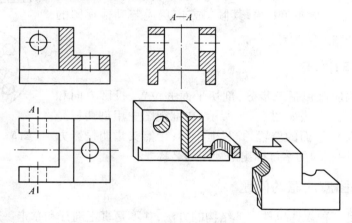

图5-8 全剖视图及其标注

全剖视图一般用于表达外部形状比较简单,内部结构比较复杂的机件。

当剖切平面通过机件的对称(或基本对称)平面,且全剖视图按投影关系配置,中间又无其他视图隔开时,可以省略标注,否则必须按规定方法标注。如图5-8中的主视图的剖切平面通过对称平面,所以省略了标注;而左视图的剖切平面不是通过对称平面,则必须标注,但它是按投影关系配置的,所以箭头可以省略。

2. 半剖视图

当机件具有对称平面时,以对称中心线为界,在垂直于对称平面的投影面上投影得到的,由半个剖视图和半个视图合并组成的图形称为半剖视图。

半剖视图既充分地表达了机件的内部结构,又保留了机件的外部形状,因此它具有内外兼顾的特点。但半剖视图只适宜于表达对称的或基本对称的机件。

半剖视图的标注方法与全剖视图相同。例如图5-9(a)所示的机件为前后对称,图5-9(b)中主视图所采用的剖切平面通过机件的前后对称平面,所以不需要标注;而俯视图所采用的剖切平面并非通过机件的对称平面,所以必须标出剖切位置和名称,但箭头可以省略。

采用半剖视图应注意以下几点:

(1) 具有对称平面的机件,在垂直于对称平面的投影面上,才宜采用半剖视。如机件的形

第五章　机件的表达方法

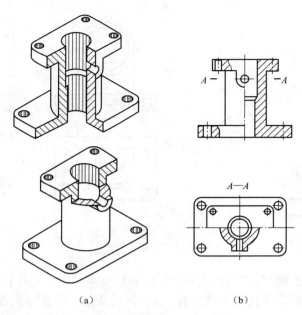

图 5-9　半剖视图及其标注

状接近于对称,而不对称部分已另有视图表达时,也可以采用半剖视。

(2) 半个剖视和半个视图必须以细点画线为界。如果作为分界线的细点画线刚好和轮廓线重合,则应避免使用。如图 5-10 所示主视图,尽管图的内外形状都对称,似乎可以采用半剖视。但采用半剖视图后,其分界线恰好和内轮廓线相重合,不满足分界线是细点画线的要求,所以不应用半剖视表达,而宜采取局部剖视表达,并且用波浪线将内、外形状分开。

(3) 半剖视图中的内部轮廓在半个视图中不必再用虚线表示。

3. 局部剖视图

将机件局部剖开后进行投影得到的剖视图称为局部剖视图。局部剖视图也是在同一视图上同时表达内外形状的方法,并且用波浪线作为剖视图与视图的界线。图 5-9 的主视图和图 5-11 的主视图和左视图,均采用了局部剖视图。

从以上几例可知,局部剖视是一种比较灵活的表达方法,剖切范围根据实际需要决定。但使用时要考虑到看图方便,剖切不要过于零碎。它常用于下列两种情况:

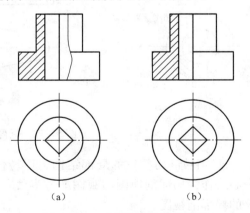

图 5-10　对称机件的局部剖视
(a) 正确;(b) 错误

(1) 机件只有局部内形要表达,而又不必或不宜采用全剖视图时;

(2) 不对称机件需要同时表达其内、外形状时,宜采用局部剖视图。

(3) 波浪线的画法。表示视图与剖视范围的波浪线,可看做机件断裂痕迹的投影,波浪线的画法应注意以下几点:

① 波浪线不能超出图形轮廓线。如图 5-12(a)所示。

· 101 ·

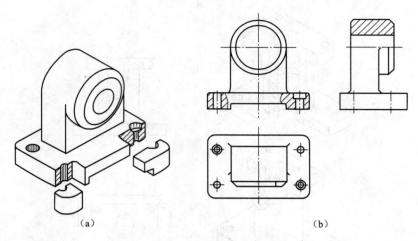

图 5-11　局部剖视图

② 波浪线不能穿孔而过,如遇到孔、槽等结构时,波浪线必须断开。如图 5-12(a)所示。

③ 波浪线不能与图形中任何图线重合,也不能用其他线代替或画在其他线的延长线上。如图 5-12(b)(c)所示。

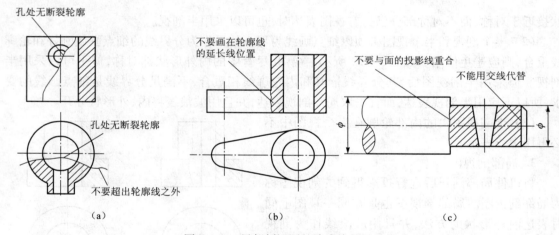

图 5-12　局部剖视图的波浪线的画法

④ 当被剖切部位的局部结构为回转体时,允许将该结构的中心线作为局部剖视图与视图的分界线。如图 5-13 所示的拉杆的局部剖视图。

局部剖视图的标注方法和全剖视相同。但如局部剖视图的剖切位置非常明显,则可以不标注。

六、剖切面的种类

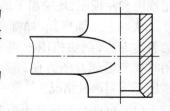

图 5-13　拉杆局部剖视图

剖视图是假想将机件剖开而得到的视图,因为机件内部形状的多样性,剖开机件的方法也不尽相同。国家标准《机械制图》规定有:单一剖切平面、几个互相平行的剖切平面、两个相交的剖切平面、不平行于任何基本投影面的剖切平面、组合的剖切平面等。

1. 单一剖切平面

用一个剖切平面剖开机件的方法称为单一剖,所画出的剖视图,称为单一剖视图。单一剖切平面一般为平行于基本投影面的剖切平面。前面介绍的全剖视图、半剖视图、局部剖视图均为用单一剖切平面剖切而得到的,可见,这种方法应用最多。

2. 几个互相平行的剖切平面——阶梯剖

用两个或多个互相平行的剖切平面把机件剖开的方法,称为阶梯剖,所画出的剖视图,称为阶梯剖视图。它适宜于表达机件内部结构的中心线排列在两个或多个互相平行的平面内的情况。

例如图 5-14(a)所示机件,内部结构(小孔和大孔)的中心位于两个平行的平面内,不能用单一剖切平面剖开,而是采用两个互相平行的剖切平面将其剖开,主视图即为采用阶梯剖方法得到的全剖视图,如图 5-14(c)所示。

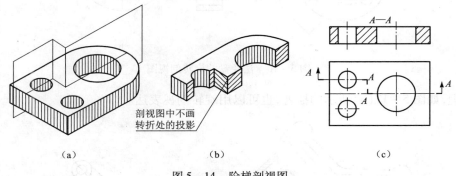

图 5-14 阶梯剖视图

画阶梯剖视时,应注意下列几点:

(1) 为了表达孔、槽等内部结构的实形,几个剖切平面应同时平行于同一个基本投影面。

(2) 两个剖切平面的转折处,不能划分界线,如图 5-14(b)所示。因此,要选择一个恰当的位置,使之在剖视图上不致出现孔、槽等结构的不完整投影。当它们在剖视图上有共同的对称中心线和轴线时,也可以各画一半,这时细点画线就是分界线。如图 5-15 所示。

(3) 阶梯剖视必须标注,标注方法如图 5-14(c)所示。在剖切平面迹线的起始、转折和终止的地方,用剖切符号(即粗短线)表示它的位置,并写上相同的字母;在剖切符号两端用箭头表示投影方向(如果剖视图按投影关系配置,中间又无其他图形隔开时,可省略箭头);在剖视图上方用相同的字母标出名称"×—×"。

3. 两个相交的剖切平面——旋转剖

用两个相交的剖切平面(交线垂直于某一基本投影面)剖开机件的方法称为旋转剖,所画出的剖视图,称为旋转剖视图。

如图 5-16 所示的法兰盘,它中间的大圆孔和均匀分布在四周的小圆孔都需要剖开表示,如果用相交于法兰盘轴线的侧

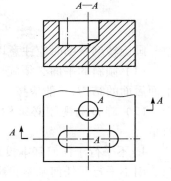

图 5-15 阶梯剖视的特例

平面和正垂面去剖切,并将位于正垂面上的剖切面绕轴线旋转到和侧面平行的位置,这样画出的剖视图就是旋转剖视图。可见,旋转剖适用于有回转轴线的机件,而轴线恰好是两剖切平面的交线。并且两剖切平面一个为投影面平行面,一个为投影面垂直面,如图 5-16(b)是法兰盘用旋转剖视表示的例子。

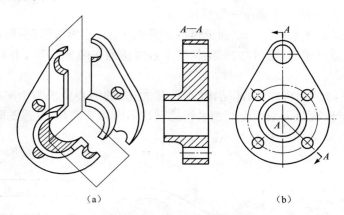

图 5-16　法兰盘的旋转剖视图

同理,如图 5-17(a)所示的摇臂,也可以用旋转剖视表达。

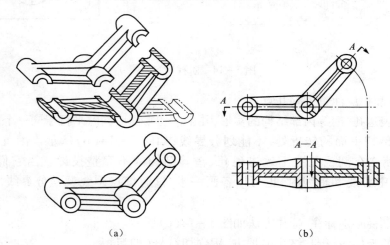

图 5-17　摇臂的旋转剖视图

画旋转剖视图时应注意以下两点:

(1) 倾斜的平面必须旋转到与选定的基本投影面平行,以使投影能够表达实形。但剖切平面后面的结构,一般应按原来的位置画出它的投影,如图 5-17(b)所示。

(2) 旋转剖视图必须标注,标注方法与阶梯剖视相同,如图 5-16(b)和图 5-17(b)所示。

4. 不平行于任何基本投影面的剖切平面——斜剖

用不平行于任何基本投影面的剖切平面剖开机件的方法称为斜剖,所画出的剖视图,称为斜剖视图。斜剖视适用于机件的倾斜部分需要剖开以表达内部实形的时候,并且内部实形的投影是用辅助投影面法求得的。

如图 5-18 所示机件，它的基本轴线不与底板垂直。为了清晰表达弯板的外形和小孔等结构，宜用斜剖视表达。此时用平行于弯板的剖切面"B—B"剖开机件，然后在辅助投影面上求出剖切部分的投影即可。

画斜剖视图时，应注意以下几点：

（1）剖视最好与基本视图保持直接的投影联系，如图 5-18 中的"B—B"。必要时（如为了合理布置图幅）可以将斜剖视画到图纸的其他地方，但要保持原来的倾斜度，也可以转平后画出，但必须加注旋转符号。

（2）斜剖视主要用于表达倾斜部分的结构。机件上凡在斜剖视图中失真的投影，一般应避免表示。例如在图 5-18 中，按主视图上箭头方向取视图，就避免了画圆形底板的失真投影。

（3）斜剖视图必须标注，标注方法如图 5-18 所示，箭头表示投影方向。

5. 组合的剖切平面

当机件的内部结构比较复杂，用阶梯剖或旋转剖仍不能完全表达清楚时，可以采用以上几种剖切平面的组合来剖开机件，这种剖切方法，称为复合剖，所画出的剖视图，称为复合剖视图。

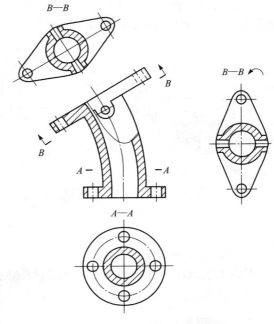

图 5-18 机件的斜剖视图

如图 5-19(a) 所示的机件，为了在一个图上表达各孔、槽的结构，便采用了复合剖视，如图 5-19(b) 所示。应特别注意复合剖视图中的标注方法。

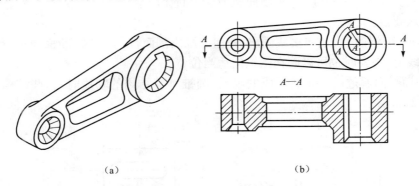

图 5-19 机件的复合剖视图

第三节 断 面 图

国家标准 GB/T 17452—1998 和 GB/T 4458.6—2002 规定了断面图。

一、断面图的基本概念

1. 概念

假想用剖切平面将机件在某处切断,只画出剖切断面形状的投影并画上规定的剖面符号的图形,称为断面图,简称为断面。如图 5 – 20 所示。

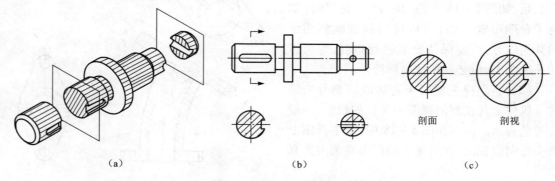

图 5 – 20 断面图的画法

2. 断面图与剖视图的区别

断面图仅画出机件断面的图形,而剖视图则要画出剖切平面以后的所有部分的投影,如图 5 – 20(c)所示。

二、断面图的分类

断面图分为移出断面图和重合断面图两种。

1. 移出断面图

(1) 概念。画在视图轮廓之外的断面图称为移出断面图。

(2) 举例。如图 5 – 20(b)所示断面即为移出断面。

(3) 画法要点:

① 移出断面的轮廓线用粗实线画出,断面上画出剖面符号。移出断面应尽量配置在剖切平面的延长线上,必要时也可以画在图纸的适当位置。

② 当剖切平面通过由回转面形成的圆孔、圆锥坑等结构的轴线时,这些结构应按剖视画出,如图 5 – 21 所示。

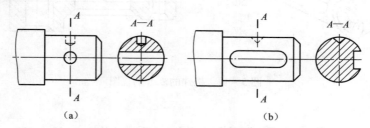

图 5 – 21 通过圆孔等回转面的轴线时断面图的画法

③ 当剖切平面通过非回转面,会导致出现完全分离的断面时,这样的结构也应按剖视画出,如图 5 – 22 所示。

第五章　机件的表达方法

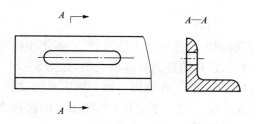

图 5-22　断面分离时的画法

2. 重合断面图

画在视图轮廓之内的断面图称为重合断面图。如图 5-23 所示的断面即为重合断面。

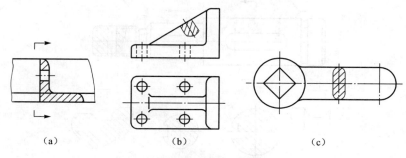

图 5-23　重合断面图

为了使图形清晰，避免与视图中的线条混淆，重合断面的轮廓线用细实线画出。当重合断面的轮廓线与视图的轮廓线重合时，仍按视图的轮廓线画出，不应中断，如图 5-23(a)所示。

三、剖切位置与标注

（1）当移出断面不画在剖切位置的延长线上时，如果该移出断面为不对称图形，必须标注剖切符号与带字母的箭头，以表示剖切位置与投影方向，并在断面图上方标出相应的名称"×—×"；如果该移出断面为对称图形，因为投影方向不影响断面形状，所以可以省略箭头。

（2）当移出断面按照投影关系配置时，不管该移出断面为对称图形或不对称图形，因为投影方向明显，所以可以省略箭头。

（3）当移出断面画在剖切位置的延长线上时，如果该移出断面为对称图形，只需用细点画线标明剖切位置，可以不标注剖切符号、箭头和字母；如果该移出断面为不对称图形，则必须标注剖切位置和箭头，但可以省略字母。

（4）当重合断面为不对称图形时，需标注其剖切位置和投影方向，如图 5-23(a)所示；当重合断面为对称图形时，一般不必标注，如图 5-23(b)所示。

第四节　其他方法

机件除了视图、剖视图、断面图等表达方法以外，对机件上的一些特殊结构，还可以采用一些规定画法和简化画法。

一、局部放大图

机件上某些细小结构在视图中表达的还不够清楚,或不便于标注尺寸时,可将这些部分用大于原图形所采用的比例画出,这种图称为局部放大图,如图5-24所示。

局部放大图必须标注,标注方法是:在视图上画一细实线圆,标明放大部位,在放大图的上方注明所用的比例,即图形大小与实物大小之比(与原图上的比例无关),如果放大图不止一个时,还要用罗马数字编号以示区别。

局部放大图可画成视图、剖视图、断面图,它与被放大部位的表达方法无关。局部放大图应尽量配置在被放大部位的附近。

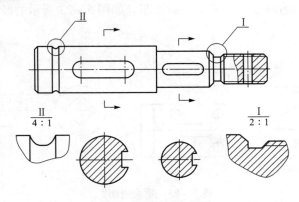

图 5-24 局部放大图

二、有关肋板、轮辐等结构的画法

(1)机件上的肋板、轮辐及薄壁等结构,如纵向剖切都不要画剖面符号,而且用粗实线将它们与其相邻结构分开,如图5-25所示。

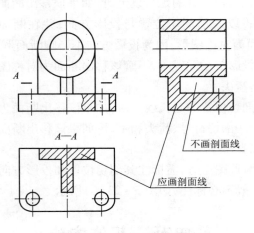

图 5-25 肋板的剖视画法

(2)回转体上均匀分布的肋板、轮辐、孔等结构不处于剖切平面上时,可将这些结构假想旋转到剖切平面上画出。如图5-26所示。

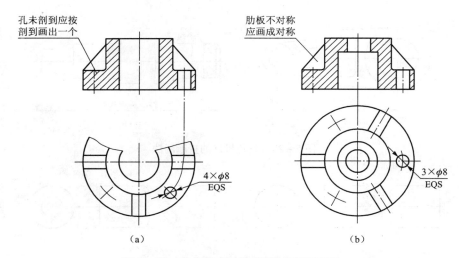

图 5–26　均匀分布的肋板、孔的剖切画法

三、相同结构的简化画法

当机件上具有若干相同结构(齿、槽、孔等),并按一定规律分布时,只需画出几个完整结构,其余用细实线相连或标明中心位置,并注明总数,如图 5–27 所示。

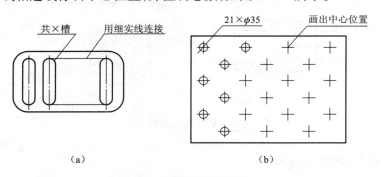

图 5–27　相同结构的简化画法

四、较长机件的折断画法

较长的机件(轴、杆、型材等),沿长度方向的形状一致或按一定规律变化时,可断开缩短绘制,但必须按原来实长标注尺寸,如图 5–28 所示。

机件断裂边缘常用波浪线画出,圆柱断裂边缘常用花瓣形画出,如图 5–29 所示。

五、较小结构的简化画法

机件上较小的结构,如在一个图形中已表示清楚时,在其他图形中可以简化或省略,如图 5–30(a)和图 5–30(b)的主视图。

在不致引起误解时,图形中的相贯线允许简化,例如用圆弧或直线代替非圆曲线,如图 5–30(a)所示。

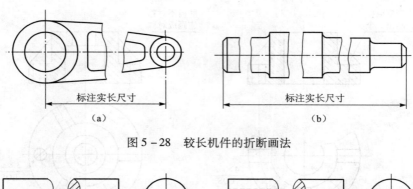

图 5-28　较长机件的折断画法

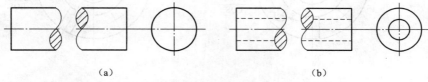

图 5-29　圆柱与圆筒的断裂处画法

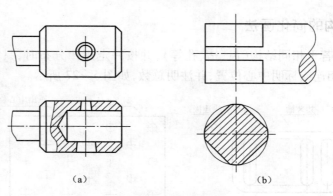

图 5-30　较小结构的简化画法

六、某些结构的示意画法

网状物、编织物或机件上的滚花部分,可在轮廓线附近用细实线示意画出,并标明其具体要求。如图 5-31 即为滚花的示意画法。

当图形不能充分表达平面时,可以用平面符号(相交细实线)表示,如图 5-32 所示。如已表达清楚,则可不画平面符号,如图 5-30(b)所示。

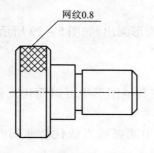

图 5-31　滚花的示意画法

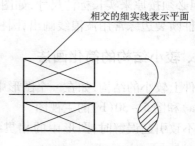

图 5-32　平面符号表示法

七、对称机件的简化画法

在不致引起误解时,对于对称机件的视图可以只画一半或 1/4,并在对称中心线的两端画出两条与其垂直的平行细实线,如图 5-33 所示。

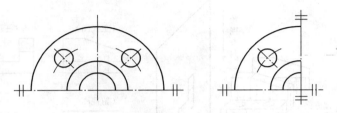

图 5-33　对称机件的简化画法

八、允许省略剖面符号的移出断面

在不致引起误解时,零件图中的移出断面,允许省略剖面符号,但剖切位置和断面图的标注,必须按规定的方法标出,如图 5-34 所示。

九、第三角画法简介

我国的工程图样是按正投影法并采用第一角画法绘制的。而有些国家(如英、美等国)的图样是按正投影法并采用第三角画法绘制的。

1. 第三角投影法的概念

如图 5-35 所示,由三个互相垂直相交的投影面组成的投影体系,把空间分成了 8 个部分,每一部分为一个分角,依次为 Ⅰ、Ⅱ、Ⅲ、Ⅳ…Ⅶ、Ⅷ分角。将机件放在第一分角进行投影,称为第一角画法。而将机件放在第三分角进行投影,称为第三角画法。

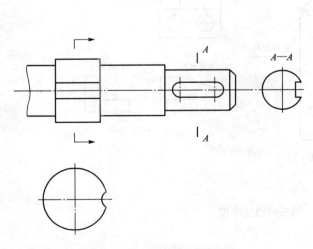

图 5-34　移出剖面的简化画法

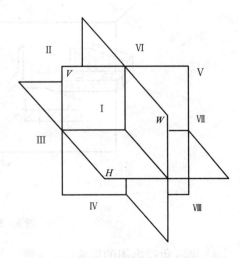

图 5-35　空间的 8 个分角

2. 第三角画法与第一角画法的区别

在于人（观察者）、物（机件）、图（投影面）的位置关系不同。采用第一角画法时，是把物体放在观察者与投影面之间，从投影方向看是"人、物、图"的关系，如图 5-36 所示。

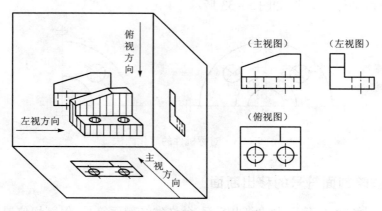

图 5-36　第一角画法原理

而采用第三角画法时，是把投影面放在观察者与物体之间，从投影方向看是"人、图、物"的关系，如图 5-37 所示。投影时就好像隔着"玻璃"看物体，将物体的轮廓形状印在"玻璃"（投影面）上。

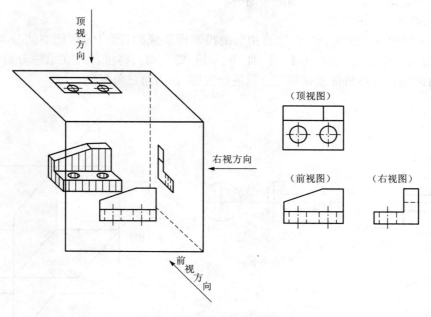

图 5-37　第三角画法原理

3. 第三角投影图的形成

采用第三角画法时，从前面观察物体在 V 面上得到的视图称为前视图；从上面观察物体在 H 面上得到的视图称为顶视图；从右面观察物体在 W 面上得到的视图称为右视图。各投影面的展开方法是:V 面不动,H 面向上旋转 90°,W 面向右旋转 90°,使三投影面处于同一平面内,如图 5-38(a)所示。

采用第三角画法时也可以将物体放在正六面体中,分别从物体的六个方向向各投影面进行投影,得到六个基本视图,即在三视图的基础上增加了后视图(从后往前看)、左视图(从左往右看)、底视图(从下往上看)。展开后六视图的配置关系如图 5-38(b)所示。

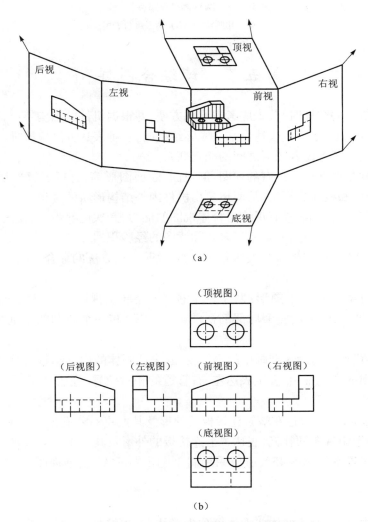

图 5-38　第三角画法投影面展开及视图的配置

4. 第一角和第三角画法的识别符号

在国际标准中规定,可以采用第一角画法,也可以采用第三角画法。为了区别这两种画法,规定在标题栏中专设的格内用规定的识别符号表示。GB/T 14692—1993 中规定的识别符号如图 5-39 所示。

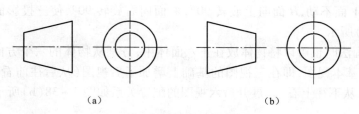

图 5-39 两种画法的识别符号
(a) 第一角画法用；(b) 第三角画法用

第五节 读综合图样

在选择表达机件的图样时，首先应考虑看图方便，并根据机件的结构特点，用较少的图形，把机件的结构形状完整、清晰地表达出来。实际绘图时，各种表达方法应根据机件结构的具体情况选择使用。同时还考虑各图形之间的相互联系。

识读综合图样是根据机件已有的视图、剖视图、断面图形等，分析了解剖切关系及表达意图，应用形体分析法和线面分析法，从而想象出机件内外结构形状的过程。

要读懂综合图样，首先应具有识读组合体视图的能力，其次应熟悉剖视图、断面图等各种表达方法的规则、标注与规定，并具有较多实际读图的经验积累。

下面以图 5-40 所示的阀体的表达方案为例，说明表达方法的综合运用。

1. 图形分析

阀体的表达方案共有五个图形：两个基本视图（全剖主视图"B—B"、全剖俯视图"A—A"）、一个局部视图（"D"向）、一个局部剖视图（"C—C"）和一个斜剖的全剖视图（"E—E 旋转"）。

主视图"B—B"是采用旋转剖画出的全剖视图，表达阀体的内部结构形状；俯视图"A—A"是采用阶梯剖画出的全剖视图，着重表达左、右管道的相对位置，还表达了下连接板的外形及 $4 \times \phi 5$ 小孔的位置。

"C—C"局部剖视图，表达左端管连接板的外形及其上 $4 \times \phi 4$ 孔的大小和相对位置；"D"向局部视图，相当于俯视图的补充，表达了上连接板的外形及其上 $4 \times \phi 6$ 孔的大小和位置。

因右端管与正投影面倾斜 45°，所以采用斜剖画出"E—E"全剖视图，以表达右连接板的形状。

2. 形体分析

由图形分析中可见，阀体的构成大体可分为管体、上连接板、下连接板、左连接板、右连接板五个部分。

管体的内外形状通过主、俯视图已表达清楚，它是由中间一个外径为 36、内径为 24 的竖管，左边一个距底面 54、外径为 24、内径为 12 的横管，右边一个距底面 30、外径为 24、内径为 12、向前方倾斜 45°的横管三部分组合而成。三段管子的内径互相连通，形成有四个通口的管件。

阀体的上、下、左、右四块连接板形状大小各异，这可以分别由主视图以外的四个图形看清它们的轮廓，它们的厚度为 8。

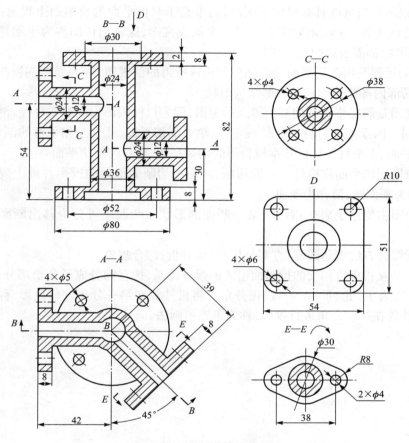

图 5-40 阀体的表达方案

通过分析形体,想象出各部分的空间形状,再按它们之间的相对位置组合起来,便可想象出阀体的整体形状。

本章小结

1. 视图主要用于表达机件的外部结构形状。通常有基本视图、向视图、局部视图和斜视图。
2. 基本视图是机件向基本投影面投射所得的视图。用于表达机件的外形。
3. 向视图是可以自由配置的视图。用于表达机件某一方向的外形。
4. 局部视图是将机件的某一部分向基本投影面投射所得的视图。用于表达机件局部外形。
5. 斜视图是机件向不平行于基本投影面的平面投射所得的视图。用于表达机件上倾斜部分的外形。
6. 剖视图主要用于表达机件的内部结构形状。分为全剖视图、半剖视图和局部剖视图。
7. 全剖视图是用剖切平面完全地剖开机件所得的剖视图,称为全剖视图。用于表达外形简单、内部较复杂的不对称机件。

8. 半剖视图是当机件具有对称平面时,向垂直于对称平面的投影面上投射所得的图形,可以对称中心线为界,一半画成剖视图,另一半画成视图,这种剖视图称为半剖视图。用于表达内、外结构形状都需表达的对称机件。

9. 局部剖视图是用剖切平面局部地剖开机件所得的剖视图,称为局部剖视图。主要用于表达机件的局部内部结构形状及外部结构形状。

10. 剖视图是假想将机件剖开而得到的视图,因为机件内部形状的多样性,剖开机件的方法也不尽相同。国家标准《机械制图》规定有:单一剖切平面、几个互相平行的剖切平面、两个相交的剖切平面、不平行于任何基本投影面的剖切平面、组合的剖切平面等。

11. 假想用剖切平面将机件在某处切断,只画出切断面形状的投影并画上规定的剖面符号的图形,称为断面图,简称为断面。

12. 断面图主要用于表达机件上某一断面的形状。断面图可分为移出断面图和重合断面图。

13. 识读综合方法表达图样:方案分析;形体分析;综合想象。

14. 由三个互相垂直相交的投影面组成的投影体系,把空间分成了8个部分,每一部分为一个分角,依次为Ⅰ、Ⅱ、Ⅲ、Ⅳ…Ⅶ、Ⅷ分角。将机件放在第一分角进行投影,称为第一角画法。而将机件放在第三分角进行投影,称为第三角画法。

第六章 标准件与常用件

> **主要内容：**

1. 螺纹的形成、基本要素及规定画法
2. 螺纹紧固件的规定标记及连接画法
3. 键的作用、形式，普通平键的画法和标记
4. 销的作用、形式、规定标记和连接画法
5. 直齿圆柱齿轮、直齿圆锥齿轮和蜗杆、蜗轮的画法及各部分的名称与尺寸关系
6. 滚动轴承和弹簧的种类、用途和规定画法
7. 弹簧的种类、用途和规定画法

> **目的要求：**

1. 熟练掌握螺纹的规定画法
2. 掌握常用螺纹紧固件的规定标记及连接画法
3. 掌握键连接的装配画法和零件上键槽的画法和尺寸标注
4. 掌握销的规定标记、查表方法和销连接的装配画法
5. 掌握直齿圆柱齿轮、直齿圆锥齿轮和蜗杆、蜗轮的画法及各部分的名称与尺寸关系
6. 熟悉滚动轴承的种类、用途和规定画法
7. 熟悉弹簧的种类、用途和规定画法

> **教学重点：**

1. 螺纹的规定画法
2. 常用螺纹紧固件的连接画法
3. 直齿圆柱齿轮的画法、尺寸标注和啮合画法

> **教学难点：**

螺纹的规定画法，特别是内外螺纹的旋合画法

第一节 螺 纹

螺纹是在圆柱或圆锥表面上，沿着螺旋线形成的具有相同剖面形状（如等边三角形、正方

形、梯形、锯齿形……)的连续凸起和沟槽。在圆柱或圆锥外表面所形成的螺纹称为外螺纹,在圆柱或圆锥内表面所形成的螺纹称为内螺纹。用于连接的螺纹称为连接螺纹;用于传递运动或动力的螺纹称为传动螺纹。

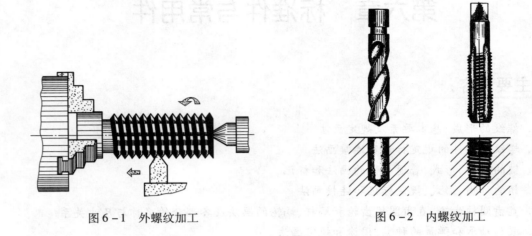

图 6-1　外螺纹加工　　　　　　　　　图 6-2　内螺纹加工

一、螺纹的形成和基本要素

1. 螺纹的形成

各种螺纹都是根据螺旋线原理加工而成,螺纹加工大部分采用机械化批量生产。小批量、单件产品,外螺纹可采用车床加工,如图 6-1 所示。内螺纹可以在车床上加工,也可以先在工件上钻孔,再用丝锥攻制而成,如图 6-2 所示。

2. 螺纹的基本要素

螺纹的基本要素包括牙型、直径(大径、小径、中径)、螺距和导程、线数、旋向等。

(1) 牙型。在通过螺纹轴线的剖面上,螺纹的轮廓形状称为螺纹牙型。

常见的螺纹牙型有三角形(60°、55°)、梯形、锯齿形、矩形等。常见标准螺纹的牙型及符号如表 6-1 所示。

表 6-1　常用标准螺纹的牙形及符号

螺纹种类		特征代号	外　形　图	牙　型　图	说　明
连接螺纹	普通螺纹	M	60°	60°	分粗牙和细牙两种,粗牙用于一般机件的连接;细牙的螺距较小,用于薄壁或紧密连接
	圆柱管螺纹	G	55°	55°	用于非螺纹密封的水管、油管、煤气管等管路零件的连接

续表

螺纹种类		特征代号	外 形 图	牙 型 图	说 明
传动螺纹	梯形螺纹	Tr			用于传递运动和动力
	锯齿形螺纹	B			用于传递单向动力

（2）螺纹的直径。螺纹的直径有大径（公称直径）、小径、中径，如图6-3所示。

大径 d、D —— 指与外螺纹的牙顶或内螺纹的牙底相切的假想圆柱或圆锥的直径。内螺纹的大径用大写字母表示，外螺纹的大径用小写字母表示。

小径 d_1、D_1 ——指与外螺纹的牙底或内螺纹的牙顶相切的假想圆柱或圆锥的直径。

中径 d_2、D_2 ——指一个假想的圆柱或圆锥直径，该圆柱或圆锥的母线通过牙型上沟槽和凸起宽度相等的地方。

公称直径——代表螺纹尺寸的直径，指螺纹大径的基本尺寸。

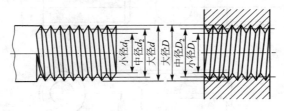

图6-3 螺纹的直径
（a）外螺纹；(b) 内螺纹

（3）线数。形成螺纹的螺旋线条数称为线数，线数用字母 n 表示。沿一条螺旋线形成的螺纹称为单线螺纹，沿两条以上螺旋线形成的螺纹称为多线螺纹，如图6-4所示。

（4）螺距和导程。相邻两牙在中径线上对应两点间的轴向距离称为螺距，螺距用字母 P 表示；同一螺旋线上的相邻两牙在中径线上对应两点间的轴向距离称为导程，导程用字母 P_h 表示，如图6-4所示。线数 n、螺距 P 和导程 P_h 之间关系为：$P_h = P \times n$

（5）旋向。螺纹分为左旋螺纹和右旋螺纹两种。顺时针旋转时旋入的螺纹是右旋螺纹；逆时针旋转时旋入的螺纹是左旋螺纹，如图6-5所示。工程上常用右旋螺纹。

国家标准对螺纹的牙型、大径和螺距做了统一规定。这三项要素均符合国家标准的螺纹称为标准螺纹；凡牙型不符合国家标准的螺纹称为非标准螺纹；只有牙型符合国家标准的螺纹称为特殊螺纹。

二、螺纹的规定画法和标注

螺纹一般不按真实投影作图，而是采用机械制图国家标准规定的画法以简化作图过程。

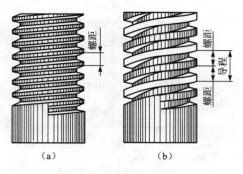
图6-4 单线螺纹和双线螺纹
(a) 单线；(b) 双线

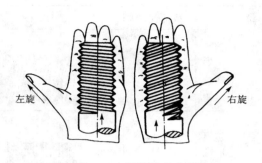
图6-5 螺纹的旋向

(1) 外螺纹的画法。外螺纹的大径用粗实线表示，小径用细实线表示。螺纹小径按大径的 0.85 倍绘制。在不反映圆的视图中，小径的细实线应画入倒角内，螺纹终止线用粗实线表示，如图 6-6(a) 所示。当需要表示螺纹收尾时，螺纹尾部的小径用与轴线成 30°的细实线绘制，如图 6-6(b) 所示。在反映圆的视图中，表示小径的细实线圆只画约 3/4 圈，螺杆端面上的倒角圆省略不画，如图 6-6(a)(b)(c) 所示。剖视图中的螺纹终止线和剖面线画法如图 6-6(c) 所示。

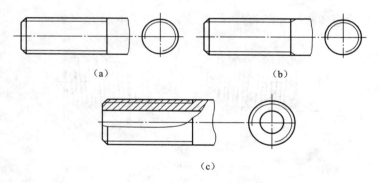
图6-6 外螺纹画法

(2) 内螺纹的画法。内螺纹通常采用剖视图表达，在不反映圆的视图中，大径用细实线表示，小径和螺纹终止线用粗实线表示，且小径取大径的 0.85 倍，注意剖面线应画到粗实线；若是盲孔，终止线到孔的末端的距离可按 0.5 倍大径绘制；在反映圆的视图中，大径用约 3/4 圈的细实线圆弧绘制，孔口倒角圆不画，如图 6-7(a)(b) 所示。当螺孔相交时，其相贯线的画法如图 6-7(c) 所示。当螺纹的投影不可见时，所有图线均画成细虚线，如图 6-7(d) 所示。

(3) 内、外螺纹旋合的画法。只有当内、外螺纹的五项基本要素相同时，内、外螺纹才能进行连接。用剖视图表示螺纹连接时，旋合部分按外螺纹的画法绘制，未旋合部分按各自原有的画法绘制。如图 6-8 和 6-9 所示。画图时必须注意：表示内、外螺纹大径的细实线和粗实线，以及表示内、外螺纹小径的粗实线和细实线应分别对齐；在剖切平面通过螺纹轴线的剖视图中，实心螺杆按不剖绘制。

(4) 螺纹牙型的表示法。螺纹的牙型一般不需要在图形中画出，当需要表示螺纹的牙型

第六章 标准件与常用件

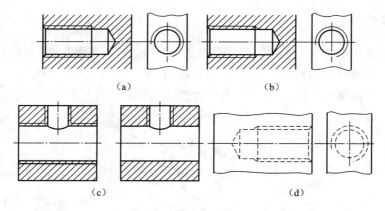

图6-7 内螺纹的画法

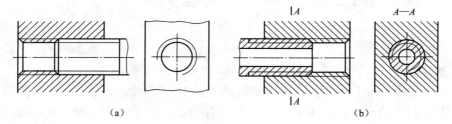

图6-8 内、外螺纹旋合画法(一)

时,可按图6-10的形式绘制。

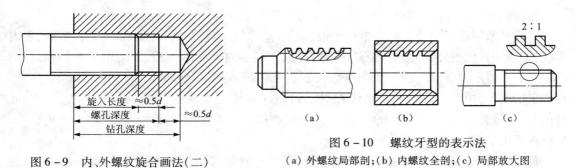

图6-9 内、外螺纹旋合画法(二)

图6-10 螺纹牙型的表示法
(a)外螺纹局部剖;(b)内螺纹全剖;(c)局部放大图

(5)圆锥螺纹画法。具有圆锥螺纹的零件,其螺纹部分在投影为圆的视图中,只需画出一端螺纹视图,如图6-11所示。

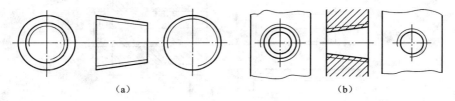

图6-11 圆锥螺纹的画法
(a)外螺纹;(b)内螺纹

三、识读螺纹标记

螺纹的规定画法不能表达螺纹的种类及参数,为了区别不同形式和尺寸的螺纹,应在图样上按国家标准规定的格式和相应的代号进行标注。标准螺纹的完整标记如下:

特征代号　公称直径×螺距　旋向－螺纹公差带代号－旋合长度代号

例如:

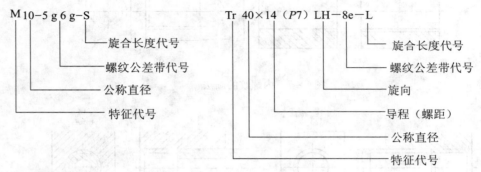

1. 普通螺纹

普通螺纹用尺寸标注形式注在内、外螺纹的大径上,其标注的具体项目和格式如下:

螺纹代号 公称直径×螺距 旋向－中径公差带代号 顶径公差带代号－旋合长度代号

普通螺纹的螺纹代号用字母"M"表示。

普通粗牙螺纹不必标注螺距,普通细牙螺纹必须标注螺距。公称直径、导程和螺距数值的单位为 mm。

右旋螺纹不必标注,左旋螺纹应标注字母"LH"。

中径公差带代号和顶径公差带代号由表示公差等级的数字和字母组成。大写字母代表内螺纹,小写字母代表外螺纹。顶径是指外螺纹的大径和内螺纹的小径,若两组公差带相同,则只写一组。表示内、外螺纹旋合时,内螺纹公差带在前,外螺纹公差带在后,中间用"/"分开。在特定情况下,中等公差精度螺纹不注公差带代号(内螺纹:5 H,公称直径小于和等于 1.4 mm 时;6 H,公称直径大于和等于 1.6 mm 时。外螺纹:5 h,公称直径小于和等于 1.4 mm 时;6 h,公称直径大于和等于 1.6 mm 时)。

普通螺纹的旋合长度分为短、中、长三组,其代号分别是 S、N、L。若是中等旋合长度,其旋合代号 N 可省略。

图 6－12 所示为普通螺纹标注示例。

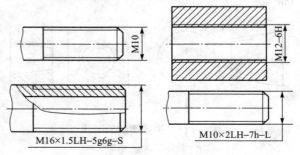

图 6－12　普通螺纹标注示例

2. 传动螺纹

传动螺纹主要指梯形螺纹和锯齿形螺纹,它们也用尺寸标注形式,注在内外螺纹的大径上,其标注的具体项目及格式如下:

螺纹代号 公称直径×导程(P 螺距) 旋向 - 中径公差带代号 - 旋合长度代号

梯形螺纹的螺纹代号用字母"Tr"表示,锯齿形螺纹的特征代号用字母"B"表示。

多线螺纹标注导程与螺距,单线螺纹只标注螺距。

右旋螺纹不标注代号,左旋螺纹标注字母"LH"。

传动螺纹只注中径公差带代号。

旋合长度只注"S"(短)、"L"(长),中等旋合长度代号"N"省略标注。

图 6-13 所示为传动螺纹标注示例。

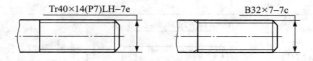

图 6-13 传动螺纹标注示例

3. 管螺纹

管螺纹的标记必须标注在大径的引出线上。常用的管螺纹分为螺纹密封的管螺纹和非螺纹密封的管螺纹。这里要注意,管螺纹的尺寸代号并不是指螺纹大径,也不是管螺纹本身任何一个直径,是指管螺纹用于管子孔径英寸的近似值其大径和小径等参数可从有关标准中查出。

管螺纹标注的具体项目及格式如下:

螺纹密封管螺纹代号:螺纹特征代号 尺寸代号 × 旋向代号

非螺纹密封管螺纹代号:螺纹特征代号 尺寸代号 公差等级代号 - 旋向代号

螺纹密封螺纹又分为:与圆柱内螺纹相配合的圆锥外螺纹,其特征代号是 R_1;与圆锥内螺纹相配合的圆锥外螺纹,其特征代号为 R_2;圆锥内螺纹,特征代号是 R_c;圆柱内螺纹,特征代号是 R_p。旋向代号只注左旋"LH"。

非螺纹密封管螺纹的特征代号是 G。它的公差等级代号分 A、B 两个精度等级。外螺纹需注明,内螺纹不注此项代号。右旋螺纹不注旋向代号,左旋螺纹标"LH"。

图 6-14 所示为管螺纹标注示例。

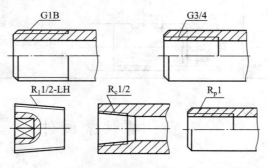

图 6-14 管螺纹的标注

标准螺纹的标注示例见表 6-2 所示。

表 6-2 螺纹的标注及示例

螺纹种类		标注示例	图　例	标注说明
普通螺纹		M20−5g6g−S	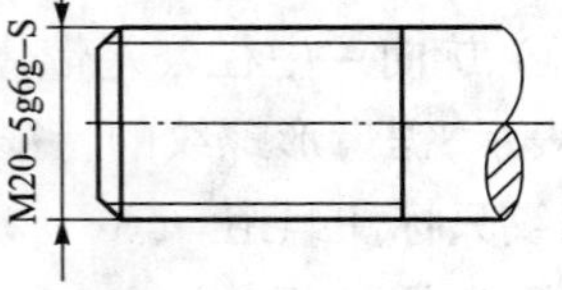	粗牙普通螺纹,公称直径 20 mm,螺距 1.5 mm,中径公差带代号为 5 g,顶径公差带代号为 6 g,右旋,短旋合长度
		M12×1.5−6h	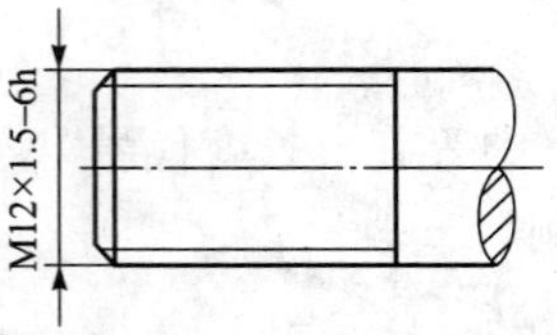	细牙普通螺纹公称直径 12 mm,螺距 1.5 mm,中、顶径公差带代号均为 6 h,右旋
梯形螺纹		Tr40×14(P7) LH−8e−L	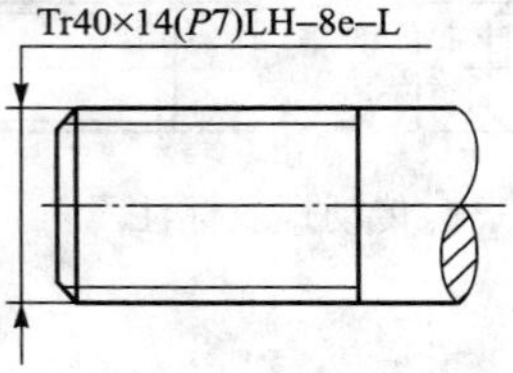	梯形螺纹,公称直径 40 mm,导程 14 mm,螺距 7 mm,左旋,中径公差带代号均为 8e,长旋合长度
55°密封管螺纹	圆柱管螺纹	$R_p1/2$	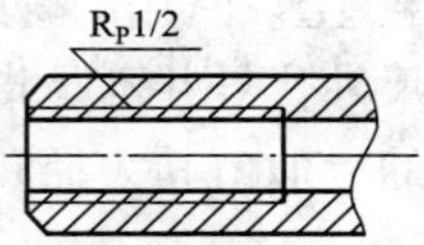	R_p 为圆柱内螺纹
	圆锥管螺纹	$R_11/2$	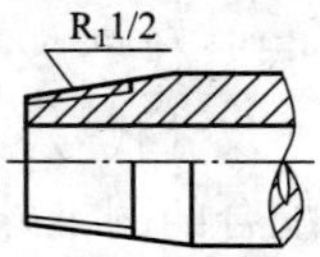	R_1 为与圆柱内螺纹相配合的圆锥外螺纹
锯齿形螺纹		B40×7LH−8c	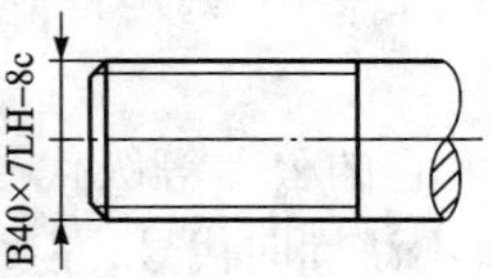	锯齿形螺纹,大径 40 mm,单线,螺距 7 mm,中径公差带代号为 8c,左旋
非标准螺纹			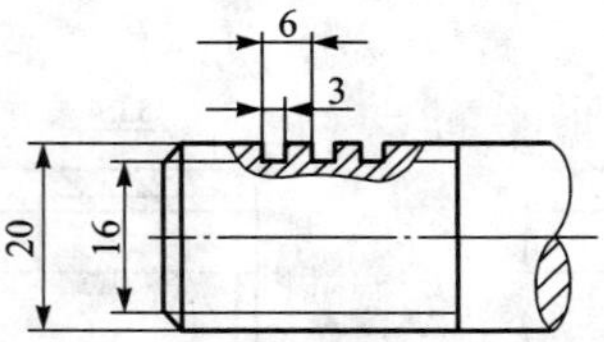	非标准螺纹应画出螺纹的牙型,并注出所需的尺寸及有关要求

第二节　螺纹紧固件

一、常用螺纹紧固件的种类和标记

常用螺纹紧固件有螺栓、双头螺柱、螺钉、螺母和垫圈,如图 6-15 所示。它们的结构、尺寸都已分别标准化,称为标准件,使用或绘图时,可以从相应标准中查到所需的结构尺寸。

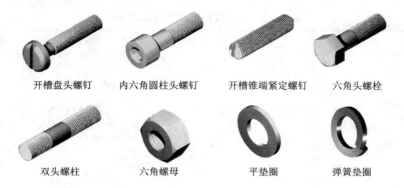

图 6-15　常用螺纹紧固件

表 6-3 中列出了常用螺纹紧固件的种类与标记。

1. 螺栓

螺栓由头部及杆部两部分组成,头部形状以六角形的应用最广。决定螺栓的规格尺寸为螺纹公称直径 d 及螺栓长度 L,选定一种螺栓后,其他各部分尺寸可根据有关标准查得。

螺栓的标记形式:名称　标准代号　特征代号　公称直径×公称长度

例:螺栓 GB/T 5782—2000 M12×80,是指公称直径 $d=12$,公称长度 $L=80$(不包括头部)的螺栓。

2. 双头螺柱

双头螺柱的两头制有螺纹,一端旋入被连接件的预制螺孔中,称为旋入端;另一端与螺母旋合,紧固另一个被连接件,称为紧固端。双头螺柱的规格尺寸为螺柱直径 d 及紧固端长度 L,其他各部分尺寸可根据有关标准查得。

双头螺柱的标记形式:名称　标准代号　特征代号　公称直径×公称长度

例:螺柱 GB/T 898—1988 M10×50,是指公称直径 $d=10$,公称长度 $L=50$(不包括旋入端)的双头螺柱。

3. 螺母

螺母通常与螺栓或螺柱配合着使用,起连接作用,以六角螺母应用最广。螺母的规格尺寸为螺纹公称直径 D,选定一种螺母后,其各部分尺寸可根据有关标准查得。

螺母的标记形式:名称　标准代号　特征代号　公称直径

例:螺母 GB/T 6170—2000 M12,指螺纹规格 $D=M12$ 的螺母。

4. 垫圈

垫圈通常垫在螺母和被连接件之间,目的是增加螺母与被连接零件之间的接触面,保护被连接件的表面不致因拧螺母而被刮伤。垫圈分为平垫圈和弹簧垫圈,弹簧垫圈还可以防止因振动而引起的螺母松动。选择垫圈的规格尺寸为螺栓直径 d,垫圈选定后,其各部分尺寸可根据有关标准查得。

平垫圈的标记形式:名称　标准代号　规格尺寸-性能等级

弹簧垫圈的标记形式:名称　标准代号　规格尺寸

例:垫圈 GB/T 97.1—1985 16—140HV,指规格尺寸 $d=16$,性能等级为 140 HV 的平垫

圈。垫圈 GB/T 93—1987 20,指规格尺寸为 $d=20$ 的弹簧垫圈。

表 6-3 常用螺纹紧固件的规定标记

名 称	规定标记示例	名 称	规定标记示例
六角头螺栓	螺栓 GB/T 5780—2000 M12×50	内六角圆柱头螺钉	螺钉 GB/T 70.1—2000 M12×50
双头螺柱A型	螺柱 GB/T 897—1988 AM12×50	1型六角螺母—C级	螺母 GB/T 41—2000 M16
开槽圆柱头螺钉	螺钉 GB/T 65—1985 M12×50	1型六角开槽螺母	螺母 GB/T 6178—1986 M16
开槽沉头螺钉	螺钉 GB/T 68—2000 M12×50	垫圈	垫圈 GB/T 97.1—2002 -16
开槽锥端紧定螺钉	螺钉 GB/T 71—1985 M12×50-14H	标准型弹簧垫圈	垫圈 GB/T 93—1987 -16

5. 螺钉

螺钉按使用性质可分为连接螺钉和紧定螺钉两种,连接螺钉的一端为螺纹,另一端为头部。紧定螺钉主要用于防止两相配零件之间发生相对运动的场合。螺钉规格尺寸为螺钉直径 d 及长度 L,可根据需要从标准中选用。

螺钉的标记形式:名称 标准代号 特征代号 公称直径×公称长度

例:螺钉 GB/T 65—2000 M10×40,是指公称直径 $d=10$,公称长度 $L=40$(不包括头部)的螺钉。

二、常用螺纹紧固件及连接图画法

1. 螺栓连接

螺栓用来连接两个不太厚并能钻成通孔的零件,并与垫圈、螺母配合进行连接。如图6-16所示。

(1) 螺栓连接中的紧固件画法。螺栓连接的紧固件有螺栓、螺母和垫圈。紧固件一般用比例画法绘制。所谓比例画法就是以螺栓上螺纹的公称直径为主要参数,其余各部分结构尺寸均按与公称直径成一定比例关系绘制。

尺寸比例关系如下(图6-17):

螺栓:d、L(根据要求确定)

$d_1 \approx 0.85d, b \approx 2d, e = 2d, R_1 = d, R = 1.5d, k = 0.7d, c = 0.1d$

螺母:D(根据要求确定) $m = 0.8d$ 其他尺寸与螺栓头部相同。

垫圈:$d_2 = 2.2d, d_1 = 1.1d, d_3 = 1.5d, h = 0.15d, s = 0.2d, n = 0.12d$

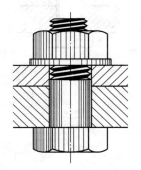

图6-16 螺栓连接

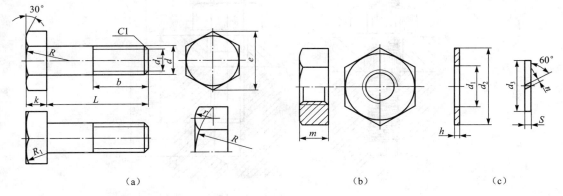

图6-17 螺栓、螺母、垫圈的比例画法
(a) 六角头螺栓的比例画法;(b) 六角螺母的比例画法;(c) 垫圈的比例画法

(2) 螺栓连接的画法。用比例画法画螺栓连接的装配图时,应注意以下几点:

① 两零件的接触表面只画一条线,并不得加粗。凡不接触的表面,不论间隙大小,都应画出间隙(如螺栓和孔之间应画出间隙)。

② 剖切平面通过螺栓轴线时,螺栓、螺母、垫圈可按不剖绘制,仍画外形。必要时,可采用局部剖视。

③ 两零件相邻接时,不同零件的剖面线方向应相反,或者方向一致而间隔不等。

④ 螺栓长度 $L \geq t_1 + t_2 +$ 垫圈厚度 $+$ 螺母厚度 $+ (0.2 \sim 0.3)d$,根据上式的估计值,然后选取与估算值相近的标准长度值作为 L 值。

⑤ 被连接件上加工的螺栓孔直径稍大于螺栓直径,取 $1.1d$。

螺栓连接的比例画法见图6-17所示。

2. 螺柱连接

当两个被连接件中有一个很厚,或者不适合用螺栓连接时,常用双头螺柱连接。双头螺柱两端均加工有螺纹,一端与被连接件旋合,另一端与螺母旋合,如图6-19(a)所示。用比例画

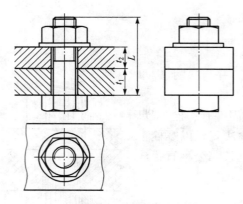

图6-18 螺栓连接图

法绘制双头螺柱的装配图时应注意以下几点：

(1) 旋入端的螺纹终止线应与结合面平齐，表示旋入端已经拧紧。

(2) 旋入端的长度 b_m 要根据被旋入件的材料而定，被旋入端的材料为钢时，$b_m = 1d$；被旋入端的材料为铸铁或铜时，$b_m = 1.25d \sim 1.5d$；被连接件为铝合金等轻金属时，取 $b_m = 2d$。

(3) 旋入端的螺孔深度取 $b_m + 0.5d$，钻孔深度取 $b_m + d$，如图6-19(b)所示。

(4) 螺柱的公称长度 $L \geqslant \delta +$ 垫圈厚度 + 螺母厚度 + $(0.2 \sim 0.3)d$，然后选取与估算值相近的标准长度值作为 L 值。

双头螺柱连接的比例画法见图6-19(b)所示。

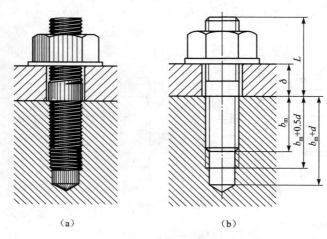

图6-19 双头螺柱连接图
(a) 双头螺柱连接；(b) 比例画法

3. 螺钉连接

螺钉连接一般用于受力不大又不需要经常拆卸的场合，如图6-20示。

用比例画法绘制螺钉连接，其旋入端与螺柱相同，被连接板的孔部画法与螺栓相同，被连接板的孔径取 $1.1d$。螺钉的有效长度 $L = \delta + b_m$，并根据标准校正。画图时注意以下两点：

(1) 螺钉的螺纹终止线不能与结合面平齐，而应画在盖板的范围内。

(2) 具有沟槽的螺钉头部，在主视图中应被放正，在俯视图中规定画成45°倾斜。螺钉连接的比例画法见图6-21所示。

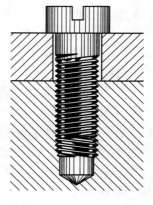

图6-20 螺钉连接

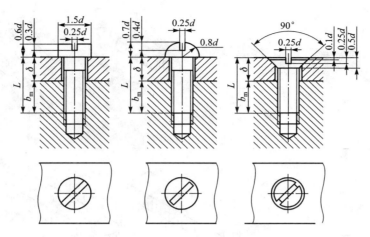

图 6-21 螺钉连接的比例画法

第三节 键连接、销连接

键主要用于轴和轴上零件(如齿轮、带轮)之间的周向连接,以传递扭矩和运动,销主要用于零件之间的定位。

一、键连接

1. 键连接的作用和种类

键主要用于轴和轴上的零件(如带轮、齿轮等)之间的连接,起着传递扭矩的作用。如图 6-22 所示,将键嵌入轴上的键槽中,再将带有键槽的齿轮装在轴上,当轴转动时,因为键的存在,齿轮就与轴同步转动,达到传递动力的目的。键的种类很多,常用的有普通平键、半圆键和钩头楔键三种。

2. 键的种类

常用的键有普通平键、半圆键、钩头锲键、花键等,如图 6-23 所示。

3. 普通平键的种类和标记

普通平键根据其头部结构的不同可以分为圆头普通平键(A 型)、平头普通平键(B 型)、和单圆头普通平键(C 型)三种形式,如图 6-24 所示。

普通平键的标记格式和内容为:键型代号 宽度×长度 标准代号,其中 A 型可省略键型代号。例如:宽度 $b = 18$ mm,高度 $h = 11$ mm,长度 $L = 100$ mm 的圆头普通平键(A 型),其标记是:键 18 × 100 GB 1096—1979。宽度 $b = 18$ mm,高度 $h = 11$ mm,长度 $L = 100$ mm 的平头普通平键(B 型),其标记是:键 B 18 × 100 GB 1096—1979。宽度 $b = 18$ mm,高度 $h = 11$ mm,长度 $L = 100$ mm 的单圆头普通平键(C 型),其标记是:

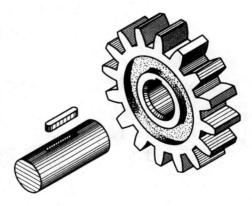

图 6-22 键连接

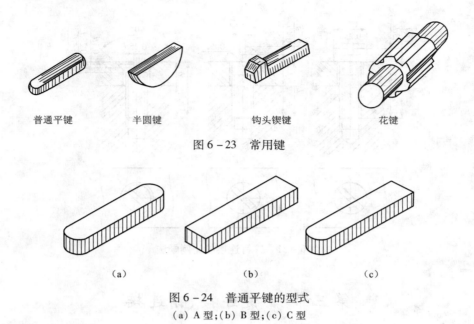

图 6-23 常用键

（a） （b） （c）

图 6-24 普通平键的型式
(a) A 型；(b) B 型；(c) C 型

键 C 18×100 GB 1096—1979。

4. 普通平键、半圆键及钩头斜键的连接画法

采用普通平键连接时，键的长度 L 和宽度 b 要根据轴的直径 d 和传递的扭矩大小从标准中选取适当值。轴和轮毂上的键槽的表达方法及尺寸如图 6-25 所示。在装配图上，普通平键的连接画法如图 6-26 所示。

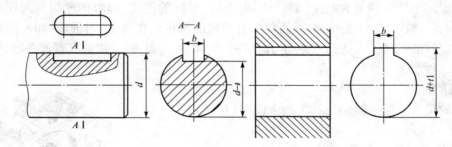

图 6-25 轴和轮毂上的键槽

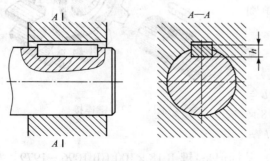

图 6-26 普通平键的连接画法

平键和半圆键的侧面是工作面，两侧面应与轴和轮毂接触，底面与轴接触，在其连接画法中均只画一条线；而键的顶面与轮毂孔键槽顶面之间有间隙，应画两条线，如图 6-27。

钩头楔键因其顶面与轮毂孔键槽顶面之间没有间隙，其连接画法中只画一条线，如图 6-28 所示。

5. 花键的画法

花键可传递更大的扭矩。分为矩形花键

和渐开线花键,矩形花键应用最广。

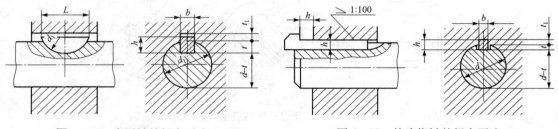

图6-27 半圆键的规定画法　　　　图6-28 钩头楔键的规定画法

外花键的规定画法如图6-29所示。大径用粗实线,小径用细实线,工件长度终止线和尾部长度的末端均用细实线绘制,小径尾部则画成与轴线成30°的斜线。垂直于轴线的视图采用剖视图,画出一部分或全部齿形。

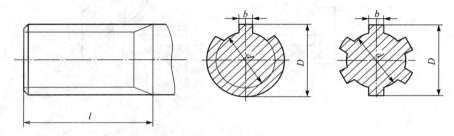

图6-29 外花键的规定画法

内花键的规定画法如图6-30所示。在平行于轴线的投影面上采用剖视图,大径、小径均用粗实线绘制,并用局部视图画出一部分或全部齿形。

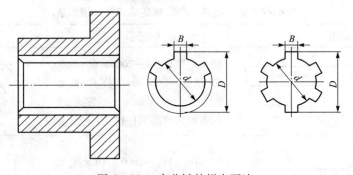

图6-30 内花键的规定画法

花键连接一般用剖视图,其连接部分按外花键绘制,如图6-31所示。

二、销连接

销主要用来固定零件之间的相对位置,起定位作用,也可用于轴与轮毂的连接,传递不大的载荷,还可作为安全装置中的过载剪断元件。销的常用材料为35钢、45钢。

销有圆柱销和圆锥销两种基本类型,这两类销均已标准化。圆柱销利用微量过盈固定在销孔中,经过多次装拆后,连接的紧固性及精度降低,故只宜用于不常拆卸处。圆锥销有1:50

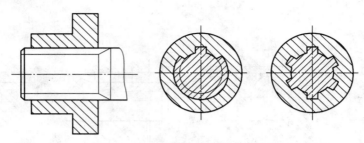

图 6-31 花键连接的规定画法

的锥度,装拆比圆柱销方便,多次装拆对连接的紧固性及定位精度影响较小,因此应用广泛。

销连接的画法如图 6-32 所示。

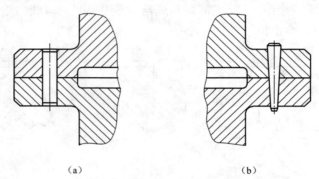

图 6-32 销连接的画法
(a) 圆柱销连接;(b) 圆锥销连接

表 6-4 中列出了圆柱销和圆锥销的形式与标记。

表 6-4 销的名称、型式、规定标记及连接画法

名称	型 式	标记示例	连接画法
圆柱销		销 GB/T 119.1—2000 6m6×50 公称直径 6 mm,公称长度 50 mm,公差为 m6,不经淬火,不经表面处理的圆柱销	
圆锥销		销 GB/T 117—2000 10×80 公称直径 10 mm,公称长度 80 mm,A 型圆锥销	
开口销		销 GB/T 91—2000 3×20 销孔直径 3 mm,公称长度 20 mm	

第四节 齿 轮

齿轮是机器设备中应用十分广泛的传动零件,用来传递运动和动力,改变轴的旋向和转速。常见的传动齿轮有三种:圆柱齿轮传动——用于两平行轴间的传动;圆锥齿轮传动——用于两相交轴间的传动;蜗杆蜗轮传动——用于两交错轴间的传动。如图 6-33 所示。

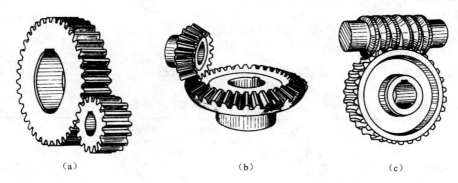

图 6-33 齿轮传动形式
(a)圆柱齿轮;(b)圆锥齿轮;(c)蜗杆蜗轮

一、直齿圆柱齿轮

1. 直齿圆柱齿轮各部分的名称及参数

直齿圆柱齿轮各部分的名称及参数如图 6-34 所示。

(1)齿数 z——齿轮上轮齿的个数。

(2)齿顶圆直径 d_a——通过齿顶的圆柱面直径。

(3)齿根圆直径 d_f——通过齿根的圆柱面直径。

(4)分度圆直径 d——分度圆直径是齿轮设计和加工时的重要参数。分度圆是一个假想的圆,在该圆上齿厚 s 与槽宽 e 相等,它的直径称为分度圆直径。

(5)齿高 h——齿顶圆和齿根圆之间的径向距离。

(6)齿顶高 h_a——齿顶圆和分度圆之间的径向距离。

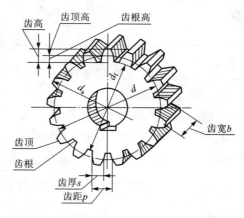

图 6-34 直齿圆柱齿轮各部分名称和代号

(7)齿根高 h_f——分度圆与齿根圆之间的径向距离。

(8)齿距 p——在分度圆上,相邻两齿对应齿廓之间的弧长。

(9)齿厚 s——在分度圆上,一个齿的两侧对应齿廓之间的弧长。

(10)槽宽 e——在分度圆上,一个齿槽的两侧相应齿廓之间的弧长。

(11) 模数 m——由于分度圆的周长 $\pi d = p \cdot z$,所以 $d = \dfrac{p}{\pi} \cdot z$,$\dfrac{p}{\pi}$就称为齿轮的模数。模数以 mm 为单位,它是齿轮设计和制造的重要参数。为便于齿轮的设计和制造,减少齿轮成形刀具的规格及数量,国家标准对模数规定了标准值。

(12) 压力角 α——相互啮合的一对齿轮,其受力方向(齿廓曲线的公法线方向)与运动方向之间所夹的锐角,称为压力角。同一齿廓的不同点上的压力角是不同的,在分度圆上的压力角,称为标准压力角。国家标准规定,标准压力角为 20°。

(13) 中心距 a——两啮合齿轮轴线之间的距离。

2. 直齿圆柱齿轮的尺寸计算

在已知模数 m 和齿数 z 时,齿轮轮齿的其他参数均可按表 6-5 里的公式计算出来。

表 6-5 标准直齿圆柱齿轮各基本尺寸计算公式

基本参数:模数 m 和齿数 z			
序号	名称	代号	计算公式
1	齿距	p	$p = \pi m$
2	齿顶高	h_a	$h_a = m$
3	齿根高	h_f	$h_f = 1.25m$
4	齿高	h	$h = 2.25m$
5	分度圆直径	d	$d = mz$
6	齿顶圆直径	d_a	$d_a = m(z + 2)$
7	齿根圆直径	d_f	$d_f = m(z - 2.5)$
8	中心距	a	$a = m(z_1 + z_2)/2$

3. 直齿圆柱齿轮的规定画法

(1) 单个齿轮的画法。单个齿轮一般用两个视图表示。国家标准规定齿顶圆和齿顶线用粗实线绘制,分度圆和分度线用细点画线表示,齿根圆和齿根线用细实线绘制(也可以省略不画)。在剖视图中,齿根线用粗实线绘制,并不能省略。当剖切平面通过齿轮轴线时,轮齿一律按不剖绘制。单个齿轮的画法如图 6-35 所示。

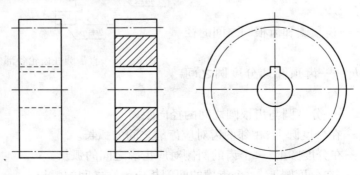

图 6-35 单个直齿圆柱齿轮的画法

(2) 一对齿轮啮合的画法。一对齿轮的啮合图,一般可以采用两个视图表达,在垂直于圆柱齿轮轴线的投影面的视图中(反映为圆的视图),啮合区内的齿顶圆均用粗实线绘制,分度圆相切,如图 6-36(b)所示。也可用省略画法如图 6-36(d)所示。在不反映圆的视图上,啮合区的齿顶线不需画出,分度线用粗实线绘制,如图 6-36(c)所示。采用剖视图表达时,在啮合区内将一个齿轮的齿顶线用粗实线绘制,另一个齿轮的轮齿被遮挡,其齿顶线用虚线绘制,如图 6-36(a)及图 6-37 所示。

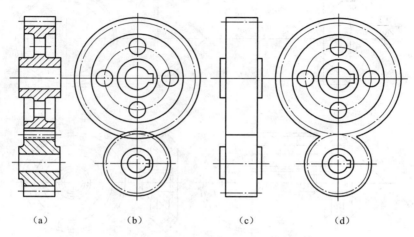

(a)　　　　(b)　　　　(c)　　　　(d)

图 6-36　直齿圆柱齿轮的啮合画法

二、直齿圆锥齿轮

1. 直齿圆锥齿轮各部分的名称

由于圆锥齿轮的轮齿加工在圆锥面上,所以圆锥齿轮在齿宽范围内有大、小端之分,如图 6-38(a)所示。为了计算和制造方便,国家标准规定以大端为准。在圆锥齿轮上,有关的名称和术语有:齿顶圆锥面(顶锥)、齿根圆锥面(根锥)、

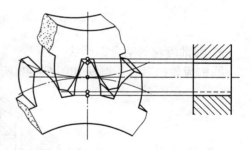

图 6-37　轮齿啮合区在剖视图中的画法

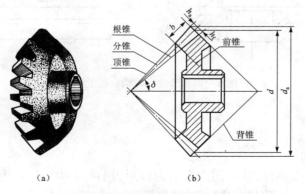

(a)　　　　　　　　(b)

图 6-38　圆锥齿轮各部分名称
(a) 立体图;(b) 各部名称

分度圆锥面(分锥)、背锥面(背锥)、前锥面(前锥)、分度圆锥角 δ、齿高 h、齿顶高 h_a 及齿根高 h_f 等,如图 6-38(b)所示。

2. 直齿圆锥齿轮的画法

单个圆锥齿轮画法如图 6-39 所示。

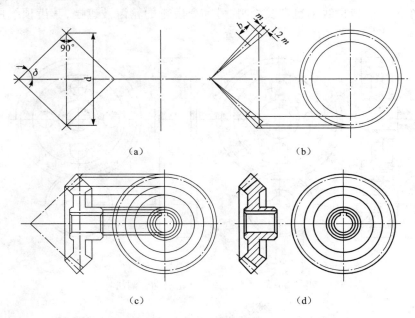

图 6-39 单个圆锥齿轮的画图步骤

3. 圆锥齿轮的啮合图画法

圆锥齿轮的啮合图画法如图 6-40 所示。

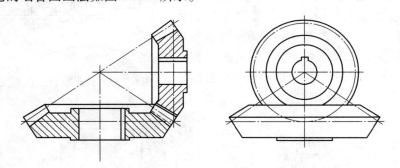

图 6-40 圆锥齿轮啮合图的画法

三、蜗杆、蜗轮

1. 蜗杆的规定画法

蜗杆的形状如梯形螺杆,轴向剖面齿形为梯形,顶角为 40°,一般用一个视图表达。它的齿顶线、分度线、齿根线画法与圆柱齿轮相同,牙型可用局部剖视或局部放大图画出。具体画法见图 6-41 所示。

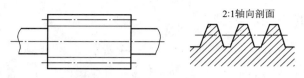

图 6-41　蜗杆的规定画法

2. 蜗轮的规定画法

蜗轮的画法与圆柱齿轮基本相同,如图 6-42 所示。在投影为圆的视图中,轮齿部分只需画出分度圆和齿顶圆,其他圆可省略不画,其他结构形状按投影绘制。

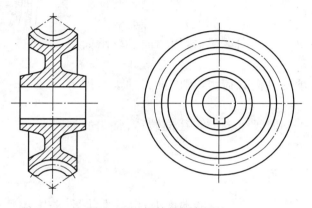

图 6-42　蜗轮的规定画法

3. 蜗杆、蜗轮的啮合画法

蜗杆、蜗轮的啮合画法,如图 6-43 所示。在主视图中,蜗轮被蜗杆遮住的部分不必画出。在左视图中蜗轮的分度圆与蜗杆的分度线应相切。

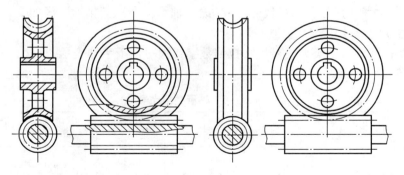

图 6-43　蜗杆蜗轮的啮合画法

第五节　滚动轴承

滚动轴承是用来支承旋转轴的部件,结构紧凑,摩擦阻力小,能在较大的载荷、较高的转速下工作,转动精度较高,在工业中应用十分广泛。滚动轴承的结构及尺寸已经标准化,由专业厂家生产,选用时可查阅有关标准。

一、滚动轴承的结构和类型

滚动轴承的结构一般由四部分组成,如图 6-44 所示。

外圈——装在机体或轴承座内,一般固定不动。

内圈——装在轴上,与轴紧密配合且随轴转动。

滚动体——装在内外圈之间的滚道中,有滚珠、滚柱、滚锥等类型。

保持架——用来均匀分隔滚动体,防止滚动体之间相互摩擦与碰撞。

滚动轴承按承受载荷的方向可分为以下三种类型:

向心轴承——主要承受径向载荷,常用的向心轴承如深沟球轴承。

推力轴承——只承受轴向载荷,常用的推力轴承如推力球轴承。

向心推力轴承——同时承受轴向和径向载荷,常用的如圆锥滚子轴承。

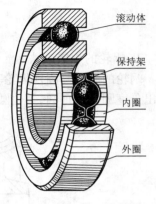

图 6-44 滚动轴承的结构

二、滚动轴承的代号

滚动轴承的代号一般打印在轴承的端面上,由基本代号、前置代号和后置代号三部分组成,排列顺序如下:

前置代号 基本代号 后置代号

1. 基本代号

基本代号表示滚动轴承的基本类型、结构及尺寸,是滚动轴承代号的基础。基本代号由轴承类型代号、尺寸系列代号和内径代号构成(滚针轴承除外),其排列顺序如下:

类型代号 尺寸系列代号 内径代号

(1) 类型代号。轴承类型代号用阿拉伯数字或大写拉丁字母表示,其含义见表 6-6。对照表 6-6 讲解。

表 6-6 轴承类型代号

代号	0	1	2	3	4	5	6	7	8	N	U	QJ
轴承类型	双列角接触球轴承	调心球轴承	调心滚子轴承	推力调心滚子轴承	圆柱滚子轴承	双列深沟球轴承	推力球轴承	深沟球轴承	角接触球轴承	推力圆柱滚子轴承	圆柱滚子轴承	外球面球轴承	四点接触球轴承

(2) 尺寸系列代号。尺寸系列代号由滚动轴承的宽(高)度系列代号和直径系列代号组合而成,用两位数字表示。它主要用来区别内径相同而宽(高)度和外径不同的轴承。详细情况请查阅有关标准。

(3) 内径代号。内径代号表示轴承的公称内径,其为两位数字。内径代号为 00、01、02、

03 时,分别表示的轴承公称内径为 10 mm、12 mm、15 mm、17 mm;在代号数字为04~96 时,轴承的公称内径等于代号数字乘5。

2. 前置代号和后置代号

前置代号和后置代号是轴承在结构形状、尺寸、公差、技术要求等有改变时,在其基本代号左、右添加的补充代号。具体情况可查阅有关的国家标准。

例:

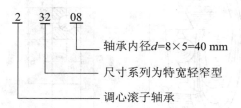

轴承代号标记示例:

6208 第一位数 6 表示类型代号,为深沟球轴承。第二位数 2 表示尺寸系列代号,宽度系列代号 0 省略,直径系列代号为 2。后两位数 08 表示内径代号,$d = 8 \times 5 = 40$ mm。

N2110 第一个字母 N 表示类型代号,为圆柱滚子轴承。第二、三两位数 21 表示尺寸系列代号,宽度系列代号为 2,直径系列代号为 1。后两位数 10 表示内径代号,内径 $d = 10 \times 5 = 50$ mm。

三、滚动轴承的画法

国家标准 GB/T 4459.7—1998 对滚动轴承的画法作了统一规定,有简化画法和规定画法,简化画法又分为通用画法和特征画法两种。

1. 简化画法

用简化画法绘制滚动轴承时,应采用通用画法和特征画法。但在同一图样中,一般只采用其中的一种画法。

(1) 通用画法。在剖视图中,当不需要确切地表示滚动轴承的外形轮廓、载荷特性、结构特征时,可用矩形线框以及位于线框中央正立的十字形符号来表示。矩形线框和十字形符号均用粗实线绘制,十字形符号不应与矩形线框接触。

(2) 特征画法。在剖视图中,如果需要比较形象地表示滚动轴承的结构特征时,可采用在矩形线框内画出其结构要素符号的方法表示。特征画法的矩形线框、结构要素符号均用粗实线绘制。常用滚动轴承的特征画法的尺寸比例示例见表 6-7。

2. 规定画法

必要时,滚动轴承可采用规定画法绘制。采用规定画法绘制滚动轴承的剖视图时,轴承的滚动体不画剖面线,其各套圈等可画成方向和间隔相同的剖面线,滚动轴承的保持架及倒角等可省略不画。规定画法一般绘制在轴的一侧,另一侧按通用画法绘制。规定画法中各种符号、矩形线框和轮廓线均用粗实线绘制。其尺寸比例见表 6-7。

表 6–7 轴承的规定画法和特征画法

名称和标准号	查表主要参数	画法		
		轴承结构	规定画法	特征画法
深沟球轴承 GB/T 276—1994	D d B	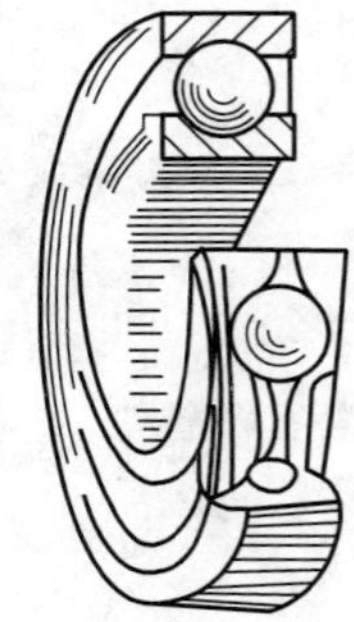	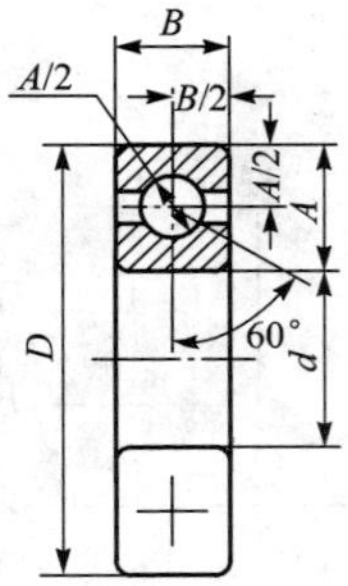	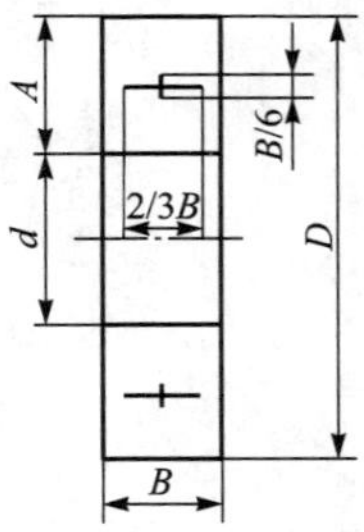
圆锥滚子轴承 GB/T 297—1994	D d B T C	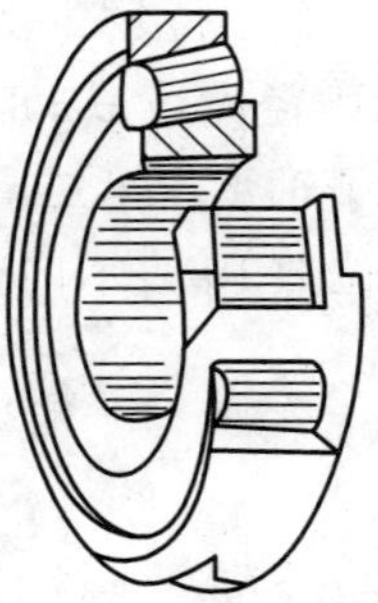	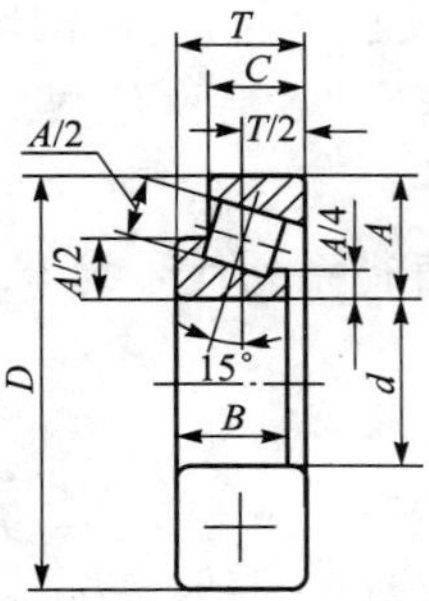	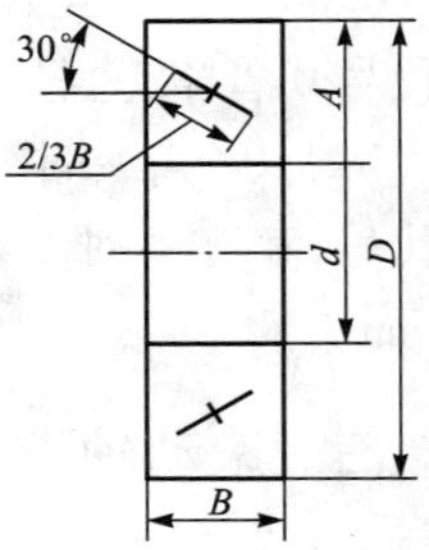
推力球轴承 GB/T 301—1994	D d T	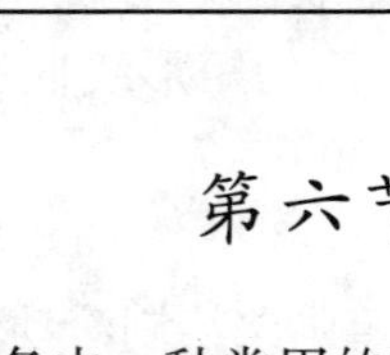	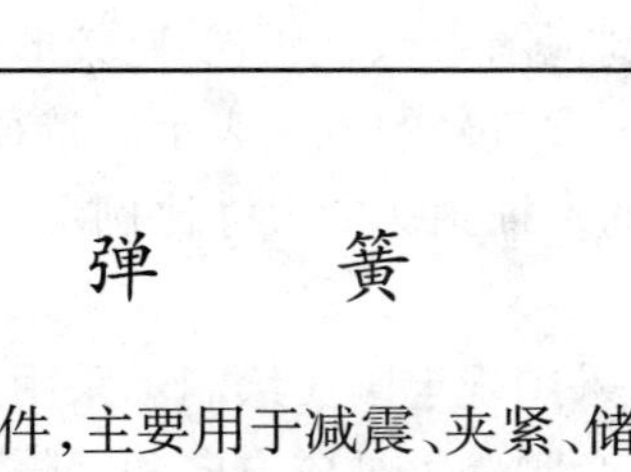	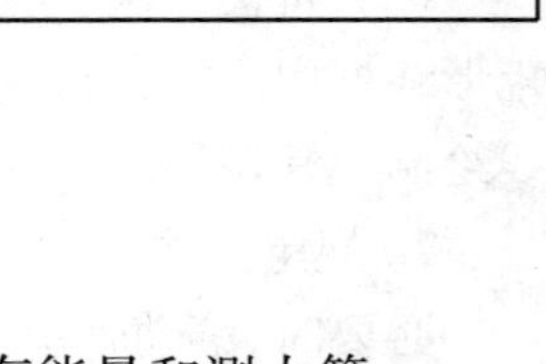

第六节 弹　簧

弹簧是机械、电器设备中一种常用的零件,主要用于减震、夹紧、储存能量和测力等。

一、常见弹簧种类

弹簧的种类很多,使用较多的是圆柱螺旋弹簧,如图 6–45 所示。

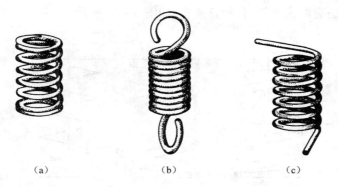

图 6-45 圆柱螺旋弹簧
(a)压缩弹簧;(b)拉伸弹簧;(c)扭力弹簧

二、圆柱螺旋压缩弹簧各部分的名称及尺寸计算

(1) 簧丝直径 d——制造弹簧所用金属丝的直径。

(2) 弹簧外径 D——弹簧的最大直径。

(3) 弹簧内径 D_1——弹簧的内孔直径,即弹簧的最小直径。$D_1 = D - 2d$。

(4) 弹簧中径 D_2——弹簧轴剖面内簧丝中心所在柱面的直径,既弹簧的平均直径,$D_2 = (D + D_1)/2 = D_1 + d = D - d$。

(5) 有效圈数 n——保持相等节距且参与工作的圈数。

(6) 支承圈数 n_2——为了使弹簧工作平衡,端面受力均匀,制造时将弹簧两端的 $\frac{3}{4} \sim 1\frac{1}{4}$ 圈压紧靠实,并磨出支承平面。这些圈主要起支承作用,所以称为支承圈。支承圈数 n_2 表示两端支承圈数的总和。一般有 1.5、2、2.5 圈三种。

(7) 总圈数 n_1——有效圈数和支承圈数的总和,即 $n_1 = n + n_2$。

(8) 节距 t——相邻两有效圈上对应点间的轴向距离。

(9) 自由高度 H_0——未受载荷作用时的弹簧高度(或长度),$H_0 = nt + (n_2 - 0.5)d$。

(10) 弹簧的展开长度 L——制造弹簧时所需的金属丝长度,$L \approx n_1 \sqrt{(\pi D_2)^2 + t^2}$。

(11) 旋向——与螺旋线的旋向意义相同,分为左旋和右旋两种。

三、圆柱螺旋压缩弹簧的规定画法

1. 弹簧的画法

GB/T 4459.4—2003 对弹簧的画法作了如下规定:

(1) 在平行于螺旋弹簧轴线的投影面的视图中,其各圈的轮廓应画成直线。

(2) 有效圈数在四圈以上时,可以每端只画出 1~2 圈(支承圈除外),其余省略不画。

(3) 螺旋弹簧均可画成右旋,但左旋弹簧不论画成左旋或右旋,均需注写旋向"左"字。

(4) 螺旋压缩弹簧如要求两端并紧且磨平时,不论支承圈多少均按支承圈 2.5 圈绘制,必要时也可按支承圈的实际结构绘制。

弹簧的表示方法有剖视、视图和示意画法,如图6-46所示。

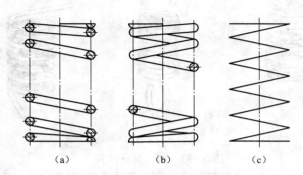

图6-46 圆柱螺旋压缩弹簧的表示法
(a)剖视;(b)视图;(c)示意图

圆柱螺旋压缩弹簧的画图步骤如图6-47所示。

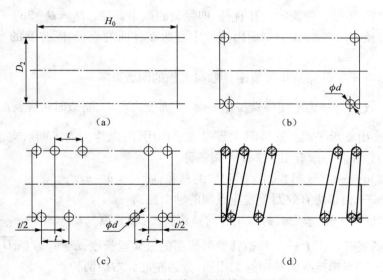

图6-47 圆柱螺旋压缩弹簧的画图步骤

2. 装配图中弹簧的简化画法

在装配图中,弹簧被看做实心物体,因此,被弹簧挡住的结构一般不画出。可见部分应画至弹簧的外轮廓或弹簧的中径处,如图6-48(a)(b)所示。当簧丝直径在图形上小于或等于2 mm并被剖切时,其剖面可以涂黑表示,如图6-48(b)所示。也可采用示意画法,如图6-48(c)所示。

第六章　标准件与常用件

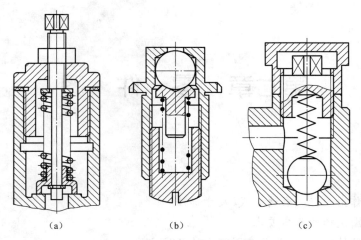

图 6-48　装配图中弹簧的画法
（a）被弹簧遮挡处的画法；（b）簧丝断面涂黑；（c）簧丝示意画法

本章小结

1. 螺纹的基本要素包括牙型、直径（大径、小径、中径）、螺距和导程、线数、旋向等。
2. 螺纹的公称直径是指螺纹大径的基本尺寸。
3. 只有当内、外螺纹的五项基本要素相同时，内、外螺纹才能进行连接。用剖视图表示螺纹连接时，旋合部分按外螺纹的画法绘制，未旋合部分按各自原有的画法绘制。
4. 标准螺纹的完整标记如下：
特征代号　　公称直径×螺距　旋向 - 螺纹公差带代号 - 旋合长度代号
5. 常用螺纹紧固件有螺栓、双头螺柱、螺钉、螺母和垫圈。它们的结构、尺寸都已分别标准化，称为标准件。
6. 双头螺柱的两头制有螺纹，一端旋入被连接件的预制螺孔中，称为旋入端；另一端与螺母旋合，紧固另一个被连接件，称为紧固端。
7. 螺栓用来连接两个不太厚并能钻成通孔的零件，并与垫圈、螺母配合进行连接。
8. 螺栓、双头螺柱、螺钉、螺母和垫圈及其连接的规定画法。
9. 螺钉连接一般用于受力不大又不需要经常拆卸的场合。用比例画法绘制螺钉连接，其旋入端与螺柱相同，被连接板的孔部画法与螺栓相同。
10. 键主要用于轴和轴上的零件（如带轮、齿轮等）之间的连接，起着传递扭矩的作用。
11. 常用的键有普通平键、半圆键、钩头楔键、花键等。
12. 各种键及其连接的规定画法。
销主要用来固定零件之间的相对位置，起定位作用，也可用于轴与轮毂的连接，传递不大的载荷，还可作为安全装置中的过载剪断元件。
13. 销连接的规定画法。
14. 圆柱齿轮、圆锥齿轮、蜗轮蜗杆的规定画法及啮合画法。
15. 滚动轴承的代号和规定画法。
16. 圆柱弹簧的规定画法和装配图中的简化画法。

第七章 零件图

主要内容：

1. 零件图的作用、内容、表达方式、尺寸标注
2. 零件的视图选择的基本要求
3. 表面粗糙度的概念、代号及在图样上的标注方法
4. 极限和配合的基本术语及在图样上的标注方法
5. 形状和位置公差的基本概念和有关术语及在图样上的标注方法
6. 零件测绘的方法和步骤
7. 读零件图的要求、方法和步骤

目的要求：

1. 熟悉零件图的作用和内容以及视图的选择和尺寸标注方法
2. 掌握表面粗糙度代号的注法,能了解代号中各种符号和数字的含义
3. 掌握极限与配合代号在图样上的标注方法
4. 掌握形状和位置公差代号的标注方法,能了解代号中各种符号和数字的含义
5. 掌握读零件图的方法和步骤及简单零件的测绘

教学重点：

1. 零件的主视图选择
2. 尺寸标注
3. 零件图上极限与配合代号的标注和识读
4. 零件图上形状和位置公差代号的标注和识读
5. 典型零件的识读

教学难点：

1. 合理地选择基准,标注零件尺寸
2. 在零件图上极限与配合代号、表面形状和位置公差代号的正确书写。
3. 读零件图能力的应用和进一步提高

第七章 零件图

第一节 零件图概述

一、零件图的作用

机器或部件都是由许多零件装配而成,制造机器或部件必须首先制造零件。如图 7-1 所示的 EQ6100 汽油发动机中的活塞连杆机构由 14 个零件装配而成的。用来表示单个零件结构、大小和技术要求的图样,称为零件图。它是制造和检验零件的主要依据。

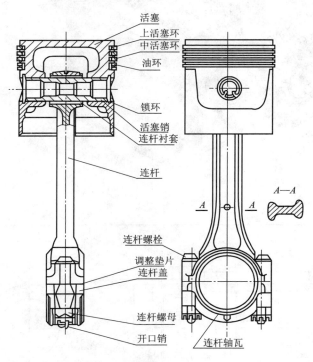

图 7-1 EQ6100 汽油发动机活塞连杆机构

图 7-2 所示的铣刀头是铣床上的一个部件,供装铣刀盘用。它是由座体 7、轴 6、端盖 10、带轮 5 等十多种零件组成。图 7-3 所示即是其中座体的零件图。

二、零件图的内容

零件图是生产中指导制造和检验该零件的主要图样,它不仅仅是把零件的内、外结构形状和大小表达清楚,还需要对零件的材料、加工、检验、测量提出必要的技术要求。零件图必须包含制造和检验零件的全部技术资料。因此,一张完整的零件图一般应包括以下几项内容。如图 7-3 所示。

1. 一组图形

用于正确、完整、清晰和简便地表达出零件内外形状的图形,其中包括机件的各种表达方法,如视图、剖视图、断面图、局部放大图和简化画法等。

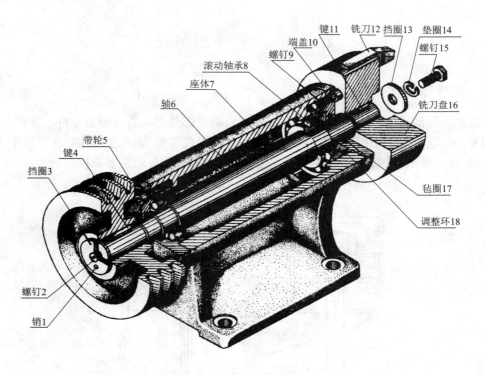

图 7-2 铣刀头轴测图

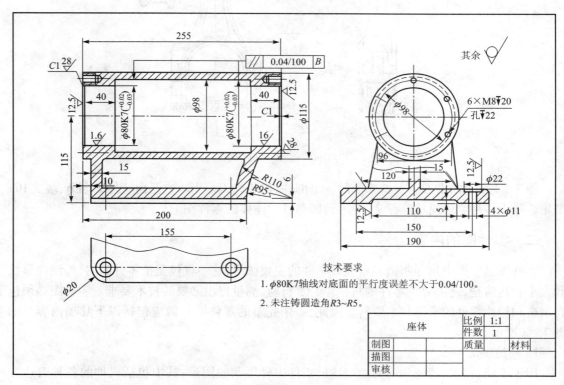

图 7-3 铣刀头座体零件图

2. 完整的尺寸

零件图中应正确、完整、清晰、合理地注出制造零件所需的全部尺寸。

3. 技术要求

零件图中必须用规定的代号、数字、字母和文字注解说明制造和检验零件时在技术指标上应达到的要求。如表面粗糙度、尺寸公差、形位公差、材料和热处理、检验方法以及其他特殊要求等。技术要求的文字一般注写在标题栏上方图纸空白处。

4. 标题栏

题栏应配置在图框的右下角。它一般由更改区、签字区、其他区、名称以及代号区组成。填写的内容主要有零件的名称、材料、数量、比例、图样代号以及设计、审核、批准者的姓名、日期等。标题栏的尺寸和格式已经标准化，可参见有关标准。

三、零件视图的选择

零件视图的选择，应首先考虑看图方便。根据零件的结构特点，选用适当的表示方法。由于零件的结构形状是多种多样的，所以在画图前，应对零件进行结构形状分析，结合零件的工作位置和加工位置，选择最能反映零件形状特征的视图作为主视图，并选好其他视图，以确定一组最佳的表达方案。

选择表达方案的原则是：在完整、清晰地表示零件形状的前提下，力求制图简便。

1. 零件分析

零件分析是认识零件的过程，是确定零件表达方案的前提。零件的结构形状及其工作位置或加工位置不同，视图选择也往往不同。因此，在选择视图之前，应首先对零件进行形体分析和结构分析，并了解零件的工作和加工情况，以便确切地表达零件的结构形状，反映零件的设计和工艺要求。

2. 主视图的选择

主视图是表达零件形状最重要的视图，其选择是否合理将直接影响其他视图的选择和看图是否方便，甚至影响到画图时图幅的合理利用。一般来说，零件主视图的选择应满足"合理位置"和"形状特征"两个基本原则。

(1) 合理位置原则。所谓"合理位置"通常是指零件的加工位置和工作位置。

① 加工位置是零件在加工时所处的位置。主视图应尽量表示零件在机床上加工时所处的位置。这样在加工时可以直接进行图物对照，既便于看图和测量尺寸，又可减少差错。如轴套类零件的加工，大部分工序是在车床或磨床上进行，因此通常要按加工位置（即轴线水平放置）画其主视图，如图 7-4 所示。

② 工作位置是零件在装配体中所处的位置。零件主视图的放置，应尽量与零件在机器或部件中的工作位置一致。这样便于根据装配关系来考虑零件的形状及有关尺寸，便于校对。如图 7-3 所示的铣刀头座体零件的主视图就是按工作位置选择的。对于工作位置歪斜放置的零件，因为不便于绘图，应将零件放正。

(2) 形状特征原则。确定了零件的安放位置后，还要确定主视图的投影方向。形状特征原则就是将最能反映零件形状特征的方向作为主视图的投影方向，即主视图要较多地反映零件各部分的形状及它们之间的相对位置，以满足表达零件清晰的要求。图 7-5 所示是确定机床尾架主视图投影方向的比较。由图可知，图 7-5(a) 的表达效果显然比图 7-5(b) 表达效

 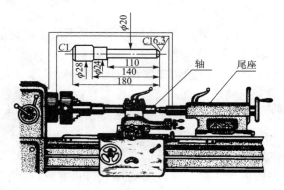

图 7-4 轴类零件的加工位置

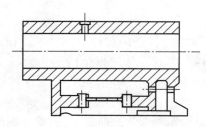 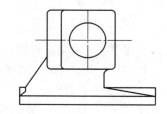

图 7-5 确定主视图投影方向的比较

果要好得多。

3. 选择其他视图

一般来讲,仅用一个主视图是不能完全反映零件的结构形状的,必须选择其他视图,包括剖视、断面、局部放大图和简化画法等各种表达方法。主视图确定后,对其表达未尽的部分,再选择其他视图予以完善表达。具体选用时,应注意以下几点:

(1)根据零件的复杂程度及内、外结构形状,全面地考虑还应需要的其他视图,使每个所选视图应具有独立存在的意义及明确的表达重点,注意避免不必要的细节重复,在明确表达零件的前提下,使视图数量为最少。

(2)优先考虑采用基本视图,当有内部结构时应尽量在基本视图上作剖视;对尚未表达清楚的局部结构和倾斜部分结构,可增加必要的局部(剖)视图和局部放大图;有关的视图应尽量保持直接投影关系,配置在相关视图附近。

(3)按照视图表达零件形状要正确、完整、清晰、简便的要求,进一步综合、比较、调整、完善,选出最佳的表达方案。

虽然零件的形状、用途多种多样,加工方法各不相同,但零件也有许多共同之处。根据零件在结构形状、表达方法上的某些共同特点,常将其分为四类:轴套类零件、轮盘类零件、叉架类零件和箱体类零件。

四、轴套类零件

1. 结构分析

轴套类零件的基本形状是同轴回转体。在轴上通常有键槽、销孔、螺纹退刀槽、倒圆等结构。此类零件主要是在车床或磨床上加工。如图 7-6 所示的柱塞阀即属于轴套类零件。

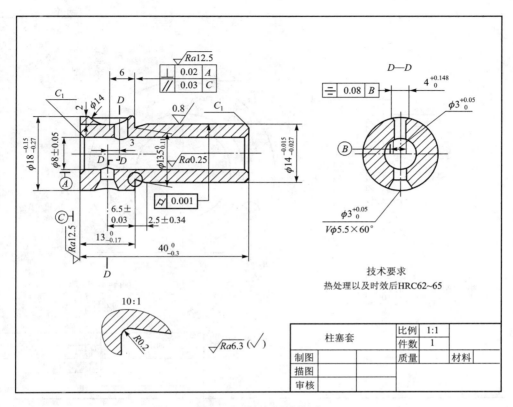

图 7-6 柱塞阀零件图

2. 主视图选择

这类零件的主视图按其加工位置选择,一般按水平位置放置。这样既可把各段形体的相对位置表示清楚,同时又能反映出轴上轴肩、退刀槽等结构。

3. 其他视图的选择

轴套类零件主要结构形状是回转体,一般只画一个主视图。确定了主视图后,由于轴上的各段形体的直径尺寸在其数字前加注符号"ϕ"表示,因此不必画出其左(或右)视图。对于零件上的键槽、孔等结构,一般可采用局部视图、局部剖视图、移出断面和局部放大图。如图 7-6 所示。

五、轮盘类零件

1. 结构分析

轮盘类零件包括端盖、阀盖、齿轮等,这类零件的基本形体一般为回转体或其他几何形状的扁平的盘状体,通常还带有各种形状的凸缘、均布的圆孔和肋等局部结构。轮盘类零件的作用主要是轴向定位、防尘和密封,如图 7-7 所示的轴承盖。

2. 主视图选择

轮盘类零件的毛坯有铸件或锻件,机械加工以车削为主,主视图一般按加工位置水平放置,但有些较复杂的盘盖,因加工工序较多,主视图也可按工作位置画出。为了表达零件内部结构,主视图常取全剖视。

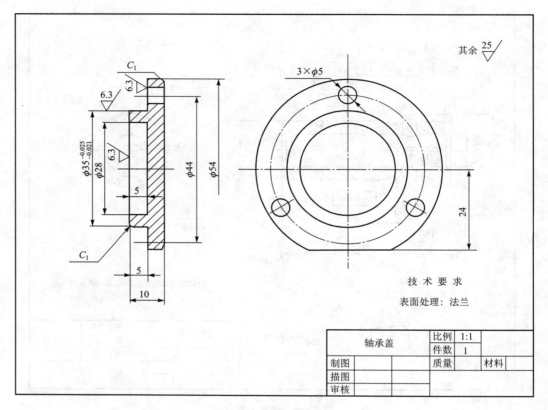

图 7-7 轴承盖零件图

3. 其他视图的选择

轮盘类零件一般需要两个以上基本视图表达,除主视图外,为了表示零件上均布的孔、槽、肋、轮辐等结构,还需选用一个端面视图(左视图或右视图),如图 7-7 中所示就增加了一个左视图,以表达凸缘和三个均布的通孔。此外,为了表达细小结构,有时还常采用局部放大图。

六、叉架类零件

1. 结构分析

叉架类零件一般有拨叉、连杆、支座等。此类零件常用倾斜或弯曲的结构连接零件的工作部分与安装部分。叉架类零件多为铸件或锻件,因而具有铸造圆角、凸台、凹坑等常见结构,图 7-8 所示踏脚座属于叉架类零件。

2. 主视图选择

叉架类零件结构形状比较复杂,加工位置多变,有的零件工作位置也不固定,所以这类零件的主视图一般按工作位置原则和形状特征原则确定。如图 7-8 所示踏脚座零件图。

3. 其他视图的选择

对其他视图的选择,常常需要两个或两个以上的基本视图,并且还要用适当的局部视图、断面图等表达方法来表达零件的局部结构。图 7-8 所示踏脚座零件图选择表达方案精练、清晰,对于表达轴承孔和肋的宽度来说右视图是没有必要的,而对 T 字形肋,采用移出断面比较合适。

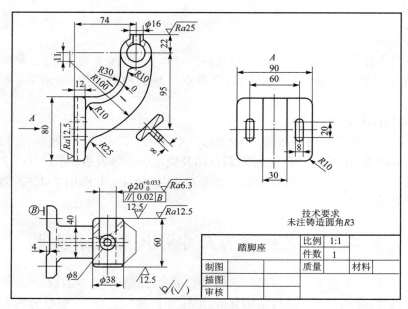

图 7-8 踏脚座零件图

七、箱体类零件

1. 结构分析

箱体类零件主要有阀体、泵体、减速器箱体等零件，其作用是支持或包容其他零件，如图 7-9 所示。这类零件有复杂的内腔和外形结构，并带有轴承孔、凸台、肋板，此外还有安装孔、

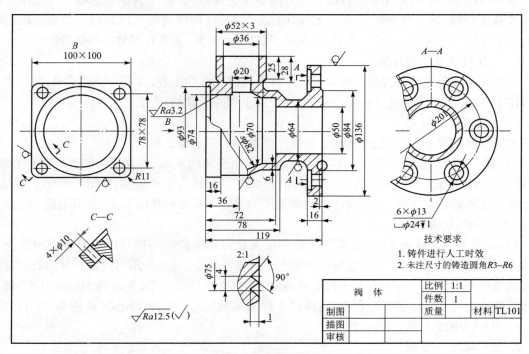

图 7-9 阀体零件图

螺孔等结构。

2. 主视图选择

由于箱体类零件加工工序较多,加工位置多变,所以在选择主视图时,主要根据工作位置原则和形状特征原则来考虑,并采用剖视,以重点反映其内部结构,如图7-9中的主视图所示。

3. 其他视图的选择

为了表达箱体类零件的内外结构,一般要用三个或三个以上的基本视图,并根据结构特点在基本视图上取剖视,还可采用局部视图、斜视图及规定画法等表达外形。在图7-9中,由于主视图上无对称面,采用了大范围的局部剖视来表达内外形状,并选用了 A-A 剖视,C-C 局部剖和密封槽处的局部放大图。

第二节 零件图的尺寸标注与技术要求

零件图中的尺寸,不但要按前面的要求标注的正确、完整、清晰,而且必须标注的合理。为了合理地标注尺寸,必须对零件进行结构分析、形体分析和工艺分析,根据分析先确定尺寸基准,然后选择合理的标注形式,结合零件的具体情况标注尺寸。

零件的结构形状,主要是根据它在部件或机器中的作用决定的。但是制造工艺对零件的结构也有某些要求。

一、正确选择尺寸基准

零件图尺寸标注既要保证设计要求又要满足工艺要求,首先应当正确选择尺寸基准。所谓尺寸基准,就是指零件装配到机器上或在加工测量时,用以确定其位置的一些面、线或点。它可以是零件上对称平面、安装底平面、端面、零件的结合面、主要孔和轴的轴线等。

1. 选择尺寸基准的目的

一是为了确定零件在机器中的位置或零件上几何元素的位置,以符合设计要求;二是为了在制作零件时,确定测量尺寸的起点位置,便于加工和测量,以符合工艺要求。

2. 尺寸基准的分类

根据基准作用不同,一般将基准分为设计基准和工艺基准二类。

(1)设计基准。根据零件结构特点和设计要求而选定的基准,称为设计基准。零件有长、宽、高三个方向,每个方向都要有一个设计基准,该基准又称为主要基准,如图7-10(a)所示。对于轴套类和轮盘类零件,实际设计中经常采用的是轴向基准和径向基准,而不用长、宽、高基准,如图7-10(b)所示。

(2)工艺基准。在加工时,确定零件装夹位置和刀具位置的一些基准以及检测时所使用的基准,称为工艺基准。工艺基准有时可能与设计基准重合,该基准不与设计基准重合时又称为辅助基准。零件同一方向有多个尺寸基准时,主要基准只有一个,其余均为辅助基准,辅助基准必有一个尺寸与主要基准相联系,该尺寸称为联系尺寸。如图7-10(a)中的40、11、10,图7-10(b)中的30、90。

3. 选择基准的原则

尽可能使设计基准与工艺基准一致,以减少两个基准不重合而引起的尺寸误差。当设计

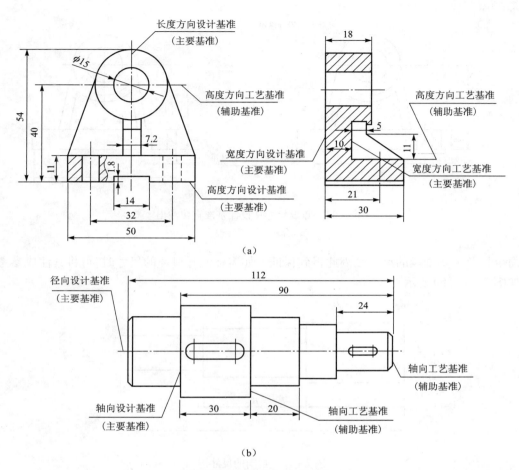

图 7-10 零件的尺寸基准
(a)叉架类零件；(b)轴类零件

基准与工艺基准不一致时,应以保证设计要求为主,将重要尺寸从设计基准注出,次要基准从工艺基准注出,以便加工和测量。

二、合理选择标注尺寸应注意的问题

1. 结构上的重要尺寸必须直接注出

重要尺寸是指零件上对机器的使用性能和装配质量有关的尺寸,这类尺寸应从设计基准直接注出。如图 7-11 中的高度尺寸 32±0.01 为重要尺寸,应直接从高度方向主要基准直接注出,以保证精度要求。

2. 避免出现封闭的尺寸链

封闭的尺寸链是指一个零件同一方向上的尺寸像车链一样,一环扣一环首尾相连,成为封闭形状的情况。如图 7-12 所示,各分段尺寸与总体尺寸间形成封闭的尺寸链,在机器生产中这是不允许的,因为各段尺寸加工不可能绝对准确,总有一定尺寸误差,而各段尺寸误差的和不可能正好等于总体尺寸的误差。为此,在标注尺寸时,应将次要的轴段尺寸空出不注(称为开口环),如图 7-13(a)所示。这样,其他各段加工的误差都积累至这个不要求检验的尺寸

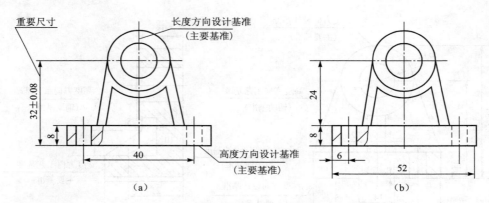

图 7-11 重要尺寸从设计基准直接注出
(a)合理；(b)不合理

上,而全长及主要轴段的尺寸则因此得到保证。如需标注开口环的尺寸时,可将其注成参考尺寸,如图 7-13(b)所示。

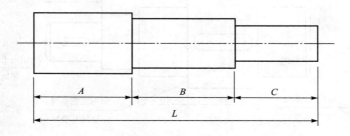

图 7-12 封闭的尺寸链

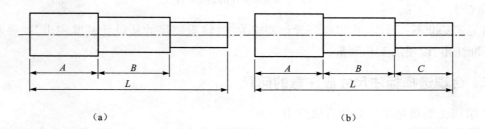

图 7-13 开口环的确定

3. 考虑零件加工、测量和制造的要求

(1)考虑加工看图方便。不同加工方法所用尺寸分开标注,便于看图加工,如图 7-14 所示,是把车削与铣削所需要的尺寸分开标注。

(2)考虑测量方便。尺寸标注有多种方案,但要注意所注尺寸是否便于测量,如图 7-15 所示结构,两种不同标注方案中,不便于测量的标注方案是不合理的。

(3)考虑加工方便。根据加工要求标注尺寸曲轴轴衬是上下轴衬合起来镗孔的,因此,应标注直径尺寸 ϕ 而不标注 R。

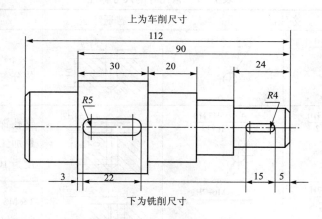

图 7-14 按加工方法标注尺寸

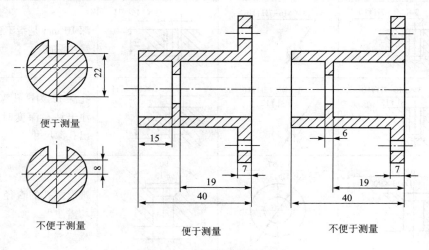

图 7-15 考虑尺寸测量方便

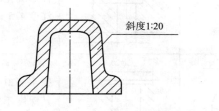
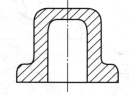

图 7-16 拔模斜度

三、零件上常见孔的尺寸注法

光孔、锪孔、沉孔和螺孔是零件图上常见的结构,它们的尺寸标注分为普通注法和旁注法。如表 7-1 所示。

表7-1 常见孔的尺寸标注

类型	旁注法		普通注法	说明
光孔	4×φ4▽10	4×φ4▽10	4×φ4	4×φ4 表示直径为4 mm,均匀分布的四个光孔
	4×φ4H7▽10 孔▽12	4×φ4H7▽10 孔▽12	4×φ4H7	钻孔深为12 mm,钻孔后需精加工至 φ4H7($^{+0.012}_{0}$),深度为10 mm
螺孔	3×M6-7H	3×M6-7H	3×M6-7H	3×M6-7H 表示螺纹大径为6 mm,中径和顶径公差带代号为7H,均匀分布的三个螺孔
	3×M6-7H▽10	3×M6-7H▽10	3×M6-7H	深10 mm 是指不包括螺尾的螺纹深度
	3×M6-7H▽10 孔▽12	3×M6-7H▽10 孔▽12	3×M6-7H	孔深12为钻孔深度,当需要注出钻孔深度时,应明确标出孔深尺寸
沉孔	6×φ7 ∨φ13×90°	6×φ7 ∨φ13×90°	φ13 90° 6×φ7	锥形沉孔的直径φ13 及90°均需注出
	4×φ6.4 ⌴φ12▽4.5	4×φ6.4 ⌴φ12▽4.5	φ12 4.5 4×φ6.4	柱形沉孔的直径φ12 mm 及深度4.5 mm 均需注出
	4×φ9 ⌴φ20	4×φ9 ⌴φ20	⌴φ20 4×φ9	锪平φ20 是指锪平的直径,其深度不需标注,一般锪平到不出现毛坯面为止

四、铸造工艺结构

1. 拔模斜度

用铸造方法制造零件的毛坯时,为了便于将木模从砂型中取出,一般沿木模拔模的方向作成约1:20的斜度,叫做拔模斜度。因而铸件上也有相应的斜度,如图7-16(a)所示。这种斜度在图上可以不标注,也可不画出,如图7-16(b)所示。必要时,可在技术要求中注明。

2. 铸造圆角

在铸件毛坯各表面的相交处,都有铸造圆角,如图7-17。这样既便于起模,又能防止在浇铸时铁水将砂型转角处冲坏,还可避免铸件在冷却时产生裂纹或缩孔。铸造圆角半径在图上一般不注出,而写在技术要求中。铸件毛坯底面(作安装面)常需经切削加工,这时铸造圆角被削平如图7-17所示。

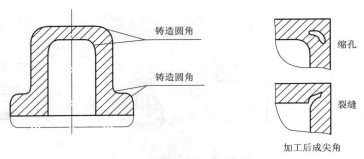

图7-17 铸造圆角

铸件表面由于圆角的存在,使铸件表面的交线变得不很明显,如图7-18,这种不明显的交线称为过渡线。

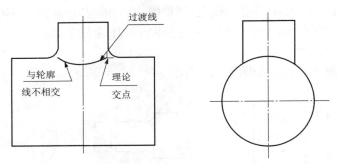

图7-18 过渡线及其画法

过渡线的画法与交线画法基本相同,只是过渡线的两端与圆角轮廓线之间应留有空隙。图7-19是常见的几种过渡线的画法

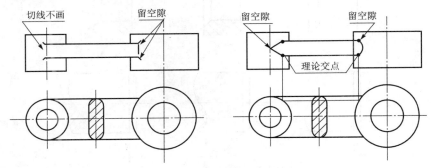

图7-19 常见的几种过渡线

3. 铸件壁厚

在浇铸零件时,为了避免各部分因冷却速度不同而产生缩孔或裂纹,铸件的壁厚应保持大致均匀,或采用渐变的方法,并尽量保持壁厚均匀,见图 7-20。

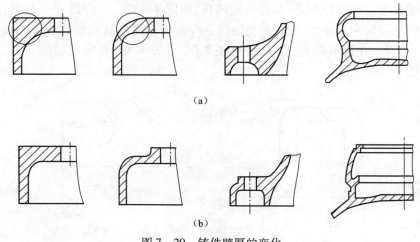

图 7-20 铸件壁厚的变化
(a)错误;(b)正确

五、机械加工工艺结构

机械加工工艺结构主要有:倒圆、倒角、越程槽、退刀槽、凸台和凹坑、中心孔等。

常见机械加工工艺结构的画法、尺寸标注见图 7-21 至图 7-24。

1. 倒角与倒圆

倒角与倒圆的画法与标注如图 7-21 所示。

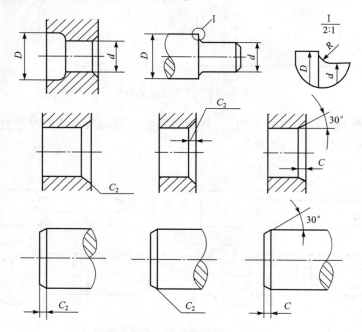

图 7-21 倒角与倒圆的画法与标注

2. 退刀槽和越程槽

退刀槽和越程槽的画法与标注如图 7-22 所示。

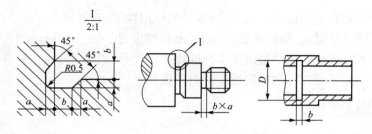

图 7-22 退刀槽和越程槽的画法与标注

3. 凸台和凹坑

凸台和凹坑的画法与标注如图 7-23 所示。

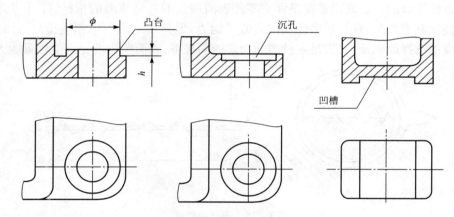

图 7-23 凸台和凹坑的画法与标注

4. 中心孔

中心孔的画法与标注如图 7-24 所示。

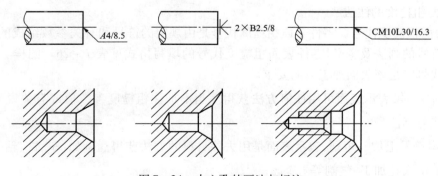

图 7-24 中心孔的画法与标注

第三节 零件图上的技术要求

为了使零件达到预定的设计要求,保证零件的使用性能,在零件上还必须注明零件在制造过程中必须达到的质量要求,即技术要求,如表面粗糙度、尺寸公差、形位公差、材料热处理及表面处理等。技术要求一般应尽量用技术标准规定的代号(符号)标注在零件图中,没有规定的可用简明的文字逐项写在标题栏附近的适当位置。

一、表面粗糙度

1. 表面粗糙度的概念

零件在加工过程中,受刀具的形状和刀具与工件之间的摩擦、机床的震动及零件金属表面的塑性变形等因素,表面不可能绝对光滑,如图 7 – 25(a)所示。零件表面上这种具有较小间距的峰谷所组成的微观几何形状特征称为表面粗糙度。一般来说,不同的表面粗糙度是由不同的加工方法形成的。表面粗糙度是评定零件表面质量的一项重要的指标,降低零件表面粗糙度可以提高其表面耐腐蚀、耐磨性和抗疲劳等能力,但其加工成本也相应提高。因此,零件表面粗糙度的选择原则是:在满足零件表面功能的前提下,表面粗糙度允许值尽可能大一些。

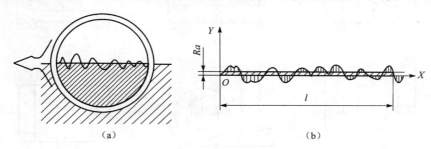

图 7 – 25 表面粗糙度

表面粗糙度是以参数值的大小来评定的,目前在生产中评定零件表面质量的主要参数是轮廓算术平均偏差。它是在取样长度 l 内,轮廓偏距 y 绝对值的算术平均值,用 Ra 表示,如图 7 – 25(b)。

2. 表面粗糙度的注法

(1)表面粗糙度代号。零件表面粗糙度代号是由规定的符号和有关参数组成的。零件表面粗糙度符号的画法及意义、零件表面粗糙度代号的填写格式见表 7 – 26。图样上所注的表面粗糙度代号应是该表面加工后的要求。

√基本符号,表示表面可用任何方法获得。当不加注粗糙度参数值或有关说明时,仅适用于简化代号标注。

√基本符号上加一短划,表示表面是用去除材料的方法获得。例如:车、铣、钻、磨、剪切、抛光、腐蚀、电火花加工、气割等。

√基本符号上加一小圆,表示表面是用不除材料的方法获得。例如:铸、锻、冲压变形、热轧、冷轧、粉末冶金等。或是用于保持原供应状况的表面。

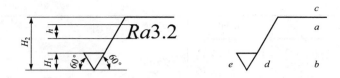

$H_1 \approx 1.4 h$

$H_2 \approx 3 h$

位置 a——注写结构参数代号、极限值、取样长度等。

位置 a 和 b——注写两个或多个表面结构要求。

位置 c——注写加工方法、表面处理、深层等加工工艺。

位置 d——注写所要求的表面纹理和纹理方向。

位置 e——注写所要求的加工余量。

（2）表面粗糙度在图样上的标注方法：

① 在同一图样上，每一表面只标注一次符号、代号，并应标注在可见轮廓线、尺寸线、尺寸界线或它们的延长线上。

② 符号的尖角必须从材料外指向标注表面。

③ 在图样上表面粗糙度代号中，数字的大小和方向必须与图中的尺寸数值的大小和方向一致。

④ 由于加工表面的位置不同，粗糙度符号也可随之平移和旋转，但不能翻转和变形；粗糙度数值可随粗糙度符号旋转而旋转，但需与该处尺寸标注的方向一致。

应用标注方法示例，见表 7-2。

表 7-2 表面粗糙度代号的标注

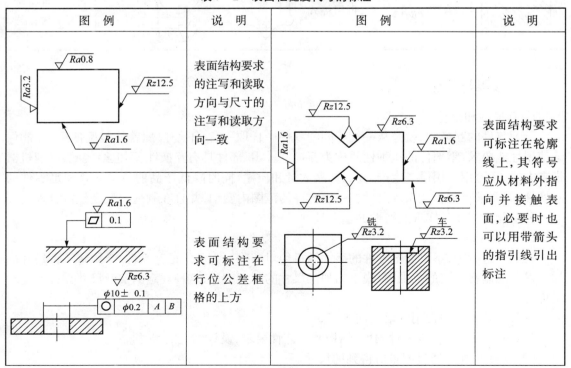

续表

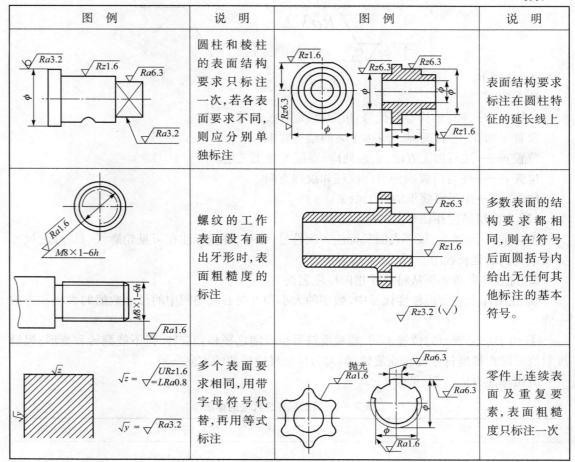

二、极限与配合

1. 互换性和公差

所谓零件的互换性,就是从一批相同的零件中任取一件,不经修配就能装配使用,并能保证使用性能要求,零部件的这种性质称为互换性。零、部件具有互换性,不但给装配、修理机器带来方便,还可用专用设备生产,提高产品数量和质量,同时降低产品的成本。要满足零件的互换性,就要求有配合关系的尺寸在一个允许的范围内变动,并且在制造上又是经济合理的。

公差配合制度是实现互换性的重要基础。

2. 基本术语

在加工过程中,不可能把零件的尺寸做得绝对准确。为了保证互换性,必须将零件尺寸的加工误差限制在一定的范围内,规定出加工尺寸的可变动量,这种规定的实际尺寸允许的变动量称为公差。

有关公差的一些常用术语见图7-26。

(1)基本尺寸。根据零件强度、结构和工艺性要求,设计确定的尺寸。

(2)实际尺寸。通过测量所得到的尺寸。

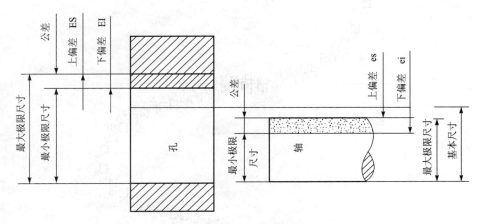

图 7-26 尺寸公差术语图解

(3)极限尺寸。允许尺寸变化的两个界限值。它以基本尺寸为基数来确定。两个界限值中较大的一个称为最大极限尺寸;较小的一个称为最小极限尺寸。

(4)尺寸偏差(简称偏差)。某一尺寸减其相应的基本尺寸所得的代数差。尺寸偏差有:

$$上偏差 = 最大极限尺寸 - 基本尺寸$$
$$下偏差 = 最小极限尺寸 - 基本尺寸$$

上、下偏差统称极限偏差。上、下偏差可以是正值、负值或零。

国家标准规定:孔的上偏差代号为 ES,孔的下偏差代号为 EI;轴的上偏差代号为 es,轴的下偏差代号为 ei。

(5)尺寸公差(简称公差)。允许实际尺寸的变动量:

$$尺寸公差 = 最大极限尺寸 - 最小极限尺寸 = 上偏差 - 下偏差$$

因为最大极限尺寸总是大于最小极限尺寸,所以尺寸公差一定为正值。

(6)公差带和零线。由代表上、下偏差的两条直线所限定的一个区域称为公差带。为了便于分析,一般将尺寸公差与基本尺寸的关系,按放大比例画成简图,称为公差带图。在公差带图中,确定偏差的一条基准直线,称为零偏差线,简称零线,通常零线表示基本尺寸。如图 7-27 所示。

(7)标准公差。用以确定公差带大小的任一公差。国家标准将公差等级分为 20 级:IT01、IT0、IT1~IT18。"IT"表示标准公差,公差等级的代号用阿拉伯数字表示。IT01~IT18,精度等级依次降低。标准公差等级数值可查有关技术标准。

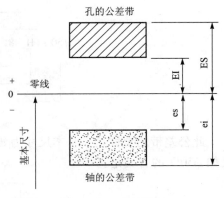

图 7-27 公差带图

(8)基本偏差。用以确定公差带相对于零线位置的上偏差或下偏差。一般是指靠近零线的那个偏差。

根据实际需要,国家标准分别对孔和轴各规定了 28 个不同的基本偏差,基本偏差系列如图 7-28 所示。

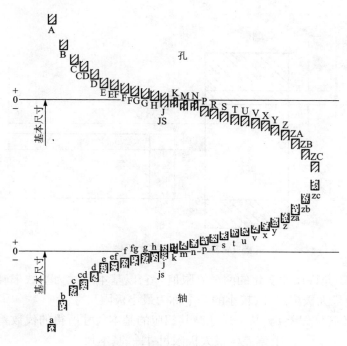

图 7-28 基本偏差系列图

从图 7-28 可知：

基本偏差用拉丁字母表示，大写字母代表孔，小写字母代表轴。

公差带位于零线之上，基本偏差为下偏差；

公差带位于零线之下，基本偏差为上偏差。

(9) 孔、轴的公差带代号。由基本偏差与公差等级代号组成，并且要用同一号字母和数字书写。例如 $\phi 50H8$ 的含义是：

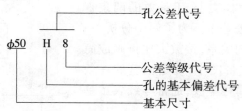

此公差带的全称是：基本尺寸为 $\phi 50$，公差等级为 8 级，基本偏差为 H 的孔的公差带。

又如 $\phi 50f7$ 的含义是：

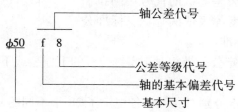

此公差带的全称是：基本尺寸为 φ50，公差等级为 8 级，基本偏差为 f 的轴的公差带。

评定零件的质量的因素是多方面的，不仅零件的尺寸和表面粗糙度影响零件的质量，零件的几何形状和结构的位置也大大影响零件的质量，所以本节还要学习零件的形状和位置公差的有关内容。

3. 配合

基本尺寸相同，相互结合的孔和轴公差带之间的关系称为配合。

（1）配合的种类。根据机器的设计要求和生产实际的需要，国家标准将配合分为三类：

① 间隙配合。孔的公差带完全在轴的公差带之上，任取其中一对轴和孔相配都成为具有间隙的配合（包括最小间隙为零），如图 7-29 所示。

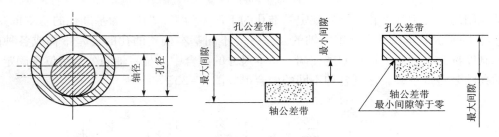

图 7-29 间隙配合

② 过盈配合。孔的公差带完全在轴的公差带之下，任取其中一对轴和孔相配都成为具有过盈的配合（包括最小过盈为零），如图 7-30 所示。

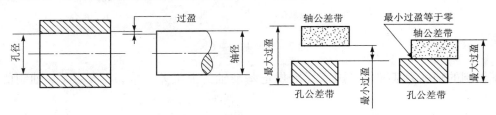

图 7-30 过盈配合

③ 过渡配合。孔和轴的公差带相互交叠，任取其中一对孔和轴相配合，可能具有间隙，也可能具有过盈的配合，如图 7-31 所示。

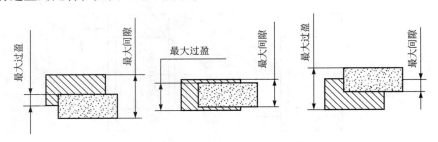

图 7-31 过渡配合

（2）配合的基准制。国家标准规定了两种基准制：

① 基孔制。基本偏差为一定的孔的公差带，与不同基本偏差的轴的公差带构成各种配

合的一种制度称为基孔制。这种制度在同一基本尺寸的配合中，是将孔的公差带位置固定，通过变动轴的公差带位置，得到各种不同的配合，如图 7 - 32 所示。

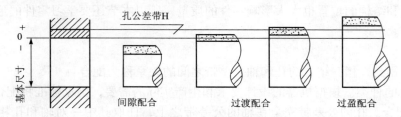

图 7 - 32　基孔制配合

基孔制的孔称为基准孔。国标规定基准孔的下偏差为零，"H"为基准孔的基本偏差。

② 基轴制。基本偏差为一定的轴的公差带与不同基本偏差的孔的公差带构成各种配合的一种制度称为基轴制。这种制度在同一基本尺寸的配合中，是将轴的公差带位置固定，通过变动孔的公差带位置，得到各种不同的配合，如图 7 - 33。

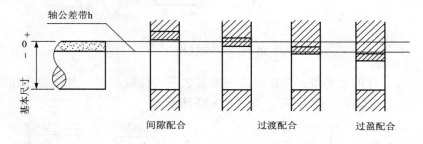

图 7 - 33　基轴制配合

基轴制的轴称为基准轴。国家标准规定基准轴的上偏差为零，"h"为基轴制的基本偏差。

4. 公差与配合的标注

（1）在装配图中的标注方法。配合的代号由两个相互结合的孔和轴的公差带的代号组成，用分数形式表示，分子为孔的公差带代号，分母为轴的公差带代号，标注的通用形式如图 7 - 34 所示。

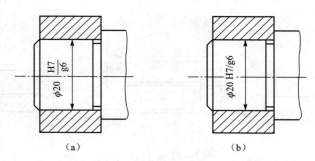

图 7 - 34　装配图中尺寸公差的标注方法

（2）在零件图中的标注方法。如图 7 - 35 所示。

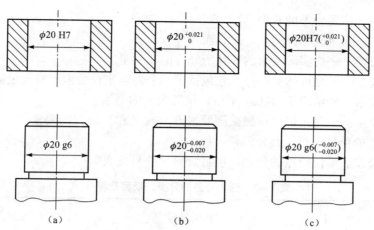

图7-35 零件图中尺寸公差的标注方法
(a) 标注公差带的代号; (b) 标注偏差数值; (c) 公差带代号和偏差数值一起标注

三、形状和位置公差

评定零件的质量的因素是多方面的,不仅零件的尺寸影响零件的质量,零件的几何形状和结构的位置也大大影响零件的质量。

1. 形状和位置公差的基本概念

图7-36(a)所示为一理想形状的销轴,而加工后的实际形状则是轴线变弯了,因而产生了直线度误差。

又如,图7-37所示为一要求严格的四棱柱,加工后的实际位置却是上表面倾斜了,因而产生了平行度误差。

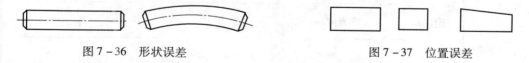

图7-36 形状误差　　　　　　　图7-37 位置误差

如果零件存在严重的形状和位置误差,将使其装配造成困难,影响机器的质量,因此,对于精度要求较高的零件,除给出尺寸公差外,还应根据设计要求,合理地确定出形状和位置误差的最大允许值,如图7-38(b)中的$\phi 0.08$ [即销轴轴线必须位于直径为公差值$\phi 0.08$的圆柱面内,如图7-38(a)所示]、图7-39(b)中的0.1 [即上表面必须位于距离为公差值0.1且平行于基准表面A的两平行平面之间,如图7-39(a)所示]。

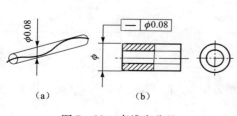

图7-38 直线度公差

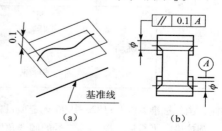

图7-39 平行度公差

2. 形状公差和位置公差的有关术语
(1) 要素——指组成零件的点、线、面。
(2) 形状公差——指实际要素的形状所允许的变动量。
(3) 位置公差——允许的变动量，它包括定向公差、定位公差和跳动公差。
(4) 被测要素——给出了形状或（和）位置公差的要素。
(5) 基准要素——用来确定理想被测要素方向或（和）位置的要素。

3. 形位公差的项目、符号及公差带
(1) 形状公差。形位公差的分类、项目资料及符号见表 7-3。

表 7-3 形位公差的分类、项目及符号

分类	项目	特征符号		有或无基准要求
形状公差	形状	直线度	—	无
		平面度	▱	无
		圆度	○	无
		圆柱度	⌭	无
形状或位置	轮廓	线轮廓度	⌒	有或无
		面轮廓度	⌒	有或无
位置公差	定向	平行度	∥	有
		垂直度	⊥	有
		倾斜度	∠	有
	定位	位置度	⊕	有或无
		同轴度（同心度）	◎	有
		对称度	≡	有
	跳动	圆跳动	↗	有
		全跳动	⌰	有

注：国家标准 GB/T 1182—1996 规定项目特征符号线型为 h/10，符号高度为 h（同字高）其中，平面度、圆柱度、平行度、跳动等符号的倾斜角度为 75°。

4. 形位公差的标注

（1）公差框格。公差框格用细实线画出，可画成水平的或垂直的，框格高度是图样中尺寸数字高度的两倍，它的长度视需要而定。框格中的数字、字母、符号与图样中的数字等高。图7-40 给出了形状公差和位置公差的框格形式。用带箭头的指引线将被测要素与公差框格一端相连。

（2）被测要素。用带箭头的指引线将被测要素与公差框格一端相连，指引线箭头指向公差带的宽度方向或直径方面。指引线箭头所指部位可有：

① 当被测要素为整体轴线或公共中心平面时，指引线箭头可直接指在轴线或中心线上，如图7-41（a）。

② 当被测要素为轴线、球心或中心平面时，指引线箭头应与该要素的尺寸线对齐，如图7-41（b）。

③ 当被测要素为线或表面时，指引线箭头应指要该要素的轮廓线或其引出线上，并应明显地与尺寸线错开，如图7-41（c）。

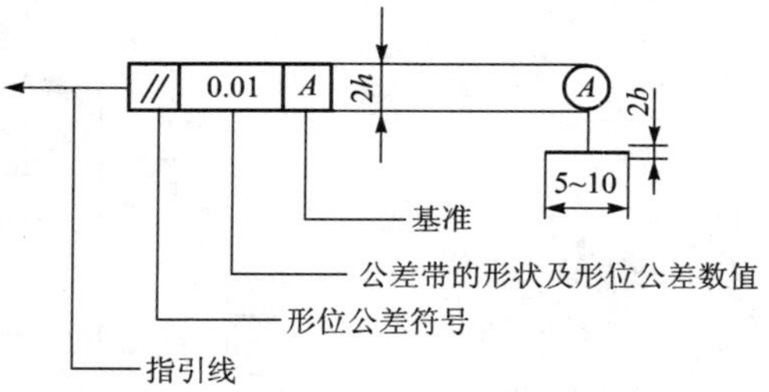

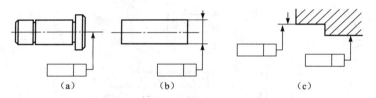

图7-40 形位公差代号及基准符号

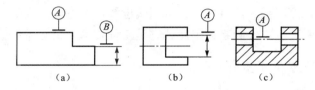（占位）

图7-41 被测要素标注示例

（3）基准要素。基准符号的画法如图7-42 所示，无论基准符号在图中的方向如何，细实线圆内的字母一律水平书写。

① 当基准要素为素线或表面时，基准符号应靠近该要素的轮廓线或引出线标注，并应明显地与尺寸线箭头错开，如图7-42（a）。

② 当基准要素为轴线、球心或中心平面时，基准符号应与该要素的尺寸线箭头对齐，如图7-42（b）。

③ 当基准要素为整体轴线或公共中心面时，基准符号可直接靠近公共轴线（或公共中心线）标注，如图7-42（c）。

图7-42 基准要素标注示例

5. 零件图上标注形状公差和位置公差的实例

形状公差和位置公差在零件图上的标注如图7-43 和图7-44 所示。

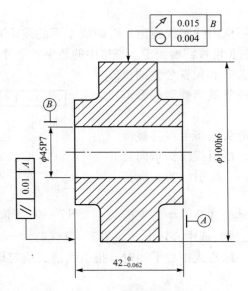

图 7-43 零件图上标注形位公差的实例一

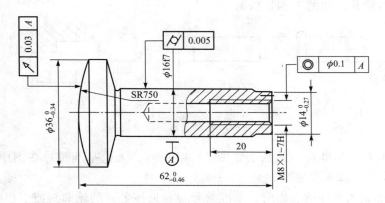

图 7-44 零件图上标注形位公差的实例二

第四节 零件的测绘与零件图的识读

零件的测绘就是根据实际零件画出它的图形，测量出它的尺寸并制订出技术要求。测绘时，首先以徒手画出零件草图，然后根据该草图画出零件工作图。在仿造和修配机器部件以及技术改造时，常常要进行零件测绘，因此，它是工程技术人员必备的技能之一。

一、零件测绘的方法和步骤

下面以齿轮油泵的泵体（图 7-45）为例，说明零件测绘的方法和步骤。

1. 了解和分析测绘对象

首先应了解零件的名称、材料以及它在机器或部件中的位置、作用及与相邻零件的关系，然后对零件的内外结构形状进行分析。

齿轮油泵是机器润滑供油系统中的一个主要部件，当外部动力经齿轮传至主动齿轮轴时，即产生旋转运动。当主动齿轮轴按逆时针方向（从主视图观察）旋转时，从动齿轮轴则按顺时针方向旋转，如图 7-46 所示齿轮油泵工作原理。此时右边啮合的轮齿逐步分开，空腔体积逐渐扩大，油压降低，因而油池中的油在大气压力的作用下，沿吸油口进入泵腔中。齿槽中的油随着齿轮的继续旋转被带到左边；而左边的各对轮齿又重新啮合，空腔体积缩小，使齿槽中不断挤出的油成为高压油，并由压油口压出，然后经管道被输送到需要供油的部位。以实现供油润滑功能。

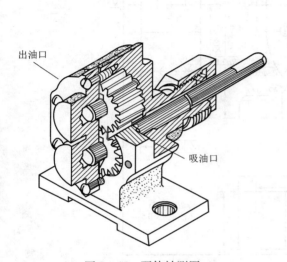

图 7-45 泵体轴测图

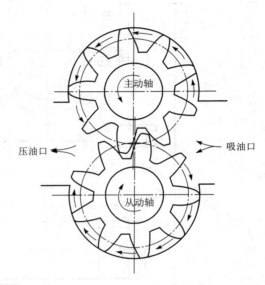

图 7-46 齿轮油泵工作原理简图

泵体是油泵上的一个主体件，属于箱体类零件，材料为铸铁。它的主要作用是容纳一对啮合齿轮及进油、出油通道，在泵体上设置了两个销孔和六个螺孔，是为了使左泵盖和右泵盖与其定位和连接。泵体下部带有凹坑的底板和其上的两个沉孔是为了安装油泵。泵体进、出油口孔端的螺孔是为了连接进、出油管等。至此，泵体的结构已基本分析清楚。

2. 确定表达方案

由于泵座的内外结构都比较复杂，应选用主、左、仰三个基本视图。泵体的主视图应按其工作位置及形状结构特征选定，为表达进、出油口的结构与泵腔的关系，应对其中一个孔道进行局部剖视。为表达安装孔的形状也应对其中一个安装孔进行局部剖视。

为表达泵体与底板、出油口的相对位置，左视图应选用 A—A 旋转剖视图，将泵腔及孔的结构表示清楚。

然后再选用一俯视图表示底板的形状及安装孔的数量、位置。俯视图取向局部视图。最后选定表达方案如图 7-47 所示。

3. 绘制零件草图

（1）绘制图形。根据选定的表达方案，徒手画出视图、剖视等图形，其作图步骤与画零件图相同。但需注意以下两点：

① 零件上的制造缺陷（如砂眼、气孔等），以及由于长期使用造成的磨损、碰伤等，均

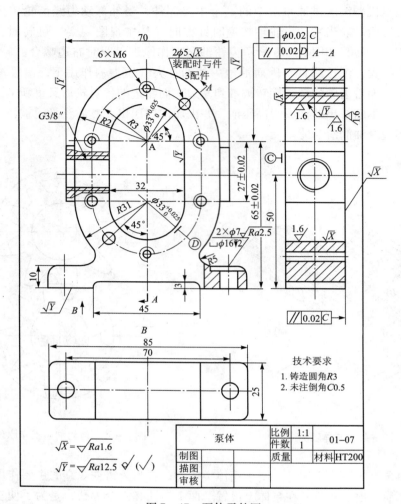

图 7-47 泵体零件图

不应画出。

② 零件上的细小结构（如铸造圆角、倒角、倒圆、退刀槽、砂轮越程槽、凸台和凹坑等）必须画出。

（2）标注尺寸。先选定基准，再标注尺寸。具体应注意以下三点：

① 先集中画出所有的尺寸界线、尺寸线和箭头，再依次测量、逐个记入尺寸数字。

② 零件上标准结构（如键槽、退刀槽、销孔、中心孔、螺纹等）的尺寸，必须查阅相应国家标准，并予以标准化。

③ 与相邻零件的相关尺寸（如泵体上螺孔、销孔、沉孔的定位尺寸，以及有配合关系的尺寸等）一定要一致。

（3）注写技术要求。零件上的表面粗糙度、极限与配合、形位公差等技术要求，通常可采用类比法给出。具体注写时需注意以下三点：

① 主要尺寸要保证其精度。泵体的两轴线、轴线距底面以及有配合关系的尺寸等，都应给出公差，如图 7-47 所示。

② 有相对运动的表面及对形状、位置要求较严格的线、面等要素，要给出既合理又经济的粗糙度或形位公差要求。

③ 有配合关系的孔与轴，要查阅与其相结合的轴与孔的相应资料（装配图或零件图），以核准配合制度和配合性质。

④ 填写标题栏。一般可填写零件的名称、材料及绘图者的姓名和完成时间等。

4. 根据零件草图画零件图

草图完成后，便要根据它绘制零件图，其绘图方法和步骤同前。

二、零件尺寸的测量方法

测量尺寸是零件测绘过程中一个很重要的环节，尺寸测量得准确与否，将直接影响机器的装配和工作性能，因此，测量尺寸要准确。

测量时，应根据对尺寸精度要求的不同选用不同的测量工具。常用的量具有钢直尺，内、外卡钳等；精密的量具有游标卡尺、千分尺等；此外，还有专用量具，如螺纹规、圆角规等。图7-48、图7-49、图7-50、图7-51为常见尺寸的测量方法。

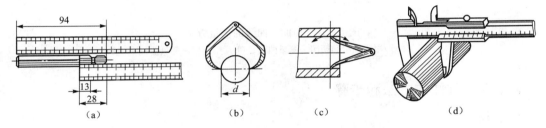

图7-48 线性尺寸及内、外径尺寸的测量方法
(a) 用钢尺测一般轮廓；(b) 用外卡钳测外；(c) 用内卡钳测内径；(d) 用游标卡尺测精确尺寸

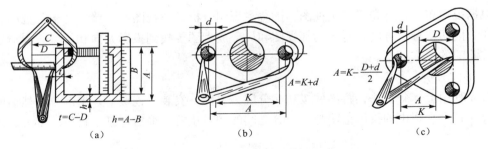

图7-49 壁厚、孔间距的测量方法
(a) 测量壁厚；(b) 测量孔间距；(c) 测量孔间距

三、读零件图的要求

(1) 了解零件的名称、用途、材料和数量等。
(2) 了解组成零件各部分结构形状的特点、功用，以及它们之间的相对位置；
(3) 了解零件的尺寸标注、制造方法和技术要求。

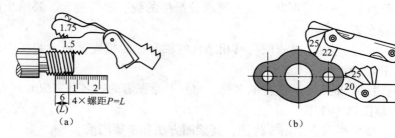

图 7-50 螺距、圆弧半径的测量方法
(a) 用螺纹规测量螺距；(b) 用圆角规测量圆弧半径

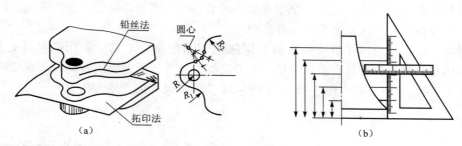

图 7-51 曲面、曲线的测量方法
(a) 用铅丝法和拓印法测量曲面；(b) 用坐标法测量曲线

四、读零件图的方法和步骤

1. 看标题栏

首先看标题栏，了解零件的名称、材料、比例等，并浏览全图，对零件有个概括了解，如：零件属什么类型，大致轮廓和结构等。

2. 表达方案分析

根据视图布局，首先确定主视图，围绕主视图分析其他视图的配置。对于剖视图、断面图要找到剖切位置及方向，对于局部视图和局部放大图要找到投影方向和部位，弄清楚各个图形彼此间的投影关系。

3. 形体分析

首先利用形体分析法，将零件按功能分解为主体、安装、连接等几个部分，然后明确每一部分在各个视图中的投影范围与各部分之间的相对位置，最后仔细分析每一部分的形状和作用。

4. 分析尺寸和技术要求

根据零件的形体结构，分析确定长、宽、高各方向的主要基准。分析尺寸标注和技术要求，找出各部分的定形和定位尺寸，明确哪些是主要尺寸和主要加工面，进而分析制造方法等，以便保证质量要求。

5. 综合考虑

综上所述，将零件的结构形状、尺寸标注及技术要求综合起来，就能比较全面地阅读这张零件图。在实际读图过程中，上述步骤常常是穿插进行的。

五、读图举例

图7-52为刹车支架零件图,具体读图过程如下:

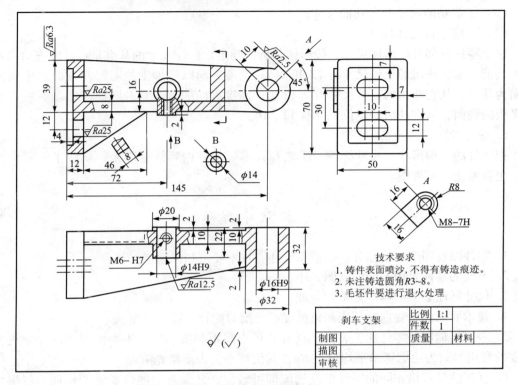

图7-52 刹车支架零件图

1. 看标题栏

从标题栏中了解零件的名称(刹车支架)、材料(HT200)等。

2. 表达方案分析

(1) 找出主视图;

(2) 分析用多少视图、剖视、断面等,找出它们的名称、相互位置和投影关系;

(3) 凡有剖视、断面处要找到剖切平面位置;

(4) 有局部视图和斜视图的地方必须找到表示投影部位的字母和表示投影方向的箭头;

(5) 有无局部放大图及简化画法。

该支架零件图由主视图、俯视图、左视图、一个局部视图、一个斜视图、一个移出断面组成。主视图上用了两个局部剖视和一个重合断面,俯视图上也用了两个局部剖视,左视图只画外形图,用以补充表示某些形体的相关位置。

3. 进行形体分析和线面分析

(1) 先看大致轮廓,再分几个较大的独立部分进行形体分析,逐一看懂;

(2) 对外部结构逐个分析;

(3) 对内部结构逐个分析;

(4) 对不便于形体分析的部分进行线面分析。

4. 进行尺寸分析和了解技术要求

(1) 形体分析和结构分析,了解定形尺寸和定位尺寸;
(2) 根据零件的结构特点,了解基准和尺寸标注形式;
(3) 了解功能尺寸与非功能尺寸;
(4) 了解零件总体尺寸。

这个零件各部分的形体尺寸,按形体分析法确定。标注尺寸的基准是:长度方向以左端面为基准,从它注出的定位尺寸有 72 和 145;宽度方向以经加工的右圆筒端面和中间圆筒端面为基准,从它注出的定位尺寸有 2 和 10;高度方向的基准是右圆筒与左端底板相连的水平板的底面,从它注出的定位尺寸有 12、16。

5. 综合考虑

把零件的结构形状、尺寸标注、工艺和技术要求等内容综合起来,就能了解零件的全貌,也就看懂了零件图。

本章小结

1. 零件图有四个组成部分:图形、尺寸、技术要求和标题栏。
2. 不同的零件要用不同的视图表达。
3. 尺寸标注必须准确、完整、合理。
4. 技术要求的主要内容是表面粗糙度、极限与配合、形位公差。
5. 表面粗糙度是零件加工表面上具有的较小间距和微小峰谷不平的程度。评定表面粗糙度的常用参数为轮廓算术平均偏差 Ra,其值越小,表面越光滑。
6. 互换性是规格相同的零件未经选配即可装配,并满足功能性要求的性质。极限与配合是为了使零件具有互换性而建立起来的一种技术制度。
7. 国家标准规定了两种配合制度(基孔制、基轴制)、20 个等级的标准公差和 28 个基本偏差。
8. 形位公差是指零件的实际形状和位置相对于理想形状和位置的允许变动量。国家标准规定形状和位置公差分为两类共 14 项。
9. 识读零件图的方法和步骤:看标题栏;分析视图;分析形体;分析尺寸;看技术要求。
10. 根据零件的结构特点,可将零件分成四类:轴类、盘盖类、叉架类和箱类。各类零件的视图表示、尺寸标注和技术要求有一定的规律可循。
11. 测绘零件图测绘零件图的方法和步骤:画零件草图、测量零件尺寸、画零件图。

第八章 装 配 图

主要内容：

1. 装配图的作用、内容、规定画法和特殊表达方法
2. 装配图的尺寸标注及技术要求
3. 读装配图的基本要求、方法和步骤
4. 装配图拆画零件图应注意的问题

目的要求：

1. 了解装配图在生产与设计中的作用和装配图的内容。
2. 掌握装配图的表达方法，并能用于绘制装配图和读装配图的实践
3. 熟悉装配图的零、部件编号与明细栏
4. 掌握装配图的尺寸标注，能够区分其与零件图的尺寸标注的不同
5. 掌握读装配图的基本要求、方法和步骤

教学重点：

1. 装配图的规定画法和特殊表达方法
2. 读装配图的方法和步骤

教学难点：

1. 装配图上各类尺寸的区分与识别
2. 装配图的规定画法和特殊表达方法
3. 由装配图拆画零件图。

第一节 概 述

在机械设计和机械制造的过程中，装配图是不可缺少的重要技术文件。它是表达机器或部件的工作原理及零件、部件间的装配、连接关系的技术图样。本节我们开始学习装配图的有关内容。

一、装配图的作用和内容

1. 装配图的作用

在产品或部件的设计过程中，一般是先设计画出装配图，然后再根据装配图进行零件设

计,画出零件图;在产品或部件的制造过程中,先根据零件图进行零件加工和检验,再按照依据装配图所制订的装配工艺规程将零件装配成机器或部件;在产品或部件的使用、维护及维修过程中,也经常要通过装配图来了解产品或部件的工作原理及构造。

2. 装配图的内容

如图8-1是一台微动机构的轴测图。

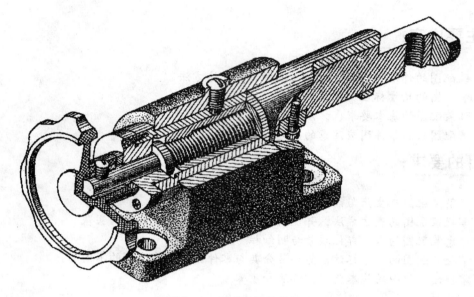

图8-1 微动机构的轴测图

微动机构的工作过程是通过转动手轮,从而带动螺杆转动,利用螺杆和导杆间的螺纹连接关系,将旋转运动转变成导杆的直线运动。

图8-2是微动机构的装配图,由此图我们可以看到一张完整的装配图应具备如下内容:

(1)一组视图。根据产品或部件的具体结构,选用适当的表达方法,用一组视图正确、完整、清晰地表达产品或部件的工作原理、各组成零件间的相互位置和装配关系及主要零件的结构形状。图8-2是微动机构的装配图,采用以下一组视图:主视图采用全剖视,主要表示微动机构的工作原理和零件间的装配关系;左视图采用半剖视图,主要表达手轮1和支座8的结构形状;俯视图采用C—C剖视,主要表达微动机构安装基面的形状和安装孔的情况;B—B剖面图表示键12与导杆10等的连接方式。

(2)必要的尺寸。装配图中必须标注反映产品或部件的规格、外形、装配、安装所需的必要尺寸,另外,在设计过程中经过计算而确定的重要尺寸也必须标注。如在图8-2所示的微动机构的装配图中所标注的 M12,M16,ϕ20H8/f7,32,22等。

(3)技术要求。在装配图中用文字或国家标准规定的符号注写出该装配体在装配、检验、使用等方面的要求。如图8-2所示。

(4)零、部件序号、标题栏和明细栏。按国家标准规定的格式绘制标题栏和明细栏,并按一定格式将零、部件进行编号,填写标题栏和明细栏。如图8-2所示。

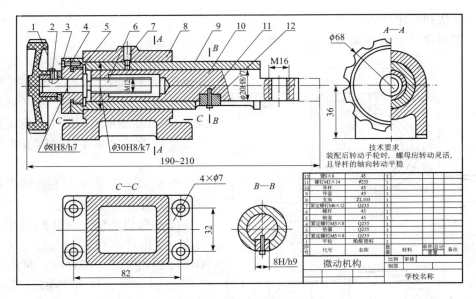

图 8-2 微动机构装配图

二、装配图的表达方法

装配图的侧重点是将装配体的结构、工作原理和零件间的装配关系正确、清晰地表示清楚。前面所介绍的机件表示法中的画法及相关规定对装配图同样适用。但由于表达的侧重点不同，国家标准对装配图的画法，又做了一些规定。

1. 规定画法

（1）零件间接触面、配合面的画法。相邻两个零件的接触面和基本尺寸相同的配合面，只画一条轮廓线。如图 8-3 所示；但若相邻两个零件的基本尺寸不相同，则无论间隙大小，均要画成两条轮廓线。如图 8-3 所示。

（2）装配图中剖面符号的画法。装配图中相邻两个金属零件的剖面线，必须以不同方向或不同的间隔画出，如图 8-3 所示。要特别注意的是，在装配图中，所有剖视、剖面图中同一零件的剖面线方向、间隔须完全一致。另外，在装配图中，宽度小于或等于 2 mm 的窄剖面区域，可全部涂黑表示，如图 8-3 中的垫片。

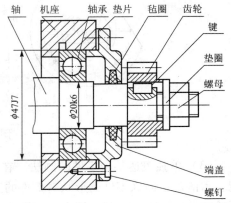

图 8-3 规定画法

（3）在装配图中，对于紧固件及轴、球、手柄、键、连杆等实心零件，若沿纵向剖切且剖切平面通过其对称平面或轴线时，这些零件均按不剖绘制。如需表明零件的凹槽、键槽、销孔等结构，可用局部剖视表示。如图 8-3 中所示的轴、螺钉和键均按不剖绘制。为表示轴和齿轮间的键连接关系，采用局部剖视。

2. 特殊画法和简化画法

为使装配图能简便、清晰地表达出部件中某些组成部分的形状特征，国家标准还规定了以下特殊画法和简化画法。

（1）特殊画法。拆卸画法（或沿零件结合面的剖切画法）。

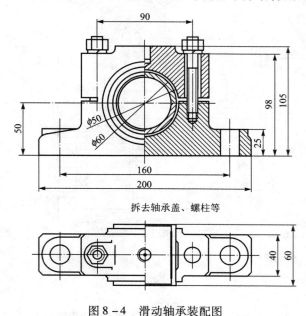

图8-4 滑动轴承装配图

在装配图的某一视图中，为表达一些重要零件的内、外部形状，可假想拆去一个或几个零件后绘制该视图。如图8-4滑动轴承装配图中，俯视图的右半部即是拆去轴承盖、螺钉等零件后画出的。

图8-5转子油泵的右视图采用的是沿零件结合面剖切画法。

（2）假想画法。在装配图中，为了表达与本部件有在装配关系但又不属于本部件的相邻零、部件时，可用双点画线画出相邻零、部件的部分轮廓。如图8-5中的主视图，与转子油泵相邻的零件即是用双点画线画出的。

在装配图中，当需要表达运动零件的运动范围或极限位置时，也可用双点画线画出该零件在极限位置处的轮廓。如图8-2微动机构装配图中导杆10的运动极限位置。

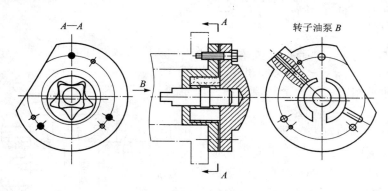

图8-5 转子油泵

（3）单独表达某个零件的画法。在装配图中，当某个零件的主要结构在其他视图中未能表示清楚，而该零件的形状对部件的工作原理和装配关系的理解起着十分重要的作用时，可单独画出该零件的某一视图。如图8-5转子油泵的B向视图。注意，这种表达方法要在所画视图上方注出该零件及其视图的名称。

（4）简化画法

① 在装配图中，若干相同的零、部件组，可详细地画出一组，其余只需用点画线表示其位置即可。如图8-3中的螺钉连接。

② 在装配图中，零件的工艺结构，如倒角、圆角、退刀槽、拔模斜度、滚花等均可不画。如图8-3中的轴。

三、装配图的零、部件编号与明细栏

1. 装配图中零、部件序号及其编排方法（GB/T 4458.2—1984）

（1）一般规定

① 装配图中所有的零、部件都必须编写序号。

② 装配图中一个部件可以只编写一个序号；同一装配图中相同的零、部件只编写一次。

③ 装配图中零、部件序号，要与明细栏中的序号一致。

（2）序号的编排方法。装配图中编写零、部件序号的常用方法有三种。如图 8-6 所示。

① 同一装配图中编写零、部件序号的形式应一致。

② 指引线应自所指部分的可见轮廓引出，并在末端画一圆点。如所指部分轮廓内不便画圆点时，可在指引线末端画一箭头，并指向该部分的轮廓。如图 8-7 所示。

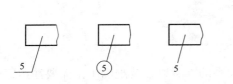

图 8-6　序号的编写方式

图 8-7　指引线画法

③ 指引线可画成折线，但只可曲折一次。

④ 一组紧固件以及装配关系清楚的零件组，可以采用公共指引线。如图 8-8 所示。

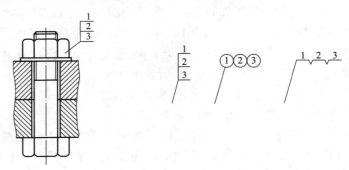

图 8-8　公共指引线

⑤ 零件的序号应沿水平或垂直方向按顺时针或逆时针方向排列，序号间隔应尽可能相等。如图 8-2 微动机构装配图中所示。

2. 图中的标题栏及明细栏

（1）标题栏（GB/T 10609.1—1989）。装配图中标题栏格式与零件图中相同。

（2）明细栏（GB/T 10609.2—1989）。明细栏按 GB/T 10609.2—1989 规定绘制。如图 8-9 所示。填写明细栏时要注意以下问题：

① 序号按自下而上的顺序填写，如向上延伸位置不够，可在标题栏紧靠左边自下而上延续。

② 备注栏可填写该项的附加说明或其他有关的内容。

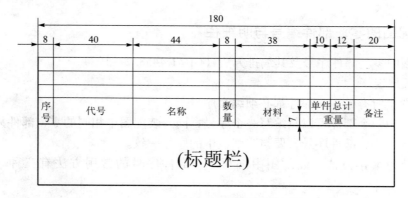

图 8-9 标题栏与明细栏

第二节 装配图的尺寸与技术要求

一、装配图的尺寸标注和技术要求

1. 装配图的尺寸标注

由于装配图主要是用来表达零、部件的装配关系的,所以在装配图中不需要注出每个零件的全部尺寸,而只需注出一些必要的尺寸。这些尺寸按其作用不同,可分为以下五类。

(1) 规格尺寸。规格尺寸是表明装配体规格和性能的尺寸,是设计和选用产品的主要依据。如图 8-2 微动机构装配图中螺杆 6 的螺纹尺寸 M12 是决定微动机构性能的尺寸,它决定了手轮转动一圈后导杆 10 的位移量。

(2) 装配尺寸。装配尺寸包括零件间有配合关系的配合尺寸以及零件间相对位置尺寸。如图 8-2 微动机构装配图中 $\phi 20H8/f7$, $\phi 30H8/k7$, $\phi H8/h7$ 的配合尺寸。

(3) 安装尺寸。安装尺寸是机器或部件安装到基座或其他工作位置时所需的尺寸。如图 8-2 微动机构装配图中的 82,32,$4-\phi 7$ 孔所表示的安装尺寸。

(4) 外形尺寸。外形尺寸是指反映装配体总长、总宽、总高的外形轮廓尺寸。如图 8-2 微动机构装配图中的 190~210,36,$\phi 68$。

(5) 其他重要尺寸。在设计过程中经过计算而确定的尺寸和主要零件的主要尺寸以及在装配或使用中必须说明的尺寸。如图 8-2 微动机构装配图中的尺寸 190~210,它不仅表示了微动机构的总长,而且表示了运动零件导杆 10 的运动范围。非标准零件上的螺纹标记,如图 8-2 微动机构装配图中的 M12,M16 在配图中要注明。

以上五类尺寸,并非装配图中每张装配图上都需全部标注,有时同一个尺寸,可同时兼有几种含义。所以装配图上的尺寸标注,要根据具体的装配体情况来确定。

2. 装配图的技术要求

装配图的技术要求一般用文字注写在图样下方的空白处。技术要求因装配体的不同,其具体的内容有很大不同,但技术要求一般应包括以下几个方面。

(1) 装配要求。装配要求是指装配后必须保证的精度以及装配时的要求等。

(2) 检验要求。检验要求是指装配过程中及装配后必须保证其精度的各种检验方法。

(3) 使用要求。使用要求是对装配体的基本性能、维护、保养、使用时的要求。

3. 零件的序号与标题栏

二、装配结构

在设计和绘制装配图时，应考虑装配结构的合理性，以保证机器或部件的使用及零件的加工、装拆方便。

1. 接触面与配合面的结构

（1）两个零件接触时，在同一方向只能有一对接触面，这种设计既可满足装配要求，同时制造也很方便。如图8-10所示。

（2）轴颈和孔配合时，应在孔的接触端面制作倒角或在轴肩根部切槽，以保证零件间接触良好。如图8-11所示。

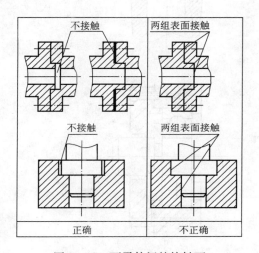

图8-10 两零件间的接触面

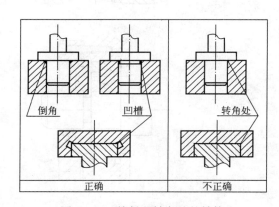

图8-11 接触面转角处的结构

2. 便于装拆的合理结构

（1）滚动轴承的内、外圈在进行轴向定位设计时，必须要考虑到拆卸的方便。如图8-12所示。

（2）用螺纹紧固件连接时，要考虑到安装和拆卸紧固件是否方便。如图8-13所示。

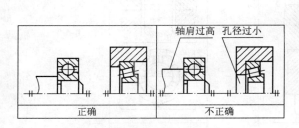

图8-12 滚动轴承端面接触的结构

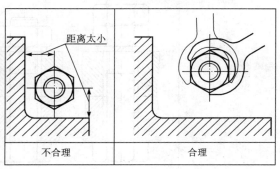

图8-13 留出扳手活动空间

3. 密封装置和防松装置

密封装置是为了防止机器中油的外溢或阀门、管路中气体、液体的泄漏，通常采用的密封装置如图8-14所示。其中在油泵、阀门等部件中常采用填料函密封装置，图8-14（a）所示为常见的一种用填料函密封的装置。图8-14（b）是管道中的管子接口处用垫片密封的密封装置。图8-14（c）和图8-14中（d）表示的是滚动轴承的常用密封装置。

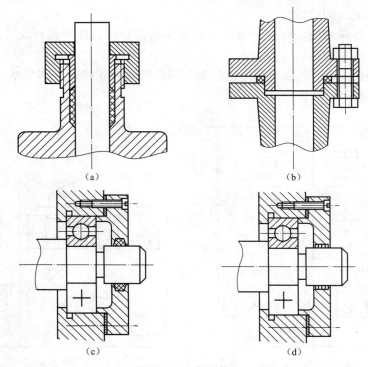

图8-14 密封装置
（a）填料密封；（b）垫片密封；（c）毡圈式密封；（d）油沟式密封

为防止机器因工作震动而致使螺纹紧固件松开，常采用双螺母、弹簧垫圈、止动垫圈、开口销等防松装置。如图8-15所示。

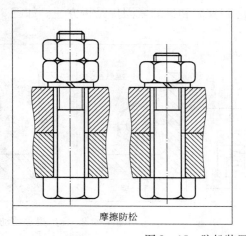 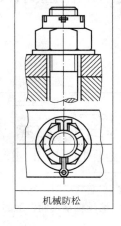

图8-15 防松装置

螺纹连接的防松按防松的原理不同，可分为摩擦防松与机械防松。如采用双螺母、弹簧垫圈的防松装置属于摩擦防松装置；采用开口销、止动垫圈的防松装置属于机械防松装置。

第三节　识读装配图

在生产、维修和使用、管理机械设备和技术交流等工作过程中，常需要阅读装配图；在设计过程中，也经常要参阅一些装配图，以及由装配图拆画零件图。因此，作为工程界的从业人员，必须掌握读装配图以及由装配图拆画零件图的方法。

一、读装配图的基本要求

读装配图的基本要求可归纳为：
（1）了解部件的名称、用途、性能和工作原理。
（2）弄清各零件间的相对位置、装配关系和装拆顺序。
（3）弄懂各零件的结构形状及作用。

读装配图要达到上述要求，不仅要掌握制图知识，还需要具备一定的生产和相关专业知识。

二、读装配图的方法和步骤

下面图8-16所示球阀为例说明读装配图的一般方法和步骤。

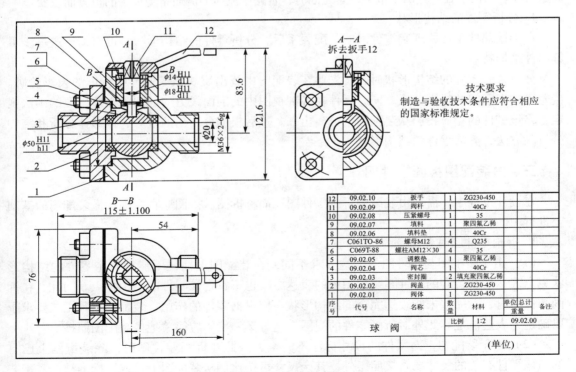

图8-16　球阀装配图

1. 概括了解

由标题栏、明细栏了解部件的名称、用途以及各组成零件的名称、数量、材料等，对于有些复杂的部件或机器还需查看说明书和有关技术资料。以便对部件或机器的工作原理和零件间的装配关系做深入的分析了解。

由图8-16的标题栏、明细栏可知，该图所表达的是管路附件——球阀，该阀共有12种零件组成。球阀的主要作用是控制管路中流体的流通量。从其作用及技术要求可知，密封结构是该阀的关键部位。

2. 分析各视图及其所表达的内容

图8-16所示的球阀，共采用三个基本视图。主视图采用全剖视图，主要反映该阀的组成、结构和工作原理。俯视图采用局部剖视图，主要反映阀盖和阀体以及扳手和阀杆的连接关系。左视图采用半剖视图，主要反映阀盖和阀体等零件的形状及阀盖和阀体间连接孔的位置和尺寸等。

3. 弄懂工作原理和零件间的装配关系

图8-16所示的球阀，有两条装配线。从主视图看，一条是水平方向，另一条是垂直方向。其装配关系是：阀盖和阀体用四个双头螺柱和螺母连接，并用合适的调整垫调节阀芯与密封圈之间的松紧程度。阀体垂直方向上装配有阀杆，阀杆下部的凸块嵌入到阀芯上的凹槽内。为防止流体泄漏，在此处装有填料垫、填料、并旋入填料压紧套将填料压紧。

球阀的工作原理：扳手在主视图中的位置时，阀门为全部开启，管路中流体的流通量最大。当扳手顺时针旋转到俯视图中双点画线所示的位置时，阀门为全部关闭，管路中流体的流通量为零。当扳手处在这两个极限位置之间时，管路中流体的流通量随扳手的位置而改变。

4. 分析零件的结构形状

在弄懂部件工作原理和零件间的装配关系后，分析零件的结构形状，可有助于进一步了解部件结构特点。

分析某一零件的结构形状时，首先要在装配图中找出反映该零件形状特征的投影轮廓。接着可按视图间的投影关系、同一零件在各剖视图中的剖面线方向、间隔必须一致的画法规定，将该零件的相应投影从装配图中分离出来。然后根据分离出的投影，按形体分析和结构分析的方法，弄清零件的结构形状。

三、由装配图拆画零件图

在设计过程中，需要由装配图拆画零件图，简称拆图。拆图应在全面读懂装配图的基础上进行。

1. 拆画零件图时要注意的三个问题

（1）由于装配图与零件图的表达要求不同，在装配图上往往不能把每个零件的结构形状完全表达清楚，有的零件在装配图中的表达方案也不符合该零件的结构特点。因此，在拆画零件图时，对那些未能表达完全的结构形状，应根据零件的作用、装配关系和工艺要求予以确定并表达清楚。此外对所画零件的视图表达方案一般不应简单地按装配图照抄。

（2）由于装配图上对零件的尺寸标注不完全，因此在拆画零件图时，除装配图上已有的与该零件有关的尺寸要直接照搬外，其余尺寸可按比例从装配图上量取。标准结构和工艺结构，可查阅相关国家标准来确定。

（3）标注表面粗糙度、尺寸公差、形位公差等技术要求时，应根据零件在装配体中的作用，参考同类产品及有关资料确定。

2. 拆图实例

以图 8-16 所示球阀中的阀盖为例，介绍拆画零件图的一般步骤。

（1）确定表达方案。由装配图上分离出阀盖的轮廓，如图 8-17 所示。

根据端盖类零件的表达特点，决定主视图采用沿对称面的全剖，侧视图采用一般视图。

（2）尺寸标注。对于装配图上已有的与该零件有关的尺寸要直接照搬，其余尺寸可按比例从装配图上量取。标准结构和工艺结构，可查阅相关国家标准确定，标注阀盖的尺寸。

（3）技术要求标注。根据阀盖在装配体中的作用，参考同类产品的有关资料，标注表面粗糙度、尺寸公差、形位公差等，并注写技术要求。

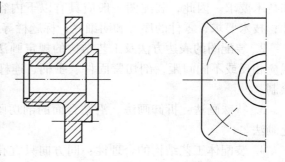

图 8-17 由装配图上分离出阀盖的轮廓

（4）填写标题栏，核对检查，完成后的全图如 8-18 所示。

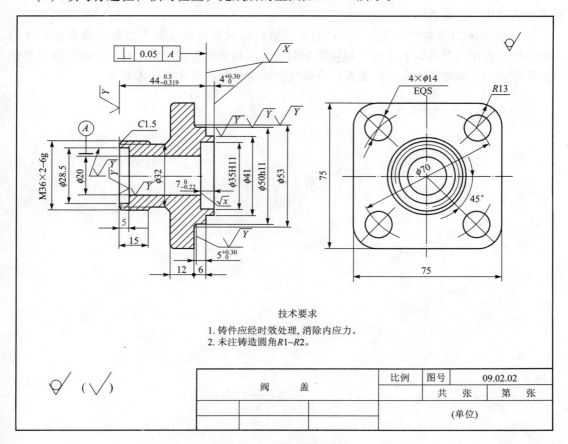

图 8-18 阀盖零件图

本章小结

1. 装配图的作用及内容 装配图是表达机器或部件的图样，常用来表达部件或机器的组成、装配关系、位置关系、连接关系和工作原理，以及安装、调试、检验时所需的尺寸数据和技术要求。因此，装配图一般应具有以下内容：一组表达机器或部件的图形；必要的尺寸；技术要求；零件的序号和明细栏；标题栏等五方面的内容。

2. 装配图的表达方法及工艺结构的规定画法：相邻件配合面只画一条线；相邻件剖面线应相反或不同间距；剖切紧固件、手柄、连杆钩子等实心件过其轴线或对称面时按不剖绘制。

3. 特殊画法：拆卸画法、沿结合面的剖切画法、假想画法、展开画法、夸大画法、简化画法。

4. 装配体工艺结构的合理性：同方向只宜有一组面接触；轴与孔的装配要有倒角或切槽；螺纹连接要注意拧紧问题；零件间还要考虑安装与拆卸问题。

5. 装配图的尺寸标注和技术要求 装配图中不需标出零件的全部尺寸，一般只标注下面几类尺寸：性能（规格）尺寸；装配尺寸；安装尺寸；外形尺寸；其他重要尺寸。

6. 装配图的序号和明细栏 装配图中必须编写序号，并要按零件序号的顺序填写明细栏，使图和表对应、方便看图。

7. 识读装配图是本章的重点，其目的是搞清机器或部件的性能、装配关系和各零件的主要结构、作用以及拆装顺序等。识读装配图的方法和步骤为：概括了解；分析视图、了解其工作原理；了解零件间的装配关系；分析装配体中必要的尺寸和技术要求。

第九章 展开图与焊接图

> **主要内容：**

1. 求一般位置直线的实长
2. 柱类零件的展开
3. 锥类零件的展开
4. 管接头的展开
5. 焊接图

> **目的要求：**

1. 掌握一般位置直线求实长的方法，为学习各类立体表面的展开打下必要的基础
2. 正确分析柱类零件表面的特点，学会用平行线法展开这类零件
3. 通过对锥类零件的展开，学会用旋转法和三角形法将立体表面展开
4. 能绘制直角等径三通管、直角圆环形弯管、方圆接头等典型零件的展开图
5. 掌握焊缝的表达方法和标注方法

> **学习重点：**

1. 一般位置直线的展开
2. 一般平面立体、曲面立体的展开
3. 焊缝的表达方法和标注方法

展开图是根据零件的视图绘制的。将零件的各表面，按其实际形状和大小，依次摊平在一个平面上，称为制件的表面展开，所得的图形，称为表面展开图，简称展开图。在生产中，立体表面能全部平整地摊平在一个平面上，而不发生撕裂或皱折，如棱柱、棱锥、圆锥为可展平面，凡表面不能全部平整地摊平在一个平面上为不可展平面。如圆环面、球面、圆柱正螺旋面等，不可展平面只能作近似展开。

制件表面的展开可用计算法和图解法，其中图解法有平行线法、三角形法和旋转法等。

当零件上的棱线、平面及回转体上素线等与投影面处于一般位置时，需先求出其实长或实形，再作出其表面展开图，常用方法有旋转法和三角形法。

第一节 求一般位置直线的实长

一、直角三角形法求实长

1. 直角三角形法的作图原理

如图9-1所示，AB 为一般位置直线，过端点 A 作直线平行其水平投影 ab 并交 Bb 于 C，得直角三角形 ABC。在直角三角形 ABC 中，斜边 AB 就是线段本身，底边 AC 等于线段 AB 的水平投影 ab，对边 BC 等于线段 AB 的两端点到 H 面的距离差（Z 坐标差），也即等于 $a'b'$ 两端点到投影轴 OX 的距离差，而 AB 与底边 AC 的夹角即为线段 AB 对 H 面的倾角 α。

2. 直角三角形法的作图方法和步骤

根据上述分析，只要用一般位置直线在某一投影面上的投影作为直角三角形的底边，用直线的两端点到该投影面的距离差为另一直角边，作出一直角三角形。此直角三角形的斜边就是空间线段的真实长度，而斜边与底边的夹角就是空间线段对该投影面的倾角。这就是直角三角形法。

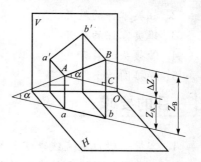

图9-1 直角三角形法的原理

作图方法与步骤如图9-2所示，用线段的任一投影为底边均可用直角三角形法求出空间线段的实长，其长度是相同的，但所得倾角不同。

在直角三角形法中，直角三角形包含四个因素：投影长、坐标差、实长、倾角。只要知道两个因素，就可以将其余两个求出来。

例9-1 如图9-3（a）所示，已知直线 AB 的实长 $L=15$ mm，及直线 AB 的水平投影 ab 和点 A 的正面投影 a'，试用直角三角形法求出直线 AB 的正面投影 $a'b'$。

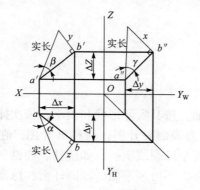

图9-2 直角三角形法

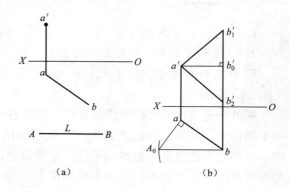

图9-3 直角三角形法应用示例

二、用旋转法求一般位置直线的实长

旋转法求实长，就是根据投影面平行线的投影为实长的原理，把空间任意位置的直线段，绕一固定旋转轴旋转成某一投影面的平行线，从而求出其实长。如图9-4（a）以 AO 为轴将一般位置直线 AB 旋转至与正面平行 AB_1 位置。其旋转后的正面投影 $a'b'$，即为 AB

的实长,如图 9-4(b),图 9-4(c)表示分别将 AB 旋转成正平线、水平线的位置求实长,画图时,直线 AB 旋转时的方向也可逆时针,如图 9-4(d)所示。

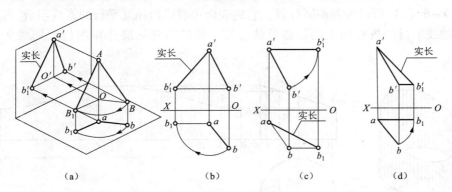

图 9-4 用旋转法求线段实长
(a)直观图;(b)旋转成正平线;(c)旋转成水平线;(d)反向旋转

从图中可以得出点的旋转规律:当一点绕垂直于投影面的轴旋转时,它的运动轨迹在该投影面上的投影为一圆弧,而在另一投影面上的投影为一平行投影轴的直线。

作图步骤:

(1) 以 a 点为圆心,将 ab 转到与 OX 平行的位置 ab_1;
(2) 过 b' 作 OX 轴的平行线与过 b_1 作 OX 轴的垂线相交,得交点 b_1';
(3) 连接 $a'b_1'$,即为直线 AB 的实长。

第二节 棱柱管和圆柱管的展开

一、棱柱管的展开

如图示 9-5(a)所示为半斜口四棱管,由于底边与水平面平行,各棱线与底边垂直,因此水平投影反映各底边实长,正面投影反映各棱线实长。一般当零件断面或表面遇上折线时须在折点处画一条辅助平行线,展开图见 9-5(b)。

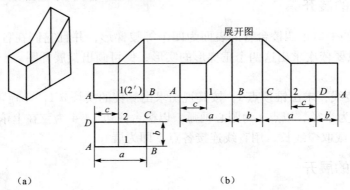

图 9-5 半斜口四棱管的展开
(a)轴测图;(b)展开图作图过程

二、柱管的展开

如图9-6（a）所示为斜截圆柱管，它的表面可看成由相互平行的素线组成。这些素线在与圆柱轴线平行的投影面上的投影反映实长，斜口圆管的展开作图过程如图9-6（b）（c）所示。

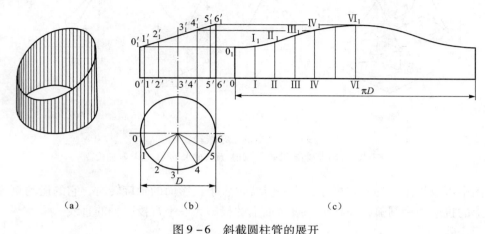

图9-6 斜截圆柱管的展开
（a）轴测图；（b）试图；（c）展开图

作图步骤：

（1）将圆柱面的底圆分成若干等份（图中为12等份），过各分点引柱面的素线，其正面投影分别为 $1'1_1'$、$2'2_1'$、$3'3_1'$ 。

（2）将底圆周展开成直线，其长度为 πD，再等分为12份，得Ⅰ、Ⅱ、Ⅲ、Ⅳ、…点，过各分点引展开线的垂线，并量取相对应的素线实长，再将各素线端点连成圆滑的曲线，即得斜口圆管的展开图。

第三节　棱锥管和圆锥管的展开

一、棱锥管的展开

图9-7所示的平口正四棱台管的表面为四个等腰梯形，并且它们在各投影面上的投影均不反映实形，只要依次求出这四个正梯形的实形，便可画出其展开图。

作图步骤：

（1）延长各棱线，求出锥顶点 s，按其视图求出侧棱的实长 $a'1_1'$（旋转法）；

（2）以 $s'1_1'$ 为半径，以点 s 为圆心画弧，以棱台底边1、4为弦在上依次截取四次，各截点与点 s 相连，截取棱线长，用直线连接各点，即为展开图。

二、圆锥管的展开

图9-8所示的斜口圆锥管是正圆锥被一正垂面斜截而成，因此可先按正圆锥展开，然后再截去斜口部分。从锥管视图中看出，锥管轴线是铅垂线，正面投影的轮廓线反映了圆锥

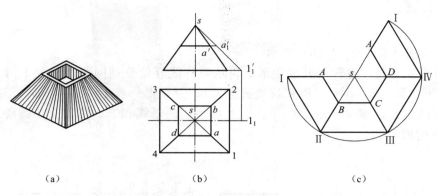

图 9-7 平口正四棱台管的展开
（a）轴测图；（b）视图；（c）展开图

管最左、最右素线实长，其他位置素线的实长，从视图上不能直接得到，可用旋转法求出。

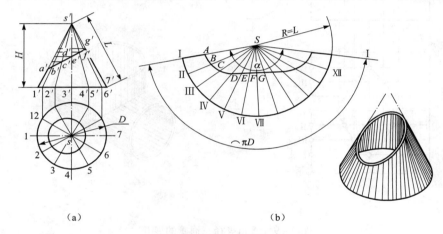

图 9-8 斜口圆锥管的展开

作图步骤：
（1）以锥管（正圆锥）素线实长为半径画出扇形表面，扇形角 $\alpha = 180°D/L$。
（2）将圆锥底圆 n 等分（$n=12$），并画出各分点素线的投影，标出截平面与各素线交点的正面投影 a'、b'、$c'\cdots$。
（3）用旋转法求锥管余下部分实长并在扇形对应部分截取，连接各点即得圆锥管表面展开图。

第四节 管接头的展开

一、直角等径三通管的展开

作直角等径三通管的展开图时，通常以相贯线为界，分别画出两圆管的展开图。图 9-9 所示三通管轴线都平行于正面，其表面上素线在正面上的投影均反映实长，因此，可按斜截圆柱管方法展开。

作图步骤:

(1) A 部展开如图 9-9 (b) 所示。

(2) B 部展开时,将管展开成矩形,再从对称线开始分别同两边量取 $I_0 II_0 = 1''2''$,$II_0 III_0 = 2''3''$,$III_0 IV_0 = 3''4''$(以弦长代替弧长),分别得分点 I_0、II_0、III_0、IV_0,过各分点作水平线,与过圆周等分点 1、2、3、4 向下引的垂线相交,将各交点圆滑地连接起来即得 B 管的展开图。

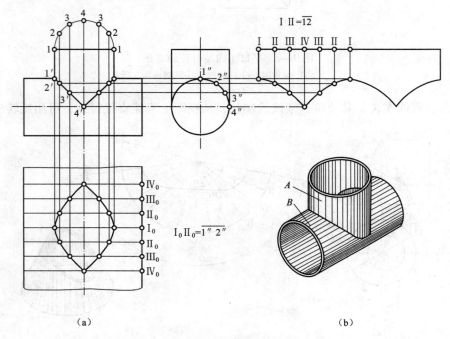

(a) (b)

图 9-9 直角等径三通管的展开

二、直角圆环形弯管的展开

直角弯头是 1/4 圆环,如图 9-10 (d) 所示环面是不可展表面,必须用近似展开法展开。通常用多段圆管代替,将各段按斜截圆柱面展开,就得到圆环面的近似展开图,如图 9-10 (a) (b) (c) 所示。1/4 圆环分成四段首尾长度是中间长度的一半,它们所对的中心角分别为 15°、30°。

作图步骤:

(1) 画出弯管各节圆柱面的投影,如图 9-10 (b) 所示。

(2) 将弯管 BC、DE 两节分别绕其轴线旋转 180°,各节就拼成一个圆柱管。

(3) 作出各节圆柱管的展开图,作图方法同圆柱管的展开,如图 9-10 (c) 所示。

按展开曲线将各节切割分开后,卷制成斜口圆管,将 Bc、DE 两节旋转 180° 按顺序将各节连接即可。

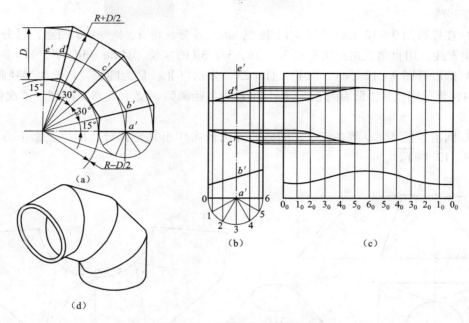

图 9 – 10　直角环形弯管的展开

三、方圆接头的展开

如图 9 – 11 所示，上圆下方管接头是用来连接圆管和方管的，在展开前先对其表面形状和分界线进行分析。

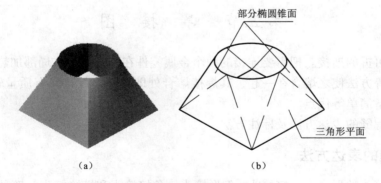

图 9 – 11　方圆接头的分析

上方下圆接头是由四个全等等腰三角形和四个相同的 1/4 圆锥组成。画展开图前，应找出平面与锥面的分界线。为使接头内壁圆滑，三角形平面应与相邻的椭圆锥面相切。显然，方口的每边都是三角形的一边，而包含方口每边所作椭圆锥面的切平面，它和圆口的切点，即为三角形的顶点。顶点与相应方口的连线，即椭圆锥面和平面的分界线。

上口和下口在水平投影中反映实长和实形，三角形的两腰和锥面上所有素线均为一般位置直线，需要求出实长，才能画出展开图，见图 9 – 12。

作图步骤:

(1) 在投影图 9-12 (a) 中将图上圆弧 ad 三等分,得 a、b、c、d 四点,过分点引锥面的相应素线,用直角三角形法求出 3a、3b、3c、3d 的实长,且 $3a = 3d = F$,$3b = 3c = E$。

(2) 画展开图 9-12 (c),取 Ⅱ、Ⅲ = 23,分别以 Ⅱ、Ⅲ 为圆心,F 长为半径画圆弧,交于点 A,再分别以 A、Ⅲ 为圆心,以 ab 和 E 为半径画弧,交于 B 点。同理,依次作出 C、D 点。

(3) 圆滑连接 ABCD 等各点,用同样的方法依次作出其他部分,即得上圆下方接头的展开图 9-12 (c)。

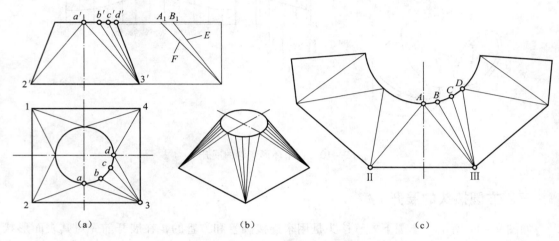

图 9-12 方圆接头的展开

第五节 焊 接 图

焊接是不可拆的连接。把需要连接的两个金属零件在连接的地方局部加热并填充熔化金属,或用加压等方法使之熔合在一起,其焊接熔合处即焊缝。焊接具有质量轻、连接可靠、工艺过程和设备简单等优点。

本节介绍焊缝的表达方法及标注方法。

一、焊缝的表达方法

常见焊接接头的形式有对接接头、T 形接头、角接接头和搭接接头等四种。焊接件经过焊接后结合部分称为焊缝,常见的焊缝形式有 I 形焊缝、V 形焊缝、角焊缝、点焊缝等,如图 9-13 所示。

按照国家标准 GB/T 324—1988 的规定,焊缝有图示法和标注法两种表示方法。

1. 焊缝的图示法

当需要在图样中简易地绘制焊缝时,可用视图、剖视图或断面图表示。也可用轴测图示意表示。在视图中,焊缝可用栅线表示,也允许采用粗线 (2d~3d) 表示。但在同一图样中,只允许采用一种画法。在剖视图或断面图上,一般应画出焊缝的形式并涂黑,见

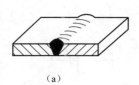 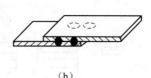 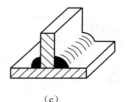 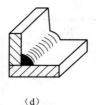

图 9-13 常用焊接接头和焊缝形式

（a）对接接头、划接焊缝；（b）搭接接头、点焊缝；
（c）梯形接头、角焊缝；（d）角接接头、角焊缝

图 9-14，焊缝尺寸或焊缝符号可用局部放大图来表示，如图 9-15 所示。

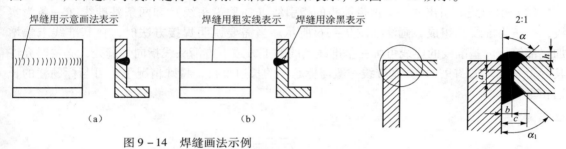

图 9-14 焊缝画法示例
（a）示意画法表示焊缝；（b）涂黑表示焊缝

图 9-15 焊缝放大图

2. 焊缝代号

在图上表达焊接要求时，一般需要将焊缝的型式、尺寸表示清楚，有时还要说明焊接方法和要求，这些都有标准规定，并有相应的符号。焊接的符号很多，这里只就焊缝代号作一简要的说明。详情请参阅有关的焊接标准。

焊缝代号由基本符号、辅助符号、引出线和焊缝尺寸符号等组成。

（1）基本符号。基本符号表示焊缝横剖面形状，它采用近似于横截面形状的符号来表示，基本符号用粗实线绘制，见表 9-1 示例。

表 9-1 常见焊缝的基本符号、图示法及标注

焊接名称	基本符号	图示法基本符号的标注法
I 形焊缝	‖	
V 形焊缝	V	
带钝边 V 形焊缝	Y	

续表

焊接名称	基本符号	图示法基本符号的标注法
角焊缝		
点焊缝		

(2) 引出线。引出线一般由带箭头的指引线（简称箭头线）和两条基准线（一条为实线，一条为虚线）组成，画法如图9-16所示。当需要说明焊接方法时，在基准线末端增加尾部符号。基准线的虚线可画在基准线实线的上方或下方箭头线指向焊缝处，必要时允许其弯折一次，见图9-16。基准线一般与标题栏的长边平行，特殊情况下也可与标题栏的长边相垂直。

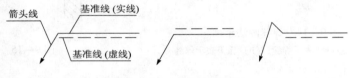

图9-16 引出线的画法

(3) 辅助符号。辅助符号说明对焊缝的辅助要求。一般表示焊缝的表面形状。用粗实线绘制。见表9-2。

表9-2 辅助符号及其标注

名　　称	符　号	示意图	标注示例	说　　明
平面符号	—			平面V形对接焊缝表面平齐
凹面符号	⌣			凹面角焊缝表面凹陷
凸面符号	⌢			凸面X形对接焊缝表面凸起

第九章　展开图与焊接图

（4）补充符号。补充符号用来说明焊缝的某些特征。

表 9-3　补充符号及其标注方法

名　称	符　号	示意图	标注法	说　明
带热板符号	 ▭	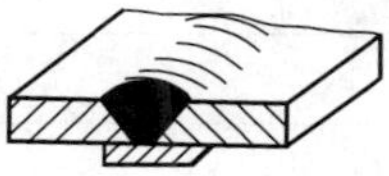	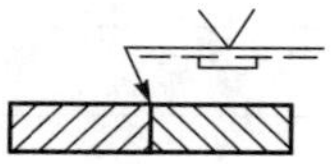	表示 V 形焊缝的背面底部有垫板
三面焊缝符号	▭	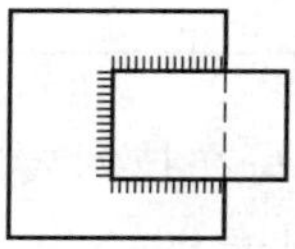	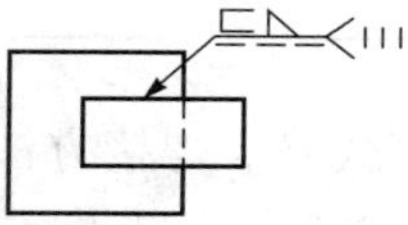	工件三面带有焊缝
周围焊缝符号	○	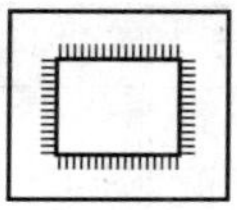	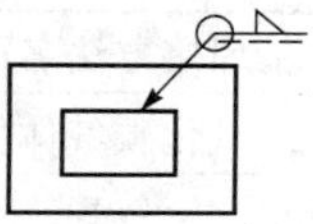	表示在现场沿工件周围施焊
现场符号	 ▶		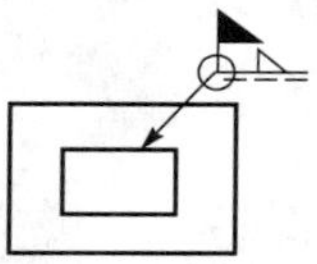	表示在现场或工地上进行焊接
尾部符号	＜		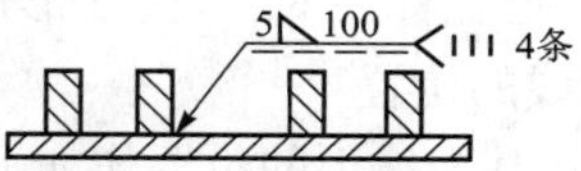	焊接方法为手工电弧焊

（5）焊缝尺寸符号。焊缝尺寸符号是用字母表示焊缝的尺寸要求，见表 9-4 所示。

表 9-4　焊缝尺寸符号

名　称	符　号
工件厚度	δ
坡口角度	α
根部间隙	b
钝边	P
焊角高度	K
焊缝宽度	c
根部半径	R

续表

名　称	符　号
焊缝段数	n
焊缝间距	e
坡口角度	β
余高	h
焊缝长度	l
相同焊缝数量	N
焊缝有效厚度	S

（6）常用焊接方法的数字代号。焊接方法可用文字写在技术要求中，也可用数字代号直接注写在指引线的尾部，常用焊接方法及数字代号，见表9-5。

表9-5　常用的焊接方法的数字代号

焊接方法名称	代　号	焊接方法名称	代　号	焊接方法名称	代　号
手工电弧焊	111	二氧化碳气体保焊	135	点焊	21
埋弧焊	12	气焊	3	缝焊	22
氩弧焊	131	电渣焊	72	搭接缝焊	221

二、焊缝的标注方法

1. 箭头线与焊缝的位置关系

箭头线相对焊缝的位置一般无特殊要求，箭头线可以标在有焊缝的一侧，也可以标在没有焊缝一侧，见图9-17。但在标注K、V、J形焊缝时，箭头应指向带有坡口一侧的工件。

2. 基本符号相对基准线的位置

国家标准对基本符号在基准线上的位置作如下规定：

（1）如果焊缝在接头的箭头侧，则将基本符号标在基准线的实线侧；见图9-17（a）；

（2）如果焊缝在接头的非箭头侧，则将基本符号标在基准线的虚线侧；见图9-17（b）；

（3）标注对称焊缝及双面焊缝时，可不画虚线，见图9-17（c）。

3. 焊缝尺寸符号及数据的标注

根据国标规定焊缝尺寸符号及数据的标注的原则为：

（1）焊缝横截面上的尺寸，标在基本符号的左侧；

（2）焊缝长度方向上的尺寸，标在基本符号的右侧；

（3）坡口角度、坡口面角度、根部间隙，标在基本符号的上侧或下侧；

（4）相同焊缝数量及焊接方法代号标在尾部；

（5）当需要标注的尺寸数据较多又不易分辨时，可在数据前面增加相应的尺寸符号。

三、焊缝的标注示例

常见焊缝的标注示例见表9-6。

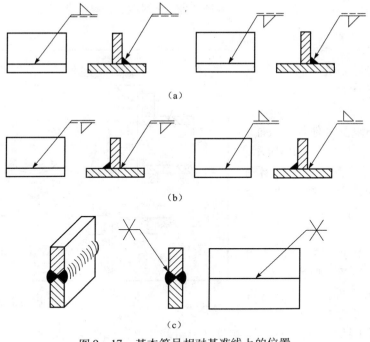

图 9-17　基本符号相对基准线上的位置

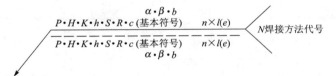

图 9-18　焊缝尺寸的标注原则

表 9-6　常见焊缝的标注示例

接头形式	焊缝名称	示意图	标注示例	说明
对接接头	对接焊缝			手工电弧焊，V 形焊缝，坡口角度为 α，对接间隙为 b，有 n 段焊缝，每段焊缝长度为 l
				I 形焊缝，焊缝有效厚度 S，焊缝在整个工作表面连续
				焊缝有效厚度为 S 的 Y 形焊缝，焊件表面要平齐

四、金属焊接图

金属焊接图是焊接施工所用的一种图样，它除了应把构件的形状、尺寸和一般要求表达清楚外，还必须把焊接有关的内容表达清楚。根据焊接件结构复杂程度的不同，大致有两种画法。

1. 整体式

这种画法的特点是，图上不仅表达了各零件（构件）的装配、焊接要求，而且还表达了每个零件的形状和尺寸大小以及其他加工要求，不再画零件图了，如图 9-19 所示。这种画法的优点是表达集中、出图快，适用于结构简单的焊接件以及修配和小批量生产。

2. 分件式

这种画法的特点是：焊接图着重表达装配连接关系、焊接要求等，而每个零件另画零件图表达。这种画法的优点是图形清晰，重点突出，

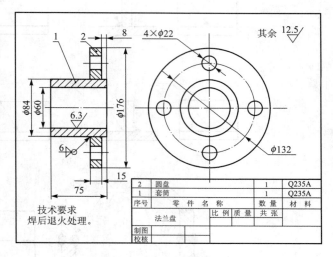

图 9-19 整体式焊接图

看图方便，适用于结构比较复杂的焊接件和大批量生产。如图 9-20 所示。

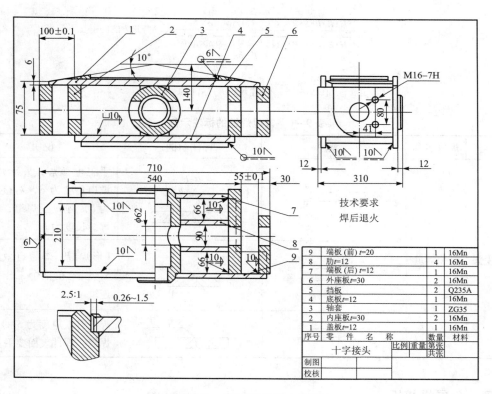

图 9-20 分件式画法（总图）

本章小结

1. 展开图是根据零件的视图绘制的。将零件的各表面，按其实际形状和大小，依次摊平在一个平面上，称为制件的表面展开，所得的图形，称为表面展开图，简称展开图。

2. 只要用一般位置直线在某一投影面上的投影作为直角三角形的底边，用直线的两端点到该投影面的距离差为另一直角边，作出一直角三角形。此直角三角形的斜边就是空间线段的真实长度，而斜边与底边的夹角就是空间线段对该投影面的倾角。这就是直角三角形法。

3. 旋转法求实长，就是根据投影面平行线的投影为实长的原理，把空间任意位置的直线段，绕一固定旋转轴旋转成某一投影面的平行线，从而求出其实长。

4. 利用棱柱管和圆柱管的棱线或素线是某一投影面的平行线，反映实长。且在另一投影面上的投影具有集聚性的特点画展开图。

5. 用旋转法或三角形法求出棱锥管、圆锥管棱边素线的实长，再作出展开图。

6. 直角等径三通管的展开图时，通常以相贯线为界，分别画出两圆管的展开图。按斜截圆柱管方法展开。

7. 直角弯头环面是不可展表面，必须用近似展开法展开。通常用多段圆管代替，将各段按斜截圆柱面展开，就得到圆环面的近似展开图。

8. 上方下圆接头是由四个全等等腰三角形和四个相同 1/4 圆锥组成。上口和下口在水平投影中反映实长和实形，三角形的两腰和锥面上所有素线均为一般位置直线，需要求出实长，才能画出展开图。

9. 当需要在图样中简易地绘制焊缝时，可用视图、剖视图或断面图表示。也可用轴测图示意表示。在同一图样中，只允许采用一种画法。在剖视图或断面图上，一般应画出焊缝的形式并涂黑。

10. 焊缝代号由基本符号、辅助符号、引出线和焊缝尺寸符号等组成。

11. 焊缝的标注方法：箭头线与焊缝的位置关系、基本符号相对基准线的位置、焊缝尺寸符号及数据的标注。

12. 金属焊接图是焊接施工所用的一种图样，它除了应把构件的形状、尺寸和一般要求表达清楚外，还必须把焊接有关的内容表达清楚。

13. 根据焊接件结构复杂程度的不同，焊接图大致有整体式和分件式两种画法。

第十章 计算机绘图

主要内容：

1. Auto CAD 2006 的基本操作与设置
2. 基本绘图命令
3. 基本编辑命令与应用
4. 文本及尺寸的标注
5. 平面图形的绘制
6. 零件图的绘制
7. 三维实体建模
8. 图形输出

目的要求：

1. 学会图形极限、绘图单位、栅格、对象捕捉、图层、线型、颜色等设置
2. 灵活应用基本的绘图命令，绘制一般的平面图形
3. 能使用各种编辑命令编辑平面图形
4. 掌握文本输入方法和一般平面图形的尺寸标注方法
5. 会使用图块命令绘制简单的零件图
6. 了解三维实体造型的方法

第一节 概 述

一、计算机绘图的概念

计算机绘图是 20 世纪 60 年代发展起来的新兴学科。随着计算机图形学理论及其技术的发展，计算机绘图技术也迅速发展起来。将图形与数据建立起相互对应的关系，把数字化的图形信息经过计算机存储、处理，再通过输出设备将图形显示或打印出来，这个过程就是计算机绘图。

计算机绘图是绘制工程图样的重要手段，也是计算机辅助设计（Computer Aided Design，简称 CAD）的重要组成部分。计算机绘图由计算机绘图系统来完成。计算机绘图系统由软件（系统软件、基础软件、绘图应用软件）及硬件（主机、图形输入及输出设备）组成，其中，软件是计算机绘图系统的关键，而硬件则为软件的正常运行提供了基础保障和运行环

境。随着计算机硬件的发展，计算机绘图软件的种类也越来越多、功能也越来越强，目前已广泛应用于各个领域。

与手工绘图相比，计算机绘图有如下特点：
（1）绘图速度快、精度高；
（2）修改图形方便、快捷；
（3）复制方便，有利于图形的重复利用，减少不必要的重复性劳动；
（4）图形可保存在硬盘、移动盘或光盘上，易于管理，不易污损，携带方便；
（5）可促进产品设计的标准化、系列化，缩短产品的开发周期；
（6）便于网络传输。

二、Auto CAD 简介

目前国内外用于计算机绘图的软件很多，其中美国 Autodesk 公司推出的 Auto CAD 软件从 1982 年的 1.0 版本，经多次版本更新和性能完善升级，现已发展到 Auto CAD2007。它是一个集二维绘图、三维造型于一体的通用绘图软件，其功能强大、易于掌握、使用方便，以及其强大的二次开发潜力，已被广泛地应用于机械、电子、建筑、船舶制造、航空航天、气象、交通运输、文化教育等领域，深受广大技术人员的欢迎。

CAD 并不是指 CAD 软件，更不是指 Auto CAD，而泛指一种使用计算机进行辅助设计的技术。我们一般所称的 Auto CAD 是一个用于工程设计的软件，它广泛应用于机械、电子、土木、建筑、航空、航天、轻工、纺织等专业，应用最广泛，是功能最强大的通用型辅助设计绘图软件，主要用于二维绘图，也具备有限的三维建模能力。

1. Auto CAD 的基本绘图功能

（1）提供了绘制各种二维图形的工具，并可以根据所绘制的图形进行测量和标注尺寸。

（2）具备对图形进行修改、删除、移动、旋转、复制、偏移、修剪、圆角等多种强大的编辑功能。

（3）缩放、平移等动态观察功能；并具有透视、投影、轴测图、着色等多种图形显示方式。提供栅格、正交、极轴、对象捕捉及追踪等多种精确绘图辅助工具。

（4）对于经常使用到的一些图形对象组可以定义成块并且附加上从属于它的文字信息，需要的时候可反复插入到图形中，甚至可以仅仅修改块的定义便可以批量修改插入进来的多个相同块，这些功能极大地提高了绘图效率。

（5）使用图层管理器管理不同专业和类型的图线，可以根据颜色、线型、线宽分类管理图线，并可以控制图形的显示或打印与否。

（6）可对指定的图形区域进行图案填充，提供在图形中书写、编辑文字的功能，创建三维几何模型，并可以对其进行修改和提取几何和物理特性。

2. Auto CAD 的辅助设计功能

（1）可以方便地查询绘制好的图形的长度、面积、体积、力学特性等。

（2）提供在三维空间中的各种绘图和编辑功能，具备三维实体和三维曲面的造型功能，便于用户对设计有直观的了解和认识。

（3）提供多种软件的接口，可方便地将设计数据和图形在多个软件中共享，进一步发挥各个软件的特点和优势。

3. Auto CAD 的开发定制功能

（1）具备强大的用户定制功能，用户可以方便地将软件改造得更易自己使用。

（2）具有良好的二次开发性，Auto CAD 提供多种方式以使用户按照自己的思路去解决问题。Auto CAD 开放的平台使用户可以用 AutoLISP、LISP、ARX、Visual BASIC 等语言开发适合特定行业使用的 CAD 产品。

4. Auto CAD 文件管理

（1）启动 Auto CAD

（2）使用样板图新建文件

（3）打开文件

（4）局部打开文件

（5）保存文件

（6）处理多个图形（Ctrl + F6 或 Ctrl Tab 切换）

第二节　Auto CAD 的基本操作

一、启动

单击 Auto CAD 2006 程序项或双击桌面上的 Auto CAD 2006 快捷图标，即可启动 Auto CAD 2006，系统将显示如图 10-1 所示的"启动"对话框。它是每次启动 Auto CAD 时出现的第一个屏幕画面，用户可在此处单击相应的按钮，以不同的方式设置初始绘图环境。

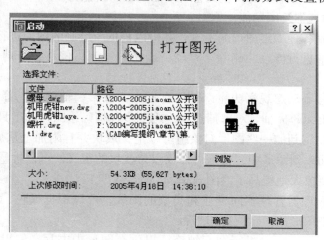

图 10-1 "启动"对话框

进入绘图状态主要采用以下两种途径。

1. 打开现有文件并开始绘图

单击"启动"对话框中的"打开图形"按钮，系统显示某个已经保存的图形，如图 10-1 所示。在"选择文件"对话框中，可根据文件名和有效地址打开已有的文件。用户可通过单击"浏览"按钮来查找所需的图形文件。

2. 从草图开始

单击"启动"对话框中的"从草图开始"按钮,系统提示用户选择绘图单位(英制或公制),如图 10-2 所示。公制的默认图形边界为 420 mm × 297 mm,即 A3 图纸幅面。

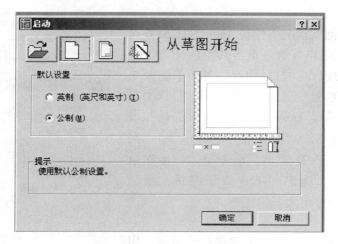

图 10-2 从草图开始对话框

二、操作界面

启动 Auto CAD 2006 之后,计算机将显示如图 10-3 所示的界面。

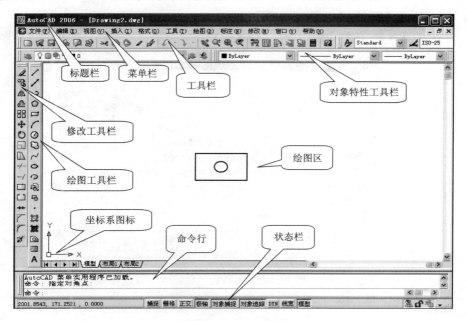

图 10-3 Auto CAD 2006 的界面

1. 标题栏

在大多数的 Windows 应用程序中都有标题栏,它出现于上部,显示了系统当前正在运行的程序名和用户正在使用的图形文件。若是刚启动 Auto CAD 2006 简体中文版，则文件名为 drawing1.dwg，这是 Auto CAD 默认的文件名，可以通过重新保存或者重命名将文件保存为新的文件名。

2. 菜单栏

菜单栏包括了通常情况下控制 Auto CAD 2006 运行的功能和命令，用户可通过单击其中的任意下拉菜单来执行相应的操作。根据约定，对于某些菜单项，若后面跟着省略符号（…），则表明选择该菜单项后将会弹出对话框，以提供更进一步的选择和设置。若菜单项后面跟有一个实心的小三角（▶），则表明该菜单有若干子菜单。如单击下拉菜单"视图"→"缩放"，则出现下一级子菜单，如图 10-4 所示。

3. 工具栏

工具栏中包含有 Auto CAD 的重要操作按钮，用户利用它们可完成绝大部分的绘图工作。单击下拉菜单中"视图"→"工具栏"或在命令行键入 TOOLBAR 命令均可打开如图 10-5 所示的对话框，打开或关闭任一工具栏。

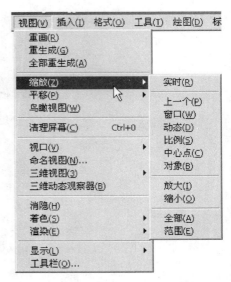

图 10-4 "缩放"二级子菜单

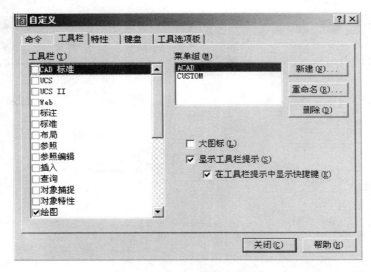

图 10-5 "工具栏"对话框

4. 绘图区

Auto CAD 2006 界面上最大的空白区是绘图区，也称视图窗口。它是用户的工作窗口，用户所做的一切（包括绘图或编辑）均可反映在该窗口中。在 Auto CAD 2006 绘图区内有十字线，称为光标，其交点反映了光标在当前坐标系中的位置。十字线的方向与当前用户坐标系的 X 轴、Y 轴方向平行。

5. 坐标系图标

在绘图区域的左下角有坐标系图标，它表示用户绘图时正使用的坐标系形式，其作用是为点的坐标确定一个参照系。根据工作需要，用户可以选择将其关闭，方法是选择菜单命令"视图"→"显示"→"UCS 图标"→"关"。

6. 命令行

命令行是输入命令名和显示命令提示的区域，默认的命令行布置在绘图区下方，是若干文本。移动拆分条可以扩大与缩小命令行窗口。对于当前命令行输入的内容，可按 F2 键并用编辑文本的方法进行编辑。

7. 状态栏

状态栏在屏幕的底部，其左侧显示绘图区中光标点的三维坐标值，右侧依次有"捕捉"、"栅格"等 8 个功能形状按钮。单击这些按钮，可以在这些绘图辅助设置的打开和关闭状态之间进行切换。

8. 滚动栏

在 Auto CAD 2006 的绘图窗口中，在窗口的下方和右侧还提供了用来浏览图形的水平滚动条和竖直滚动条。在滚动条中单击鼠标或拖动滚动块，可以在绘图窗口中按水平或竖直方向浏览图形。

三、文件管理

1. 新建图形文件

可通过以下几个方法来新建文件：

（1）在命令行输入：NEW。

（2）单击下拉菜单"文件"→"新建"命令。

（3）单击"标准"工具栏上的 ▢ 图标。

（4）按快捷键 Alt + N。

2. 保存图形文件

当图形绘制完毕时，单击"标准"工具栏上的图标或单击下拉菜单"文件"→"保存"或在命令行键入 SAVE，在"图形文件名"文本框中输入文件名"T1"，单击"保存"按钮，关闭对话框，就完成了该图形的存储。

图形文件的默认格式是 *.dwg 格式。SAVE 命令只能在命令行中使用。"文件"菜单或"标准"工具栏中的"保存"选项为 QSAVE。如果图形已命名，则 QSAVE 保存图形时不显示"图形另存为"对话框。若当前图形文件尚未命名，则在输入存盘命令时，自动打开"另存为"对话框，在该对话框中可为图形文件命名，并为其选择合适的路径，然后存盘。

3. 打开图形文件

进入 Auto CAD 界面后，单击"标准"工具栏上的图标或单击下拉菜单"文件"→"打开"或在命令行键入 OPEN，则出现如图 10 – 6 所示的"选择文件"对话框。在该对话框内可直接输入文件名"T1"或通过"搜寻"查找文件名 T1。用户可通过"预览"区预览该文件的图形内容，然后单击"打开"按钮，打开已有的 T1 图形。Auto CAD 2006 可一次打开多个图形文件。

单击 Auto CAD 界面右上角的关闭按钮或在命令行键入 CLOSE 命令或选择下拉菜单"文

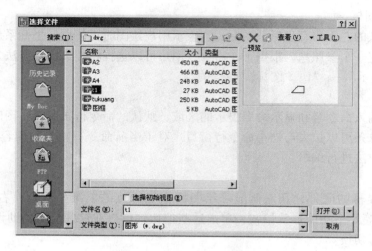

图 10-6 "选择文件"对话框

件"→"关闭",可关闭当前文件。如果当前图形文件没有存盘,则系统将弹出 Auto CAD 警告对话框,询问用户是否保存文件,如图 10-7 所示。此时单击"是"按钮或直接按回车键可保存当前图形文件并将其关闭;单击"否"按钮可关闭当前图形文件但不存盘;单击"取消"按钮则取消关闭当前图形文件的操作,即不保存也不关闭。

4. 退出 Auto CAD 2006

Auto CAD 2006 的退出方式有以下几种:

(1) 在命令行输入 QUIT。

图 10-7 保存警告对话框

(2) 单击下拉菜单"文件"→"退出"命令。

(3) 单击右上角的 ⊠ 按钮。

(4) 按快捷键 Alt + F + X。

第三节 基本设置和坐标系统

要熟练运用 CAD 绘图,就必须掌握系统提供的各种坐标表示方法,选取图形的方法。绘制图样必须遵循国家标准,因此 CAD 绘图前要进行一些设置。

一、图形坐标的表示方法

1. 绝对坐标

绝对坐标通过 X、Y 轴上的绝对数值来表示点的坐标位置。

表示方法为 X 坐标,Y 坐标,如:10,20 表示点的坐标 $X = 10$,$Y = 20$。

2. 相对坐标

通过新点相对于前一点在 X、Y 轴上的增量来表示新点的坐标位置。

表示方法为@X 轴增量,Y 轴增量,如:@10,20 表示新点与前一点在 X 轴上相差 10,

在 Y 轴上相差 20。

3. 极坐标

通过新点与前一点的连线，与 X 轴正向间的夹角以及两点间的矢量长，来表示新点的坐标位置。

表示方法为@矢量长<夹角（与 X 轴夹角，逆时针为正），如：@100<45 表示新点与前一点两点间的矢量长为 100，两点连线与 X 轴的夹角为 45°。

4. 极坐标的简化输入

第一点确定后，只需移动光标给出新点的方向，输入矢量长就可迅速确定新点的位置。极坐标简化输入方法配合极轴追踪方式，绘制指定角度的线段效果尤为明显。

例：画一条长度为 100 mm 的水平线。

（1）绝对坐标。启动直线命令→指定直线起点：0,0→直线的下一点：100,0↙

（2）相对坐标。启动直线命令→指定直线起点：在图形窗口任取一点→直线的下一点：@100,0↙

（3）极坐标简化输入。启动直线命令→指定直线起点：在图形窗口任意取一点→直线的下一点（打开正交或极轴追踪 90°）：100↙

二、设置图形界限、线型比例

1. 设置图形界限

设置图形界限即确定绘图区域。图形界限为一矩形区域，系统通过定义其左下角和右上角的坐标来确定图形界限。可根据所画图形的大小自行定义图形界限的大小。如绘制横放 A4 图（X 方向 297，Y 方向 210），可用以下命令实现：

Limits↙/↙（默认左下角坐标为 0,0）/297,210↙。

设置图限后，应全屏显示一下。"Z↙/A↙"可实现全屏显示，等效于按"缩放"工具栏中 按钮。此时最好按状态栏中"栅格"按钮打开栅格显示，栅格仅显示在图形界限范围内。当采用公制（mm）单位时，默认的栅格点之间距离为 10 mm。当图限很大时，栅格点太密，将无法显示。可在"栅格"按钮上单击右键/选择"设置（S）"，重新确定栅格大小（见图 10-8）。一般以全屏显示 20 左右个格为宜（如：图限为 10,000×10,000，可将栅格点之间距离设为 500）。显示栅格，可起到度量上的参考作用，方便判断屏幕上的局部区域的大小。

2. 设置线型比例

线型比例需根据图形界限大小设置，设置线型比例可调整虚线、点画线等线型的疏密程度，线型比例太大或太小，都使虚线、点画线等看上去是实线。线型比例的默认值为 1。当图幅较小（如 A4、A3）时，可将线型比例设为 0.3。设置线型比例的命令如下：ltscale（或 lts）↙/0.3↙。图幅较大（如 A0）时，线型比例可设为 10~25。

三、设置图层、颜色、线型和线宽

1. 设置图层、颜色和线型

单击"图层"工具栏中"图层特性管理器"按钮 ，打开图 10-9 所示的对话框。按图中所示逐层进行设置，所有图层设置完毕后，按"确定"按钮确认。其中的 图标控

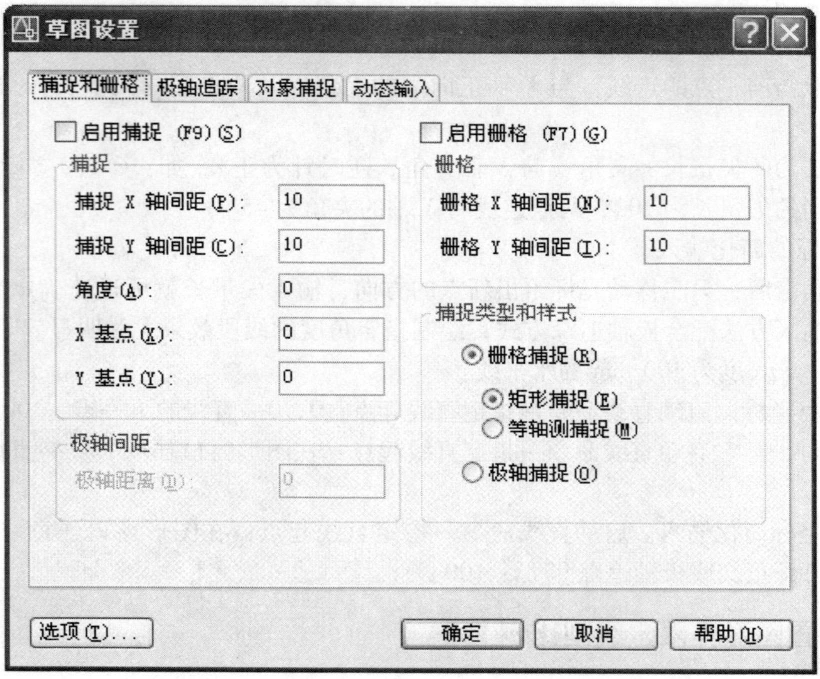

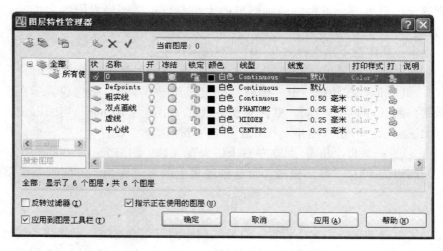

图 10-8 "捕捉和栅格"设置对话框

图 10-9 图层、颜色、线型、线宽设置

制图层的可见性；◯图标为冻结开关，冻结图层时不可修改，也不可见；图标为锁定开关，图层被锁定时可见但不可修改；图标控制图层的打印，关闭时不打印该层。注意当单击"颜色"列中的颜色块设置颜色时，可在出现的"选择颜色"对话框（图 10-10）中选择一种颜色，推荐选用上方的"标准颜色"；当设置"线型"列中的线型时，出现"选择线型"对话框（图 10-11），若该对话框中的列表中没有所需线型，可按"加载(L)…"按钮打开"加载或重载线型"对话框加载新的线型。建议在该对话框中寻找图 10-9 中所

示的线型名称设置虚线、点画线、双点画线。

图 10-10 "选择颜色"对话框

图 10-11 "选择线型"对话框

2. 设置线宽

线宽的设置，除粗实线建议设为 0.5 mm 之外，其他均可用默认线宽（0.25 mm），线宽设置对话框见图 10-12。默认线宽可根据需要进行修改。方法如下：右键单击状态栏中"线宽"按钮，在打开的"线宽设置"对话框（图 10-13）中设置。

图 10-12 线宽的设置

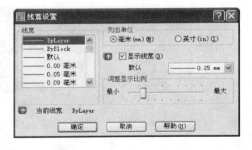

图 10-13 默认线宽的设置

3. 更换图层

画图时应养成按层画图的好习惯。利于图形的编辑修改和图纸输出。

更换图层的操作方法：

（1）见图 10-14，其结果是将细实线图层置为当前层。

（2）选中某图形对象，按图 10-14 中 按钮，则该图形对象所在图层被置为当前层。

（3）若欲将某图形对象换层，首先选中该图形对象，然后在图 10-14 所示图层控制下拉列表中选择新图层即可。

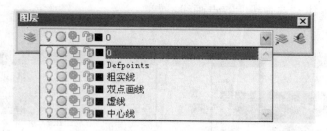

图 10-14　图层下拉列表

四、其他准备工作

检查状态栏中的按钮开关状态。为保证方便、快捷地绘图，推荐将"极轴"、"对象捕捉"、"对象追踪"按钮按下。

实际作图时，还应根据需要事先设置文本的样式、尺寸标注的样式等，本教材结合命令的使用讲解。以上准备工作做好之后，应存盘。可将其作为原形图保存，以后的作图工作不必每次都重新设置初始绘图环境，直接在原形图的基础上画图另存即可。

五、绘图区背景颜色的设置

Auto CAD 主界面的绘图区域，其默认配置背景颜色为黑色。如需改变背景色，如下步骤操作：

从下拉菜单"工具"→选项，弹出系统配置对话框如图 10-15，选择"显示"标签项，再单击"颜色"按钮，弹出"颜色选项"对话框，设置颜色为白色，单击"应用并关闭"按钮，回到"选项"对话框的"显示"标签项，单击"确定"按钮确定，则将背景色改为了白色。

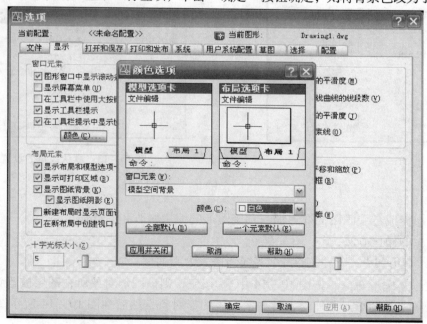

图 10-15　系统配置对话框

六、状态栏的设置

状态设置及显示区共有 9 项，其功能如图 10-16 所示，其中"DYN"为动态输入模式，是 Auto CAD 2006 新增加的功能。单击鼠标左键打开，再次单击则关闭。在状态栏按钮上单击鼠标右键可以进行设置，单击"设置"后弹出图 10-17 所示对话框，可以进行需要的设置。图 10-17 为"捕捉和栅格"设置对话框，如果需要设置其他内容，可选择相应的标签。若需要设置"对象捕捉"选项，可直接在"对象捕捉"按钮上单击鼠标右键，则弹出的对话框默认处于"对象捕捉"标签。

图 10-16　状态栏的设置

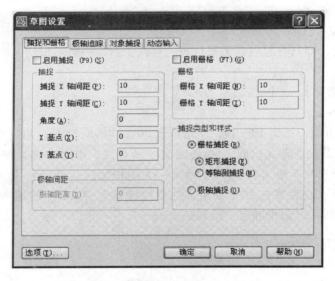

图 10-17　"捕捉和栅格"设置对话框

第四节　基本绘图命令

Auto CAD 2006 的下拉式菜单包括了所有命令，但在画图时很少用下拉式菜单的命令操作方式，下拉式菜单的命令方法通常用于工具条上找不到的命令的输入的情况。常用的功能及命令包含在 30 个工具条中，本节主要介绍二维绘图的常用工具条。

一、绘图工具条介绍

常用的绘图工具条如图 10-18 所示。限于篇幅，本节仅将常用命令作简单介绍。

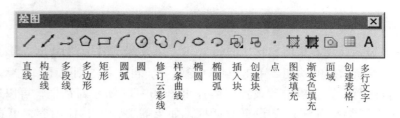

图 10-18 绘图工具条

1. 直线

系统通过确定线段的两个端点,或确定一个端点后在直线方向上产生一个位移来得到直线,端点的确定除了输入其坐标外,往往依据一定的约束条件得到。如圆的切线、与已知直线垂直的线段等,举例如下。

(1) 绘制直线段。

命令格式:

下拉菜单:【绘图】→【直线】。

图标位置:／在"绘图"工具条中。

输入命令:L↙(Line 的缩写)

(2) 绘制射线,即只有起点并无限延长的直线。射线一般用作辅助线。

命令格式:

下拉菜单:【绘图】→【射线】。

输入命令:Ray↙

例 10-1 作折线,见图 10-19,水平段长 30,倾斜段长 35,角度 45°。

打开正交模式及动态输入模式,／直线命令画直线,水平右移,如图 10-19 (a) 所示,将随机长度 23.298 7 改为整数 30↙确定;关闭正交模式画倾斜段,将图 10-19 (b) 中随机长度 34.795 4 改为整数 35↙确定,然后按键盘上"Tab"键切换输入角度值 45↙,如图 10-19 (c) 所示,回车确定,得到结果。

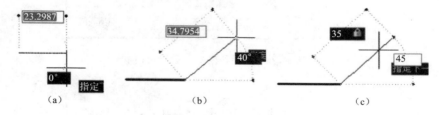

图 10-19 动态输入模式下画直线

例 10-2 作两圆的公切线,见图 10-20。

设置"对象捕捉点",仅保留切点 ⊙ ☑切点(N) ,／直线命令,在切点 P_1 的大致位置单击,再在切点 P_2 的大致位置单击,即可得到两圆的公切线。

例 10-3 过点 C 作已知直线 AB 的垂直线,见图 10-21。

设置"对象捕捉点",仅保留垂足 ┕ ☑垂足(P) ,／直线命令,从 C 引线至 AB,当出现垂足符号 ┕ 时,单击,即可得到 AB 的垂直线。

第十章　计算机绘图

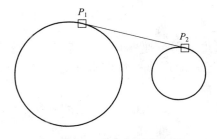

图 10-20　画两圆的公切线

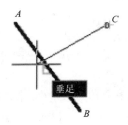

图 10-21　画直线的垂直线

2. 多段线

多段线是由多个宽度相同或不同的线段（直线或圆弧）组合而成的单一图形实体，封闭的多段线可计算其面积、周长。

例 10-4　利用多段线命令画长圆形（图 10-22）。

打开正交模式，其余模式关闭。多段线命令画直线，从起点 P 水平右移，命令行输入 20↓；输入选项 A（转换成画圆弧方式）↓，光标下移，输入 10↓；输入选项 L（转换成画直线方式）↓，光标水平左移，输入 20↓；输入选项 A↓/CL（使图形闭合）↓，结束。结果如图 10-23 所示。

例 10-5　利用多段线命令画圆弧（图 10-23）。

多段线命令/捕捉点 1（圆弧的起点）/A（画圆弧选项）↓/D（指定画圆弧的切线方向）↓/在点 1 的左下方圆弧的切线方向上单击左键，用以确定圆弧的切线方向/垂足（P）（按下键盘 Ctrl 键的同时单击鼠标右键）/捕捉轴线的垂足点 2/捕捉点 3/↓，结果如图 10-23。

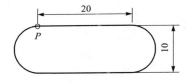

图 10-22　画长圆形

图 10-23　画圆弧

3. 绘制矩形

下拉菜单：【绘图】→【矩形】。

图标位置：□ 在"绘图"工具条中。

输入命令：Rec↙（Rectangle 的缩写）

选择上述任一方式输入命令，命令行提示：

指定第一个角点或［倒角（C）/标高（E）/圆角（F）/厚度（T）/宽度（W）］：

选项说明：

（1）倒角（C）——用于设置倒角距离。

（2）标高（E）——用于设置三维图形的高度位置。

（3）圆角（F）——用于设置矩形四个圆角的半径大小。

（4）厚度（T）——用于设置实体的厚度，即实体在高度方向延伸的距离。

（5）宽度（W）——用于设置矩形的线宽。

以上每个选项设置完成后，都回到原有的提示行形式，即：

指定第一个角点或［倒角（C）/标高（E）/圆角（F）/厚度（T）/宽度（W）］：

（6）指定第一个角点——该选项为缺省选项。输入矩形第一角点坐标值，命令行继续提示：

指定另一个角点或［尺寸（D）］：（输入矩形另一个对角点坐标值，结束命令）

4. 绘制正多边形（Polygon）

命令格式

下拉菜单：【绘图】→【矩形】。

图标位置：⬜在"绘图"工具条中。

输入命令：Po↙（Polygon 的缩写）

选择上述任一方式输入命令，命令行提示：

输入边的数目<4>：（输入正多边形的边数，默认为4。命令行继续提示）

指定正多边形的中心点或［边（E）］：

选项说明：

（1）指定正多边形的中心点。该选项为默认选项，用多边形中心确定多边形位置。当输入多边形中心坐标值后，命令行提示：

输入选项［内接于圆（I）/外切于圆（C）］<I>：

① 内接于圆（I）——用多边形的外接圆半径确定正多边形的大小，该选项为默认选项。

② 外切于圆（C）——用多边形的内接圆半径确定正多边形的大小。

（2）边（E）。根据正多边形的边长绘制正多边形。

5. 圆、圆弧和椭圆

（1）绘制圆。绘制圆的默认方式是确定圆心和半径，也可以通过三点、两点、与其他图形实体相切等其他方式画圆。

命令格式：

下拉菜单：【绘图】→【圆】→【…】。

图标位置：⊙在"绘图"工具条中。

输入命令：C↙（Circle 的缩写）

选择上述任一方式输入命令，命令行提示：

指定圆的圆心或［三点（3P）/两点（2P）/相切、半径（T）］：

选项说明：

① 指定圆的圆心。"指定圆的圆心"选项为该命令的默认选项，当输入圆心坐标值后，命令行提示：

指定圆的半径或［直径（D）］：（直接输入圆的半径，结束命令。如果输入D，命令行继续提示）

指定圆的直径：（输入圆的直径，结束命令）

② 三点（3P）。该选项表示用圆上三点确定圆的大小和位置。

③ 两点（2P）。该选项表示用给定两点为直径画圆。

④ 相切、半径（T）。该选项表示要画的圆与两条线段相切。

例 10-6 利用圆命令画图 10-24 所示正六边形的外接圆与内切圆。

打开正交模式，（圆命令）/3P↵/分别拾取"1、2、3"三个顶点，得到外接圆，/3P↵/拾取正六边形任意一边的中点，得到内切圆。

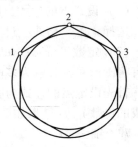

（2）绘制圆弧。绘制圆弧的默认方式是三点确定圆弧。

命令格式：

下拉菜单：【绘图】→【圆弧】→【...】

图标位置：在"绘图"工具条中。

输入命令：A↵（Arc 的缩写）

图 10-24 画外接圆与内切圆

绘制圆弧的方法：

① 三点（P）。三点（P）选项为该命令的默认选项。依次输入圆弧上三点的坐标确定圆弧。

② 起点、圆心、端点（S）。选择该选项后，命令行提示：

命令_ arc 指定圆弧的起点或［圆心（C）］:（输入圆弧的起点）

指定圆弧的第二个点或［圆心（C）/端点（E）］:_ c 指定圆弧的圆心:（输入圆弧的圆心）指定圆弧的端点或［角度（A）/弦长（L）］:（输入圆弧的终点）

例 10-7 利用圆弧命令画图 10-25 所示圆弧。

图中圆弧可通过依次确定点 A、B、C 画出：

① 画矩形：□/屏幕上任确定一点/另一角点输入@30，15↵；

② 打开捕捉模式，使中点、端点生效；

③ 画圆弧：光标在 D 处暂停，水平右移/10↵得到点 A/光标在中点 E 处暂停，垂直下移/10↵得到点 B/光标在 F 处暂停，水平左移/10↵得到点 C。

（3）绘制椭圆。绘制椭圆的默认方式是确定椭圆的长轴长度，再确定椭圆的短轴长度绘制椭圆。通过命令选项可以用其他方式绘制椭圆。

例 10-8 利用椭圆命令画图 10-26 所示等轴测圆。

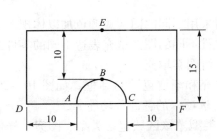

图 10-25 利用圆弧命令画圆弧

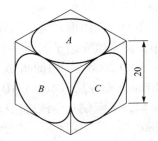

图 10-26 画等轴测椭圆

① 在状态栏中"栅格"按钮上击右键，打开图 10-17 所示对话框，选中"等轴测捕捉"按钮；

② 打开正交模式，画边长为 20 的正方形等轴测图；

③ 画椭圆：◎/I（画等轴测圆选项）↵捕捉上底面中心 A/10（半径）↵，◎/I↵捕捉左侧面中心 B/按 F5（改变椭圆方向）/10↵，◎/I↵捕捉右侧面中心 C/按 F5/10↵。结

果如图 10-26 所示。

6. 点

（1）设置点的样式，即设定点在屏幕上的表现形式和大小。

选择菜单"格式/点样式"，出现如图 10-27 所示对话框，从中选择所需样式，确认。

（2）定数等分：Divide 命令可将直线、圆弧、圆、自由曲线、多段线等进行等分（并没有将图形对象分解为多段的图形对象，只是用点作出标记）。操作如下：

首先设定点的样式为图 10-27 所示样式。Divide↓/单击欲进行等分的图形对象/5（欲分成的份数）↓/结果如图 10-28（a）。

7. 定距等分

Measure 命令可以利用点在图形对象上标记出一定的距离。操作如下：Measure↓/在欲作标记的对象起点附近单击左键/10（标记长度）↓/结果如图 10-28（b）。

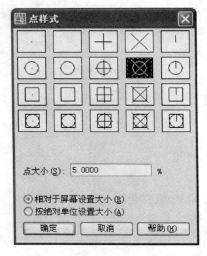

图 10-27 "点样式"对话框

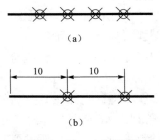

图 10-28 点的等份
(a) 定数等份；(b) 定距等份

8. 图案填充

对于复杂的剖面图形，为了区分各部分零件，可采用不同的图例或颜色加以体现。例如在机械图中，图案填充用于表达一个剖切的区域，并且不同的图案填充表达不同的零件或者材料。Auto CAD 2006 采用 Hatch 或 BHatch 命令来进行图案填充。

启动 BHatch 命令后，Auto CAD 将打开"图案填充和渐变色"对话框，如图 10-29 所示。限于篇幅，下面仅介绍该对话框中"图案填充"选项卡的各部分功能。

"类型和图案"选项区域：用于设置填充图案的类型。该区域包含类型、图案、样例和自定义图案列表内容，机械图的图案表示金属符号一般用"ANSI31"图案。

"角度和比例"选项区域：用于设置填充图案的角度和比例因子。该区域包含角度、比例等内容。角度下拉列表框用于设置当前图案的旋转角度，默认的旋转角度为零。注意逆时针方向旋转为正值，顺时针方向旋转输入负值。比例下拉列表框用于设置当前图案的比例因子。若比例值大于 1，则放大图案；若比例值小于 1，则缩小图案，默认值为 1。双向复选框用于类型列表中"用户定义"选项时，选中该复选框，则可以使用两组互相垂直的平行线填充图形，否则为一组平行线。间距也仅用于类型列表中"用户定义"选项时的间距调节。ISO 笔宽下拉列表框用于设置笔的宽度值,当填充图案采用 ISO 图案时,该选项可用。

"图案填充原点"选项区域:用于设置的图案填充原点。

"边界"选项区域:用于创建的图案填充的区域。

"选项"选项区域:包含关联和创建独立图案等内容,用于设置所填充图案的关联性。

"图案填充原点"选项区域:用于设置的图案填充原点。

"孤岛"选项区域:用于设置孤岛的填充方式。该选项有普通、外部和忽略三种方式,默认为普通方式。

"边界保留"选项区域:选中该区域保留边界复选框,系统将填充边界以对象的形式保留,并可以从对象类型下拉列表框选择保留对象的类型是多段线还是面域。

"边界集"选项区域:用于确定已拾取点方式填充图形时,系统将根据哪些对象来定义填充边界。

"允许的间隙"选项区域:用于设置填充非封闭边界时,在允许间隙的公差范围内以忽略图形中的缺口,系统视该边界为封闭。

"继承选项"选项区域:用于确定继承特性时原点的位置。

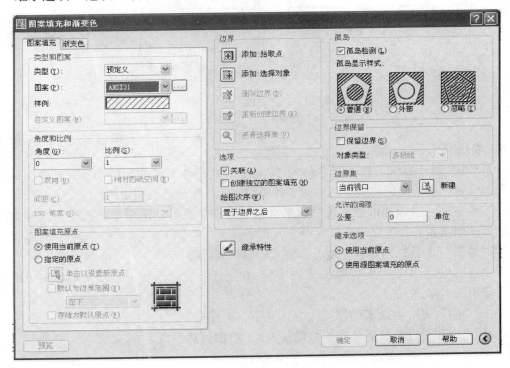

图 10-29　图案填充对话框

图 10-30(a)(b)(c)分别表明拾取内点进行图案填充的操作过程,拾取内点如图 10-30(a)所示;Auto CAD 2006 分析判断包含内点的边界如图 10-30(b)所示;最终图案填充结果如图 10-30(c)所示。

9. 面域

由现有的封闭图形对象可产生面域。圆、封闭的多段线、多边形命令产生的多边形也可

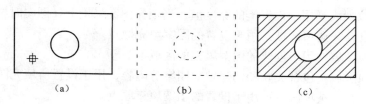

图 10-30 拾取内点的操作过程

形成面域。形成面域的操作：▨/拾取封闭多边形的各边/↙。

注意：构成面域的封闭图形各段图线须严格保证首尾相接。

形成面域后的图形对象之间可以进行布尔运算，图 10-31（b）（c）（d）为图 10-31（a）中两图形对象之间取并、取差和取交的结果。

取并的操作：▨/单击矩形面域和圆面域/↙。"取交"的操作与"取并"相同。

取差的操作：▨/单击被减的图形/↙/单击要减掉的图形/↙。

布尔运算工具 ▨ ▨ ▨ 位于"实体编辑"工具条中。

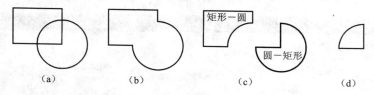

图 10-31 面域的布尔运算
(a) 原图；(b) 并集合；(c) 差集合；(d) 交集合

10. 表格

Auto CAD 2006 提供了自动创建表格的功能，这是一个非常实用的功能，其应用非常广泛，例如可利用该功能创建机械图中的零件明细表、齿轮参数说明表等。

（1）创建表。可以通过创建表对象来自动创建表，而不必使用单独直线和文字对象手动创建表。创建表后，可以在表单元中输入文字或添加块。

从"绘图"工具栏创建表。然后，输入标题和列标题。

① 在"绘图"工具栏上，单击"表格"，并创建不含标题行、表格基本方向上的副本样式，应用副本样式。

② 在"插入表"对话框的"插入方式"下，确保选定"指定插入点"。

③ 在"列和行设置"下，将列数设置为 6，数据行数设置为 4。

④ 单击"确定"，关闭"插入表"对话框。

⑤ 在图形中单击要放置表的位置。将显示"文字格式"工具栏，其中表的最下面标题行第一格处于选中状态。

⑥ 在表的标题行第一格行中输入"序号"，然后按 TAB 键。现在，第二列标题行处于选中状态。

⑦ 在第二个列标题行中输入"名称"，然后按 TAB 键依次选择下一个列标题行表单元，在各列标题行依次输入"代号、材料、数量、备注"，然后在表以外的位置单击以关闭"文字格式"工具栏。

⑧ 选中"序号"正上方栏，双击使处于"文字格式"状态，输入数字"1"，键盘上向上键"↑"切换依次输入数字"2、3"，然后在表以外的位置单击以关闭"文字格式"工具栏。创建的表格如图 10–32 所示。

3					
2					
1					
序号	名称	代号	材料	数量	备注

图 10–32　表格命令创建的明细表

（2）向表添加行。希望向表中添加另一零件，因此需要额外添加一行。具体操作如下：
① 在表中包含文字"3"的单元内单击以选择它，然后单击右键，并在快捷菜单上单击"插入行" > "上方"。新行添加到表当前行的上方。见图 10–33 所示。
② 单击新插入的空单元以选择它，然后双击左键，进入编辑状态。
③ 在单元中，输入 4。
④ 在表以外的任意位置单击以关闭"文本格式"工具栏。结果见图 10–34。

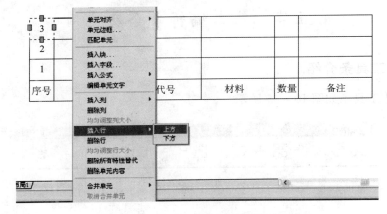

图 10–33　表格插入行快捷菜单

4					
3					
2					
1					
序号	名称	代号	材料	数量	备注

图 10–34　表格插入行结果

（3）修改表特性。可以修改表中文字的格式。具体操作如下：
① 在图形中，放大表对象以便可以更轻松地看到文字修改。
② 在表中，单击第一行以选择它。然后，按住 Shift 键并单击第二行。
现在，前两行处于选中状态。要选择多个行，请按住 Shift 键。
使用"特性"选项板来修改在这两行中的文字样式。

③ 在这两行仍然处于选定状态时单击右键,并在快捷菜单上单击"特性"。显示"特性"选项板。

④ 在"特性"选项板的"内容"下,单击"文字样式"以选择它,并将文字样式从"标准"修改为"标题"。

现在,标题和标题行中的文字均显示为粗体,即标题样式。

⑤ 关闭"特性"选项板。

⑥ 按 ESC 键清除在表中的选择。

(4) 使用夹点修改列。可以使用夹点来调整表的大小。可以修改某一列的宽度而不修改表的整体宽度,方法是在移动夹点时按 Ctrl 键。具体操作如下:

① 单击表的任意边界以选择整个表。

注意,夹点位于表的各个角点以及每列的顶角。

② 按 Ctrl 键防止修改表的整体大小,然后单击两列之间的夹点。

③ 向左移动 SYMBOL 列夹点使该列变窄,然后再次单击以设置新宽度。释放 Ctrl 键。

④ 按 Esc 键清除对表的选择。

⑤ 关闭图形,不保存所做更改。

第五节 基本编辑命令及应用

一、修改工具条介绍

常用的修改工具条如图 10-35 所示。

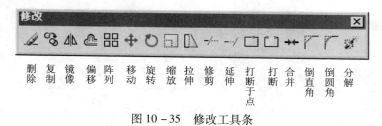

图 10-35 修改工具条

二、基本编辑命令

1. 构造选择集

要对图形对象进行编辑,首先要选中图形对象。所有选中对象的集合称为选择集。主要方法如下:

(1) 单击图形对象构造选择集:对多个对象逐一单击,构成选择集。

(2) 用矩形框构造选择集:Auto CAD 能用矩形框来同时选择多个编辑对象。用光标确定矩形框的两个角点即可。注意,此方法有如下两种不同的选择方式:

方式一:先指定矩形框左边的角点称窗口方式(Window)。只有当图形对象全部处于矩形框内时才被选中。

方式二:先指定矩形框右边的角点称交叉方式(Crossing)。只要图形对象有一部分在矩形框内即被选中。

（3）采用"快速选择"工具，选择满足条件的实体构造选择集。方法是在绘图工作区单击鼠标右键，在出现的快捷菜单中选择"快速选择"，出现图 10-36 所示对话框。按图 10-37 所示操作，图形中所有颜色为黄色的实体被选中。

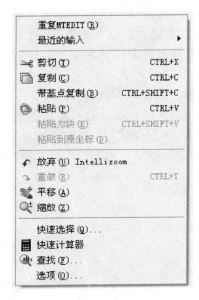

图 10-36　快捷菜单

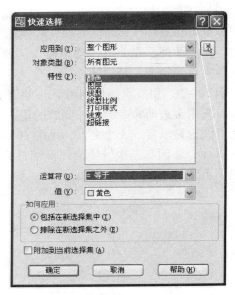

图 10-37　"速选择"对话框

按 Esc 键可取消刚构造的选择集；若想从选择集中去除某个图形对象，可按住 Shift 健后单击要去除的图形对象；当命令行中提示"选择对象:"时，键入 All 将全选实体，键入 L 选中上一个实体，键入 u 取消上一次选中的实体。

2. 夹点操作

Auto CAD 可以在不使用任何命令的情况下对夹点（又称夹持点）进行编辑操作。

（1）显示夹点。单击某图形对象，则意味着选中该图形并显示其夹点（显示为蓝色空心小方框）。在 Auto CAD 2006 中，要使夹点消失，可按一次 Esc 键。

（2）激活夹点。首先单击图形对象，使显示夹点，再单击想编辑的夹点。此时该夹点由蓝色空心小方框变为红色实心小方框。这种夹点称为热夹点。此后所进行的编辑是针对热夹点的。

夹点编辑共有 5 种方式：

①拉伸：根据热夹点在图形中的位置不同，进行编辑的动作也不一样。如果夹点是图形对象上的边界点，如线的端点、圆周或弧上的点，则执行拉伸操作。如果夹点是图形对象上的内部点，如圆心、中点、文本或图块对象的插入点，则移动该对象。

②移动：移动选中的图形对象，热夹点作为移动的基点，另一个点可从键盘键入或鼠标拾取。

③旋转：旋转选中的图形对象，热夹点作为旋转的基点。旋转角度可用键盘键入或拖动光标确定。

④缩放：按比例缩放选中的图形对象，热夹点作为缩放的基点，缩放比例可用键盘键

入或拖动光标确定。

⑤ 镜像：生成与所选图形对称的图形对象，即关于某直线的对称图形点作为对称线的一个端点，另一个端点一般由光标确定。

在编辑夹点的过程中可以进行"复制"等选项操作。

（3）五种编辑方式的转换。五种夹点编辑方式之间的转换可通过按回车键实现。多次按回车键可在五种方式之间转换，转换结果在命令提示行有显示；也可在热夹点上单击鼠标右键切换。此外，在关闭"动态输入"模式下，可输入某编辑方式的名字直接调用。系统默认的夹点编辑方式是拉伸。

例 10 - 9　用夹点操作画图 10 - 38（d）所示的图形。操作如下：

首先用多边形命令画出一倒放的正三角形并分解，见图 10 - 38（a）；单击该正三角形右边斜线，显示直线 3 个夹点，见图 10 - 38（b）；单击直线下端的夹点使变为热点，见图 10 - 38（c）；回车三次转换为比例缩放方式，输入比例因子"2"，确认，按 Esc 结束，结果如图 10 - 38（d）。

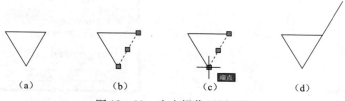

图 10 - 38　夹点操作画图过程

3. 移动和复制

移动命令 ✥ 和复制命令 ✇ 的用法相同，图 10 - 39（b）（c）分别是将图 10 - 39（a）中小圆移动和复制的结果。Auto CAD 2006 中默认方式是多重复制，图 10 - 39（d）是多重复制的结果。命令执行过程如下：

（1）移动：✥/选中小圆/↵/捕捉圆心 A/捕捉圆心 B，结果见图 10 - 39（b）。

（2）复制一次：✇/选中小圆/↵/捕捉圆心 A/捕捉圆心 B，Esc 退出，结果见图 10 - 39（c）。

（3）多重复制：✇选中小圆/↵/捕捉圆心 A/捕捉圆心 B/捕捉圆心 C/捕捉圆心 D，Esc 退出，结果见图 10 - 39（d）。

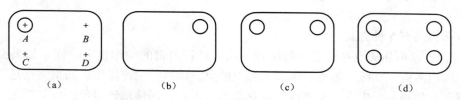

图 10 - 39　移动与复制过程
（a）原图；（b）移动；（c）复制一次；（d）多重复制

4. 偏移

偏移命令可以创建同心圆、平行线和平行曲线。常见用法有：在距现有对象指定的距离处创建对象或创建通过指定点的对象。执行偏移命令后，系统提示："指定偏移距离或 [通过（T）/删除（E）/图层（L）] <当前距离>:"，指定距离、输入选项或按 Enter 键，然后选择偏移对象进行操作。

图为偏移命令用法，具体操作如下：

对于图 10-40（a），⌂/5/选中水平直线作为偏移对象/鼠标上移，单击选择偏移侧，回车结束操作，结果如图 10-40（c）所示。

对于图 10-40（b），⌂/输入选项"T"/选中水平直线作为偏移对象/鼠标上移，单击选择通过点，回车结束操作，得到相同结果。

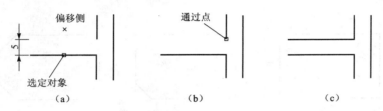

图 10-40 偏移命令用法
(a) 定距离偏移；(b) 通过点偏移 (c) 偏移结果

5. 旋转与缩放

（1）旋转。图 10-41 为旋转命令的用法。操作如下：◯/选择欲旋转的图形（图中右边凸起）/↓/捕捉旋转基点 O/45（旋转角度）↓。

（2）缩放。缩放可放大或缩小图形。操作方法：▢/选择欲缩放的图形/↓/指定缩放基点/缩放比例（<1 缩小，>1 为放大）↓。

6. 圆角与直角

（1）圆角。倒圆角命令的操作如下：

▢/R（改变圆角半径）/↓/5（半径值）↓/p（多段线）↓选择矩形任意一条边，可得如图 10-42（b）所示结果。

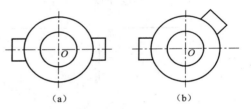

图 10-41 旋转命令用法
(a) 旋转前；(b) 旋转后

图 10-43 所示结果也可以用圆角命令实现，即在命令后，不必确定圆角半径，直接选择两条边的同一侧即可。

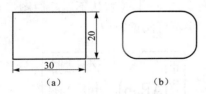

图 10-42 矩形倒圆角
(a) 原图；(b) 倒圆角后

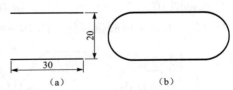

图 10-43 两平行线倒圆角
(a) 原图；(b) 倒圆角后

图 10-44 所示为两圆之间倒圆角结果。具体操作如下：

▢/R（改变圆角半径）/↓/10（半径值）↓/选择大圆上侧/选择小圆上侧/↓/选择大圆下侧/选择小圆下侧，可得如图 10-44 所示结果。

7. 倒直角

图 10-45 为矩形倒直角操作情况，具体如下：

⌐/D（改变距离）/↓/5↓/↓（默认第二侧长度也为 5）/选择矩形上面一条边/选择矩形右边一条边/↓/↓（重复执行⌐命令）/选择矩形下面一条边/选择矩形右边一条边，可得如图 10-45（b）所示结果。

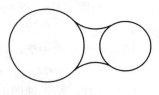

图 10-44 两圆之间倒圆角

⌐/D（改变距离）/↓/5↓/p（多段线）↓/选择矩形任意一条边，可得如图 10-45（c）所示结果。

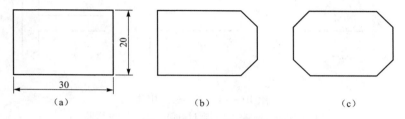

图 10-45 矩形倒直角

将图 10-46（a）（b）（c）所示图形编辑为如图 10-46（d）所示。操作过程：⌐/D/↓/0↓/0↓/选择图 10-46（a）中水平边/选择竖直边，重复操作图 10-46（b）（c），均得到图 10-46（d）所示结果。

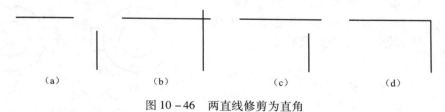

图 10-46 两直线修剪为直角

8. 镜像与阵列

（1）镜像。镜像命令用于生成已知图形的对称图形，以下操作可得图 10-47 所示结果。

⚠ 选择图 10-47（a）所示图形/拾取镜像线的两个端点/↓（默认不删除原图形）。图 10-47（b）为文字可阅读镜像，图 10-47（c）为文字不可阅读镜像。

图 10-47 镜像
(a) 原图；(b) 镜像后 Mirrtext = 0；(c) 镜像后 Mirrtext = 1

（2）阵列。阵列分为圆周阵列和矩形阵列。

例 10-10 圆周阵列练习：画出图 10-50（b）所示图形。画图步骤如下：

① 画图 10-50 (a) 所示图形。

② 作圆周阵列：品/弹出图 10-48 所示对话框/选中右端凸台/↓P（圆周阵列选项）↓/捕捉圆心 O/4（阵列个数）/360（范围）↓/↓（默认阵列时旋转），结果见图 10-50 (b)。

例 10-11 矩形阵列练习：画出图 10-51 所示图形。画图步骤如下：

① 画直径为 10 的圆。

② 作矩形阵列：品/弹出图 10-49 所示对话框/选中所画圆/↓R（矩形阵列选项）↓/3（行数）/4（列数）/14（行间距）↓/12（列间距）↓，结果见图 10-51。

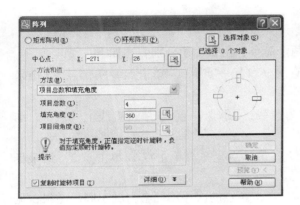

图 10-48 圆周阵列对话框

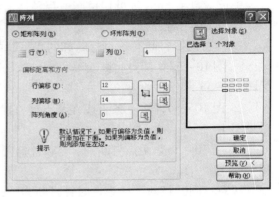

图 10-49 矩形阵列对话框

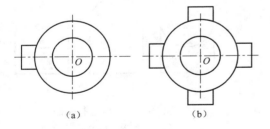

图 10-50 圆周阵列
(a) 阵列前；(b) 阵列后

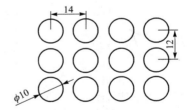

图 10-51 矩形阵列

9. 修剪与延伸

(1) 修剪。如图 10-52 (a) 所示，┼/选择欲作为剪切边的实体（两条直线）/↓/选择要剪切掉的部分（两个 1/4 圆周）/↓，结果见图 10-52 (b)。

该命令更为广泛的用法是：┼/↓/逐个单击要剪切掉的部分。如果中途操作有误，输入 U（取消）/↓/然后继续单击要剪切掉的部分。该操作未选择剪切边，默认为图中所有实体均作为剪切边。

(2) 延伸。如图 10-52 (c) (d) 所示，┼/选择延伸目标（两条直线）/↓/单击欲延伸的部分（各圆弧两端）/↓。

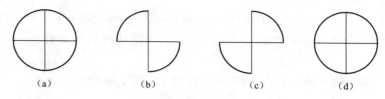

图 10-52 修剪与延伸
(a) 修剪前;(b) 修剪后;(c) 延伸前;(d) 延伸后

该命令同样有:如果未选择延伸目标边,默认为图中所有实体均作为延伸目标边。操作过程中按键盘上 Shift 键可切换修剪与延伸命令。

10. 打断与合并

(1) 打断。打断有一点打断和两点打断两个命令,主要用途分别叙述如下:

① 图 10-53,两点打断直线:▭/选择直线/F(第一点)↵/单击点1/单击点2,结果见图 10-53(b)。

② 图 10-54,将一条直线在某点处打断为两截:▭/选择直线/单击直线上一点 P,结果见图 10-54(b)。

③ 图 10-55,两点打断圆:▭/选择圆/F(第一点)↵//单击点1/单击点2,结果见图 10-55(b)。

注意:圆的打断默认为逆时针打断为圆弧,点击两点的次序不同会得到不同的结果,见图 10-55(b)。

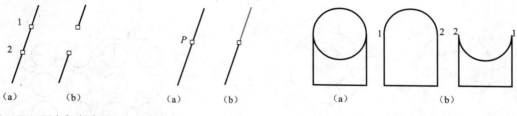

图 10-53 两点打断直线　　图 10-54 一点打断直线　　图 10-55 两点打断圆
(a) 打断前;(b) 打断后　　(a) 打断前;(b) 打断后　　(a) 打断前;(b) 打断后

(2) 合并。合并是将直线、圆弧或多段线添加到开放的多段线的端点,并从曲线拟合多段线中删除曲线拟合。要将对象合并至多段线,其端点必须接触。若被合并对象的属性与原多段线不同,合并后跟随第一条多段线的属性。

图 10-56 为将直线(倾斜段)添加到开放的多段线(水平段)上,使之成为一个对象;图 10-57 为多段线添加到开放的多段线,如果将要添加的对象是多段线拟合的样条曲线,如图 10-57(b),合并后拟合段将恢复为拟合前的状态合并,如图 10-57(c)所示。

11. 对齐命令

对齐命令可用于图形的装配,以下操作可装配图 10-58 中图形。

✢(对齐命令 Align)↵/选择左侧的图形实体/↵/拾取点 1(第一个源点)/拾取点 1′

图 10-56 直线添加到开放的多段线
(a) 合并前;(b) 合并后;(c) 合并前;(d) 合并后

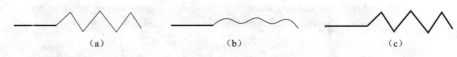

图 10-57 多段线添加到开放的多段线
(a) 原图;(b) 合并前拟合;(c) 合并后

(第一个目标点)/拾取点 2（第二个源点）/拾取点 2′（第二个目标点）/↓（结束）/↓（不缩放）。用对齐命令装配的图形还需要做进一步整理,使符合工作图要求。

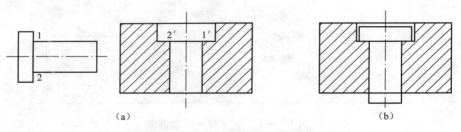

图 10-58 对齐命令用于图形装配
(a) 对齐前;(b) 对齐后

第六节 文本及尺寸标注

在 Auto CAD 2006 中可以为图形进行文本标注和说明,另外,在图形中还经常出现一些诸如直径符号（φ）,角度符号（°）等。这些在 Auto CAD 中都可以实现。对于已标注的文本,还有相应的编辑命令,使得绘图中文本标注能力大为增强。

标注文本之前,需要先给文本字体定义一种样式（Style）,字体样式是所用字体文件、字体大小、宽度系数等参数的综合。

一、设置文字样式

按菜单"格式/文字样式",在出现的"文字样式"对话框（图 10-59）中设置。设置顺序为：新建/填样式名/确定/选择宋体/确定宽度比例/确定倾斜角度/应用；如需要创建多个样式,重复以上步骤设置需要的字样；最后按"关闭"按钮。

按表 10-1 设置三种文字样式。

表 10-1　三种文字样式的具体设置内容

字样名	字 体	宽度系数	倾斜角度	注 意 事 项
样式 1	宋体	0.7	0	1. 字高默认值为 0，即 2.5 mm。推荐不改变默认的字高，待书写时再确定字高。否则只能采用事先设好的一种字高 2. 选择汉字字体时，下拉列表上部分的汉字（前面带 @）是横写的，应选取下部分的汉字字体
样式 2	仿宋体	1	0	
样式 3	Isocp	1	15	

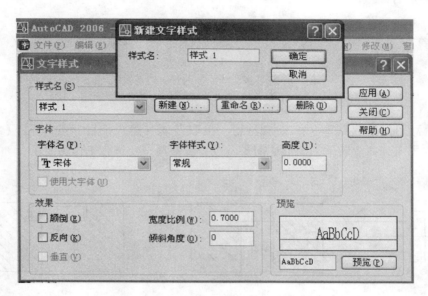

图 10-59　"文字样式"对话框

二、文本的对齐方式

书写文字时根据对齐方式确定基点的位置，默认的对齐方式在左下角的对齐方式（图 10-60）。

图 10-60　文本的对齐方式

三、书写单行文本

"DT"命令用于书写单行文本，激活该命令后，可选项确定书写文本的样式（S 选项）、对齐方式（J 选项）等，然后指定文字的起点，书写文字。

四、书写多行文本

书写文字的另一种方式是采用多行文本输入。方法是输入命令"T"或"MT",或者激活"绘图"工具栏中 **A** 命令指定书写区域(用一个矩形框确定,拾取两个角点即可)/在出现的多行文本编辑器中录入文本,多行文本编辑器类似于字处理软件,在其中可改变字体、字高、插入符号等,见图 10-61。

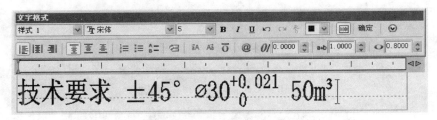

图 10-61 多行文本编辑器

五、文本的编辑修改

双击欲修改的文本/在打开的对话框中修改即可。该方法可修改单行文本、多行文本。若要编辑修改尺寸文本:命令行输入 ED/单击欲修改的尺寸文本/在打开的对话框中修改即可。该方法也可连续修改单行文本、多行文本。

六、Auto CAD 2006 尺寸标注

采用 Auto CAD 绘图时,一般采用 1∶1 绘图,这样可以直接利用 Auto CAD 的自动尺寸标注功能。进行尺寸标注时,首先需要设置尺寸标注样式,然后利用尺寸标注工具条的各项命令进行尺寸标注。

尺寸标注工具条如图 10-62 所示。

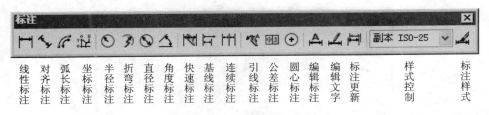

图 10-62 尺寸标注工具条

1. 设置尺寸样式

选择菜单"格式/尺寸样式"或单击标注工具栏中 按钮,打开图 10-63 所示对话框,按"新建"按钮/键入新样式名/按"继续"按钮,在出现的"新建标注样式"对话框中继续设置。

按照图 10-64、图 10-65 和图 10-66 中所示分别设置"建筑、水平、直径"三种尺寸样式。三种尺寸样式的标注样例见图 10-67。

(1) 设置"建筑"尺寸样式:以 ISO-25 为基础样式,在对话框"符号"标签下将箭

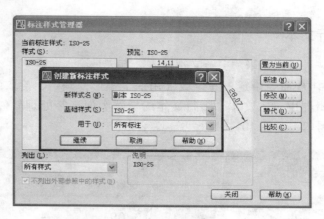

图 10-63　新建标注样式对话框

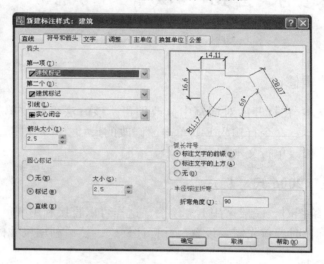

图 10-64　设置标注样式"建筑"

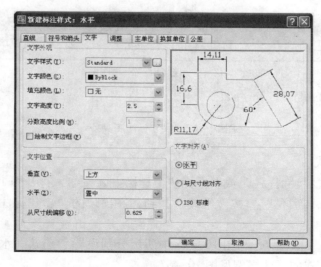

图 10-65　设置标注样式"水平"

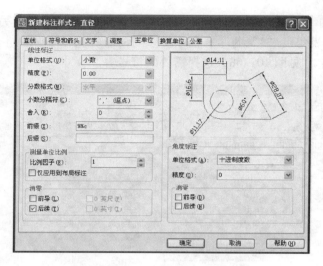

图 10-66 设置标注样式"直径"

头选项均设置为建筑标记，其余设置不变，见图 10-64。

注意以下两点：

① 在"调整"标签"标注特征比例"中的"使用全局比例"默认值为"1"，这时尺寸数字字高、箭头长度均为 2.5 mm。若该项设置为 2，则尺寸数字字高、箭头长度均放大 2 倍，即为 5 mm。用户可根据需要设置合适的比例因子。

② 将该样式的字体改成所标注尺寸数字所需要的字体。这样在图 10-65 中"文字"标签下的内容不必更改，尤其尽量不要更改该标签下的字高默认值和"直线和箭头"标签下的"箭头大小"默认值。设置全局比例因子已经可以方便地得到 2.5 mm 倍数的字高和箭头大小。

（2）设置"水平"尺寸样式：以 ISO-25 为基础样式，其中"文字"标签下的"文字对齐"设置为水平。其余设置不变，见图 10-65。

（3）设置"直径"尺寸样式：以 ISO-25 为基础样式，其中"主单位"标签下的"前缀（X）"后面输入"%%c"。其余设置不变，见图 10-66。

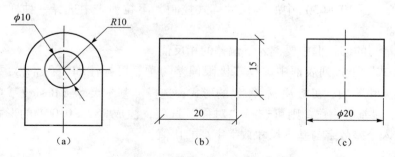

图 10-67 三种标注样式的标注效果
(a) 水平样式；(b) 建筑样式；(c) 直径样式

注意以下几点：

① 图 10-66 中两个标签下均有"精度"设置，应先设"主单位"下的精度，后设

"公差下的精度"。

②"前缀"中的"%%c"代表"φ",是系统提供的特殊符号。另外"%%p"代表"±";"%%d"代表角度"°"符号;需要更多符号,在文本输入区击鼠标右键,则会弹出"符号"快捷菜单,见图10-68,选择需要的符号。

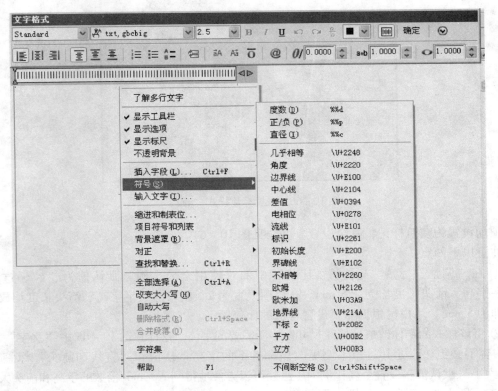

图10-68 "符号"快捷菜单

③标注偏差时由于每次标注的数值可能不同,"公差"标签下的"上偏差"和"下偏差"可不设定,标注时可使用该尺寸标注样式的"替代"方式标注尺寸,标注完毕后在"标注"工具条(图10-63)中的"尺寸样式控制"下拉列表中选择一种样式,则该替代样式自动取消。

④"下偏差"的编辑框中要键入下偏差的相反值。

⑤在"方式"下拉列表框中选择"极限偏差"项,可标注如 $280_{-0.002}^{-0.001}$ 形式的尺寸;若选择"极限尺寸"项,可标注成 $280.001 \atop 279.999$ 的形式;选择"基本尺寸(Basic)"项,标注结果为 $\overline{280}$。若上下偏差值一致,则可选择"对称"选项,注成 280 ± 0.001 的形式。"高度比例"编辑框键入公差数字与基本尺寸数字字高的比值。

2. 尺寸标注

例10-12 标注图10-69(a)所示的尺寸。

⊘/选中圆弧/T(书写文字选项)↙/2×%%c50↙/用光标确定书写位置(左键单击)。

例10-13 标注图10-69(b)(c)所示的尺寸。此例练习尺寸的编辑与尺寸公差与尺寸配合的标注。

（1）▯/捕捉点 A/捕捉点 B/T↙/%%c25H7/g6↙/在合适的位置单击左键确定书写位置。

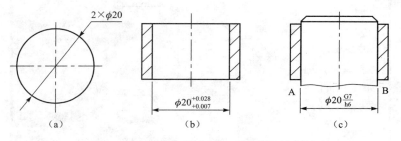

图 10-69　尺寸文本编辑与"堆叠"的作用

（2）A̲（自定义于"修改Ⅱ"工具条）或 ED↙/选中图中已注好的尺寸/在出现的文本编辑对话框中选中 H7/g6，按堆叠按钮"♣"/确定。

另外，堆叠按钮 ♣ 可将"+0.028^-0.007"变成 $^{+0.028}_{+0.007}$ 的形式，如图 10-69（b）所示。

3. 正等轴测图中各轴测面上的文本以及轴测图的尺寸标注

（1）书写文本。首先设置两种文本样式 T-30（参见图 10-70 对话框，倾斜角度为 -30°）和 T30（倾斜角度为 30°）。

书写文本的操作如下：DT↙/S（文字样式选项）↙/T-30（选择 T-30 样式）↙/指定书写文字的起点（如图 10-71 正方体中间顶点）/2（字高）↙/30（旋转角度，为文字书写方向）↙/键入文本"T-30，30°"/↙/↙。结果见图 10-71。图 10-71 还表示出了在各种位置书写文本所用的文本样式和旋转角度。

图 10-70　文字样式对话框

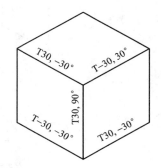

图 10-71　轴测图中的文字

（2）尺寸标注。与两种文字样式相对应，设置两种尺寸标注样式 D-30（参见图 10-72 所示对话框，文字样式采用 T-30）和 D30（文字样式采用 T30）。

尺寸标注的操作举例如下：

① 用 ↘ 命令标注尺寸，见图 10-73（a）。

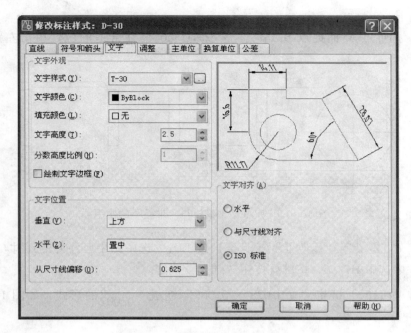

图 10-72 设置标注样式 D-30

② 编辑尺寸标注：A/O↓/选中所注尺寸/↓/-30（倾斜角度）↓，结果见图 10-73 (b)。

轴测图中各种尺寸标注所使用的尺寸样式及编辑尺寸的倾斜角度见图 10-73（c）。

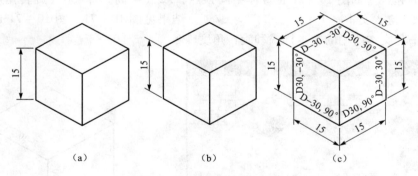

图 10-73 轴测图尺寸标注

第七节　绘制平面图形

一、平面图形的作图分析

平面图形的作图分析是正确而迅速地绘制平面图形的重要保证。该分析包含尺寸分析和线段分析两部分。尺寸分析的重点是确定图形上各尺寸的性质，即确定图中所注尺寸是定形尺寸（确定对象形状和大小的尺寸）或是定位尺寸（确定对象在整个图形中位置的尺寸）；

线段分析则是在尺寸分析的基础上,确定各线段的性质,即分清已知线段(定形尺寸和定位尺寸齐全)、中间线段(定位尺寸不全)和连接线段(无定位尺寸)等三类线段。

二、平面图形的绘制

以图 10-74 所示的平面图形为例,介绍平面图形的绘制方法。

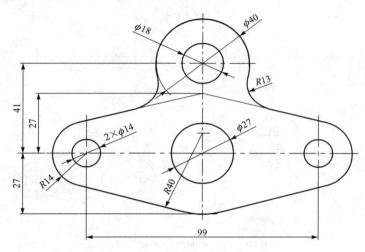

图 10-74 平面图形及尺寸

绘制平面图形的步骤如下:

(一) 平面图形分析

1. 尺寸分析

该图形中的线性尺寸 99、41 和 27 为定位尺寸,$\phi 40$、$\phi 18$、$\phi 27$、$2 \times \phi 14$、$R13$、$R40$ 和 $R14$ 等均为定形尺寸。

2. 线段分析

根据尺寸分析的结果,该图形中圆或圆弧 $\phi 40$、$\phi 18$、$\phi 27$、$2 \times \phi 14$、$R14$、$R40$ 为已知线段,连接 $R14$ 上方的两条直线为中间线段,$R13$ 和连接 $R40$ 下方的两条直线为连接线段。

(二) 平面图形绘制

图 10-75 (e) 所示的平面图形的作图过程如图 10-75 所示,具体步骤如下:

(1) 绘制图形的基准线及各线段的定位线,如图 10-75 (a) 所示。作图时应注意:

① 图形的基准线一般为图形的对称线、中心线或该图形上较长的直线段,本例以对称线和中心线为基准线。由于图形左右对称,故仅需绘制右一即可。

② 选择点画线所在的层为当前层。

③ 相互平行的线段应尽量采用偏移命令作图。

(2) 绘制已知线段,如图 10-75 (b) 所示。作图时应注意:

① 先画已知线段 $\phi 40$、$\phi 18$、$\phi 27$、$2 \times \phi 14$、$R14$、$R40$。

② 绘制线段时,应尽量采用对象捕捉方式或采用"先画长后剪短"的作图方法,以满足图线"线线相交"的要求。

③ 绘制圆弧时,可采用圆命令。

(3) 绘制中间线段和连接线段，如图 10-75（c）所示。采用"修剪"和"删除"命令除去多余的图线，如图 10-75（d）所示。

(4) 采用"镜像"命令绘制为半边的图形，按制图要求整理个线段，如图 10-75（e）所示。

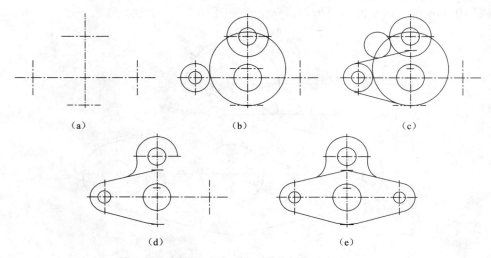

图 10-75 平面图形的绘制过程

第八节 零件图绘制

零件图是组织生产、进行零件加工和检验的主要技术文件之一。一张完整的零件图通常包括以下内容：

(1) 一组视图：用视图、剖视、断面、局部放大图等，完整、正确、清晰的表达零件的结构形状。

(2) 完整的尺寸：完整、正确、清晰、合理的标注出制造零件的全部尺寸。

(3) 技术要求：用国家标准规定的一些符号、代号、数字、文字等表示零件在制造检验时达到的一些技术要求。

(4) 标题栏：用规定的格式表达零件的名称、材料、数量及绘图、比例、图号、制图和审核人的签名及日期等。

一、图块

在绘制工程图样、注写技术要求时，常常会遇到反复应用的图形，如零件表面粗糙度符号、基准符号、建筑标高等，这些图例可以由用户定义为图块。图块是由若干个单个实体组合成的复合实体。定义成图块的实体可当作单一的对象来处理，可以在图形中的任何地方插入，同时可以改变图块的比例因子和旋转角度。图块一经定义，可多次引用。

1. 创建图块

步骤为：① 画出图形；② 定义属性；③ 创建图块。

例 10-14　绘制零件表面粗糙度图块。操作步骤如下：

按图 10-76（a）中所给尺寸画出零件表面粗糙度符号（图中的小方块是定义图块属性时属性文字插入基点位置，不必画出）。

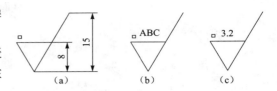

图 10-76　创建图块图例

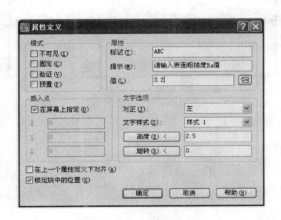

图 10-77　属性定义

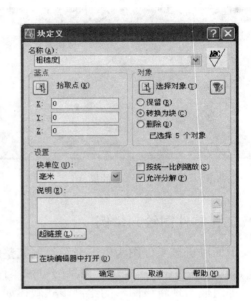

图 10-78　块定义

定义图块的属性：该零件表面粗糙度有一处需要填写属性，因此应定义 1 个属性。定义属性的操作如下：选择菜单"绘图/块/定义属性"/打开图 10-77 所示对话框/按图中内容操作定义属性结果见图 10-76（b）。

创建图块：块命令/在出现对话框（见图 10-78）中定义块。首先键入块的名称，按"拾取点"按钮，返回绘图工作区，单击三角形下面顶点作为块的插入基点；按"选择对象"按钮，返回绘图工作区，将图 10-76（b）全选，回车，按"确定"按钮。

2. 插入图块

"绘图"工具条中插入块命令/在弹出对话框（图 10-79）中操作。

首先在下拉列表中选择要插入的块/确定 X、Y、Z 方向的缩放比例/指定旋转角度/确定/返回绘图工作区/拾取需要插入的位置点/命令行提示"请输入表面粗糙度 Ra 值 <3.2>："/填写属性值或回车选默认值，结果见图 10-76（c）。

3. 图块的存盘

用图块命令定义的图块只能保存于当前图形中，虽然能随图形一起存盘，但不能用于其他图形中，用 Wblock 命令存盘的图块是公共图块，可供其他图形插入和引用。

键入 Wblock ↙/打开如图 10-80 所示对话框/选择源为"块"/取文件名（一般默认）/选择存盘路径/确认。

图 10-79 块的插入

图 10-80 块的保存

二、零件图绘制举例

下面以机械零件图为例，介绍绘制完整的二维工程图的一般过程。

如图 10-81 所示是一个典型的机械零件图，它是由凸台、圆筒主体、肋板、支撑板和底板等组成。现将该图形的绘制步骤叙述如下：

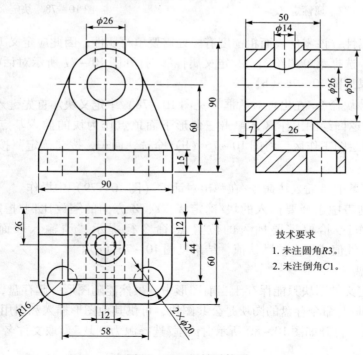

技术要求
1. 未注圆角 $R3$。
2. 未注倒角 $C1$。

图 10-81 机械零件图

1. 设置绘图环境

(1) 设定图纸幅面。应用 LIMITS 命令设定图纸幅面，本图可设定为 A3 图幅（420×297）。

利用 ZOOM 命令将设定好的图幅缩放到当前屏幕视窗。打开栅格显示，以清楚显示当前绘图的有效区。

(2) 创建图层。创建新图层，设置图层、颜色和线型。

2. 绘制图形实体

(1) 通过"图层"工具条，设置"中心线"为当前层。按图纸幅面布置视图的位置，绘制各视图的轴线及中心线。结果如图 10-82（a）所示。

(2) 绘制主视图。通过"图层"工具条，设置"粗实线"为当前层。根据已绘出的定位线绘制图形中的粗实线轮廓。绘图中，遵循先易后难，先已知后未知的顺序绘图。如该主视图中，先画直径 $\phi50$ 和 $\phi26$ 两个同心圆。应用"偏移"命令，由过圆心的水平点画线确定凸台和底板的水平轮廓线的位置，由过圆心的铅垂点画线确定凸台和底板的铅垂轮廓线的位置。结果如图 10-80（b）所示。

应用"延伸"、"修剪"和"删除"命令，对凸台和底板的主视图轮廓进行整理。应用"直线"命令，绘制肋板的主视图轮廓，画线过程中要应用目标捕捉方式"端点"和"切点"完成肋板轮廓的绘制。结果如图 10-80（c）所示。

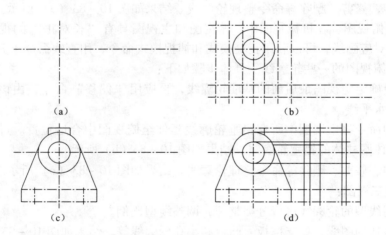

图 10-82 机械图绘制过程 I

(3) 绘制左视图。在机械制图中，左视图和主视图具有"高平齐"的视图投影对应关系。对于投影对应画线，可以利用正交模式和捕捉模式命令，用直线命令十分方便地根据主视图快速绘制左视图的一些轮廓线。具体步骤如下：

① 画线。确定左视图最左端的基准轮廓线，再应用"偏移"命令，由该轮廓线绘制左视图中所有的铅垂线。

② 用延伸命令将主视图中凸台和底板的水平轮廓线延伸至左视图的合适位置。

③ 画线。打开正交模式，应用目标捕捉模式过主视图的切点绘制水平线与左试图的两肋板轮廓线相交，过主视图的相应交点，绘制主体圆柱体的水平轮廓线。结果如图 10-82（d）所示。

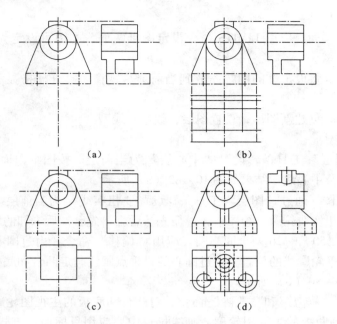

图 10-83 机械图绘制过程 Ⅱ

④ 用延伸、修剪、删除等命令整理轮廓线。结果如图 10-83（a）所示。

（4）绘制俯视图。在机械制图中，俯视图和主视图具有"长对正"的视图投影对应关系。对于投影对应画线，可以利用正交模式和捕捉模式命令，用直线命令十分方便地根据主视图快速绘制俯视图的一些轮廓线。具体步骤如下：

① 画线。确定俯视图最后面的基准轮廓线，再应用"偏移"命令，由该轮廓线绘制俯视图中所有的水平线。

② 用延伸命令将主视图中所有铅垂轮廓线延伸至俯视图中合适位置。过主视图的相应交点，绘制主体圆柱体的铅垂轮廓线。结果如图 10-83（b）所示。

③ 用延伸、修剪、删除等命令整理轮廓线。结果如图 10-83（c）所示。

（5）整理三视图：

① 将不同线型的轮廓线进行分类整理，调整线型比例。

② 补画残缺的图线，如支撑板、凸台和小孔轮廓线等。结果如图 10-83（d）所示。

3. 标注尺寸

（1）通过"图层"工具条，设置"尺寸"层为当前层。保证图形中所标注的尺寸在该图层上。

（2）建立尺寸样式，根据需要进行尺寸标注参数设置。

（3）打开对象捕捉模式，并在对象捕捉模式上击右键设置，在对话框中设置目标捕捉方式为"端点"。

（4）开始尺寸标注。

说明：对于图形中出现的符号，如零件的表面粗糙度、形位公差等，可单独处理。对于零件的表面粗糙度，可采用带有属性的图块来解决；对于形位公差，可采用引线标注；对于尺寸公差，可用尺寸文本编辑与多文本编辑中的"堆叠"来解决。

4. 填充图案

（1）通过"图层"工具条，设置"细实线"层为当前层。保证图形中所填充的图案在该图层上。

（2）启动"图案填充"命令，Auto CAD 2006 将打开"图案填充和渐变色"对话框，设置"图案"为 ANSI31，角度为 0°，根据需要调整比例的数值。

（3）单击"添加：拾取点"按钮，Auto CAD 暂时隐藏"图案填充和渐变色"对话框，用户可以在所需填充图案的区域内进行单击，Auto CAD 显示将要填充的边界。

为了确认填充的图案是否符合要求，选择完图案样式和填充边界后，在"图案填充和渐变色"对话框中，单击"预览"按钮，预览生成的剖面线。若填充的剖面线不满足要求，需要重新进行设置。

5. 定义和插入图幅

由于图幅格式及标题栏样式已经标准化，为了方便起见，可事先将各种型号的图幅格式及标题栏样式按规定的要求绘出，作成带有属性的图块，然后用图块存盘命令（Wblock）进行存盘，需要时插入即可。Auto CAD 2004 以上版本的中文版中带有国内国标模板，使用时更方便。如果是装配图，标题栏上面还有零件明细表，Auto CAD 2006 增加了表格功能，零件明细表的创建方法详见"表格"命令部分，这里不在赘述。

6. 标注文本

（1）创建并设置字体样式。创建工程字体，宽度系数 0.7。

（2）应用文本命令，在图形中添加文本，如填写标题栏和书写技术要求等。

7. 整理文件

绘图过程中，由于频繁地对图形进行创建和删除操作，在当前图形文件中可能存在一些已经没有用的图块、图层、尺寸标注样式、线型、打印样式、字体样式或外部引用等"垃圾"。Auto CAD 提供 Purge 命令允许清除这些垃圾，以减少磁盘空间占用和加速图形文件打开、保存等，减少文件大小也便于网上传输。

第九节　三维实体建模

Auto CAD 具有很强的实体建模功能，它以形体分析及平面图形的绘制为基础，通过对平面图形的拉伸、旋转，从而构成柱体及回转体，或通过基本实体绘制命令直接创建基本立体，再通过体与体的布尔运算（交、并、差）实现复杂工程形体的实体建模。本节简要介绍三维实体造型基本知识及造型方法。

一、三维建模的基本概念

Auto CAD 绘制三维实体首先要进行三维建模，在 Auto CAD 中，二维对象都是在 XOY 平面上，因此赋予图形对象一个 Z 轴方向的值，就可得到一个三维对象，这个过程就成为建模。Auto CAD 提供了三种建模方式。

1. 线框模型

线框模型三维对象的轮廓描述。线框模型没有面和体的特征，它由描述三维对象边框的点、直线、曲线所组成，如图 10 - 84（a）。利用 Auto CAD 2006，用户可以在三维建模中用二维绘图的方法建立线框模型，但构成三维线框模型的每一个对象必须单独用二维绘图的方法去绘制。对线框模型不能进行消隐、渲染等操作。

2. 表面模型

表面模型不仅定义了三维对象的边界，而且还定义了它的表面，及表面模型具有面的特征。Auto CAD 的表面模型是用多边形网格定义表面中的各小平面的，这些小平面组合起来可以近似构成曲面，如图 10 - 84（b）。这种建模只是表面的一个空壳，不能进行布尔运算，不能构造复杂实体。

3. 实体模型

三维实体模型具有体的特征，用户可以对它进行挖孔、挖槽、倒角及布尔运算等操作，可以分析实体模型的质量特征，如重心、体积、惯性矩等，而且还能将构成实体模型的数据生成 NC 代码等，如图 10 - 84（c）。实体模型可以用线框模型或表面模型的显示方式去显示。

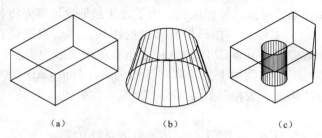

图 10 - 84　Auto CAD 中的三种三维模型

二、用户坐标系 UCS

利用 Auto CAD 作图时，Auto CAD 默认的坐标系（WCS）是以 XOY 平面为作图的基准面，但是在三维建模的过程中，常常需要不断的变换绘图基准面，将坐标系移动到不同的位置，变换移动后的坐标系称为用户坐标系 UCS。

坐标系图标放映当前坐标系的形式及坐标系的方位，系统可在屏幕上显示该图标。图 10 - 85 为各种不同样式的图标。

1. 控制 UCS 图标的可见性和位置

控制 UCS 图标的可见性和位置的方法：

"视图"→"显示"→"UCS 图标"→"开"（或"原点"、"特性"），若选择"开"，则屏幕显示图标，否则隐藏图标；若选择"原点"，则图标位于原点，否则图表位于屏幕左下角位置，选择"特性"则打开如图 10 - 86 所示的对话框进行设置。

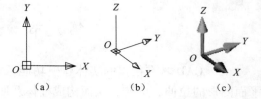

图 10 - 85　坐标系图标
(a) WCS 上的三维 UCS 图标；
(b) 三维 UCS 图标；(c) 着色 UCS 图标

2. 设置用户坐标系命令 UCS

设置用户坐标系在三维空间中的方向。

该命令的输入方法有三种：

(1) 图标菜单：单击

(2) 下拉菜单："工具（T）"→"新建 UCS（W）"→选项

(3) 命令行：UCS↲

3. 管理用户坐标系命令 UCSMAN

其功能是显示和修改已定义的和未命名的用户坐标系，并恢复正交 UCS。

该命令的输入方法有三种：

(1) 图标菜单：单击

(2) 下拉菜单："工具（T）" → "命名 UCS（U）" → "UCS 对话框"（如图 10-87）。

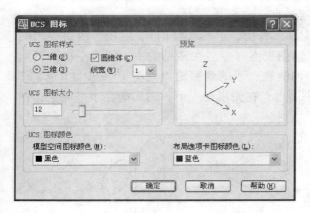

图 10-86　UCS 图标

图 10-87　UCS 对话框

(3) 命令行：UCSMAN↲

UCS 对话框中有命名 UCS、正交 UCS 和设置三个选项卡，其功能如下：

① "命名 UCS" 选项卡。用于列出当前已有的用户坐标系并设置当前 UCS。选择相应的 UCS 名称后，单击详细信息按钮，可以显示指定坐标系的详细信息。

② "正交 UCS" 选项卡。用于将 UCS 设置为某一正交模式，如图 10-88 所示。在 "相对于" 下面的下拉列表中选择某一坐标作为基础坐标，在当前 UCS 列表框中选择某一正交模式，单击详细信息按钮，可以显示指定坐标系的详细信息；单击置为当前按钮，可建立相应的 UCS。

③ "设置" 选项卡。用于设置 UCS 图标的显示形式和应用范围等，如图 10-89 所示。

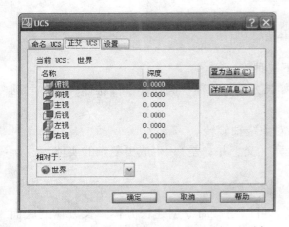

图 10-88　UCS 对话框的 "正交 UCS" 选项卡

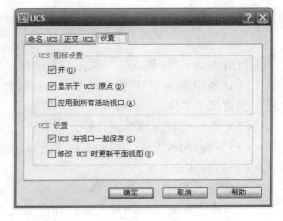

图 10-89　UCS 对话框的 "设置" 选项卡

三、模型空间图形的观察方法

Auto CAD 为用户提供了模型空间和图纸空间两种工作空间。

在 Auto CAD 系统中，可以用系统的模型空间模拟真实的三维空间。默认条件下，二维图形是画在 Z 坐标为 0 的 XY 坐标面上。系统默认的 XY 坐标画是水平面。俯视视点（Auto CAD 的默认视点）下，水平面上的图形反映实形。若想在正平面或侧平面上绘制二维图形，则需要改变视点、系统提供了方便地改变视点的命令 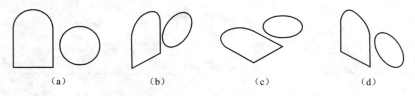。自左向右分别是俯视（常用）、仰视、左视（常用）、右视、主视（常用）、后视、西南等轴测（常用）、东南等轴测、东北等轴测、西北等轴测视点命令。在常见的主、俯、左视图视点下画的平面图形如图 10 - 90 (a)，在西南等轴测视点下的观察结果见图 10 - 90 (b) (c) (d)。即在主视视点下，二维图形将画在正平面上；在俯视视点下，图形画在水平面上；在左视视点下，图形画在侧平面上。

图 10 - 90 三维图形观察

(a) 平面图形；(b) 主视视点观察；(c) 俯视视点观察；(d) 左视视点观察

四、三维实体的创建

三维实体具有体的特征，表示整个对象的体积。执行实体造型的途径有下拉菜单、命令和"实体"工具条。实体造型工具条如图 10 - 91 所示。

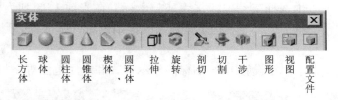

图 10 - 91 实体造型工具条

利用 Auto CAD 创建三维实体的方法有以下三种：

（1）利用 Auto CAD 提供的基本实体（例如长方体、球体、圆柱体、圆锥体、楔体和圆环）创建简单实体。

（2）沿路径将二维对象拉伸，或者将二维对象绕轴旋转。

（3）将前两种方法创建的实体进行布尔运算（交、并、差），生成更复杂的实体。

（一）创建基本实体

1. 创建长方体

长方体由底面（即两对角点）和高度定义。可以用 命令创建长方体。长方体的底面总与当前 UCS 的 XOY 平面平行。

创建长方体的步骤如下:
(1) 单击"实体"工具条中◎按钮。系统提示:
指定长方体的对角点或 [中心点 (CE)] 〈0, 0, 0〉:
指定角点或 [立方体 (C) /长度 (L)]:
指定高度:
(2) 生成长方体,如图 10-92 (a) 所示。

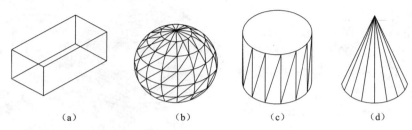

图 10-92 基本实体 (一)
(a) 长方体; (b) 球体; (c) 圆柱体; (d) 圆锥体

2. 创建球体

球体由中心点和半径或直径定义。可利用◎按钮创建球体。步骤为:
(1) 单击"实体"工具条中◎按钮。系统提示:
当前线框密度: ISOLINES=4
指定球体球心 〈0, 0, 0〉:
指定球体半径或 [直径 (D)]:
(2) 生成球,如图 10-92 (b) 所示。

3. 创建圆柱体

以圆或椭圆作底面创建圆柱体或椭圆柱体,圆柱的底面位于当前 UCS 的 XOY 平面上。可利用◎按钮创建圆柱体。步骤为:
(1) 单击"实体"工具条中◎按钮。系统提示:
当前线框密度: ISOLINES=4
指定圆柱体底面的中心点或 [椭圆 (E)] 〈0, 0, 0〉:
指圆柱体底面半径或 [直径 (D)]: 20
指圆柱体高度或 [另一圆心 (C)]: 30
(2) 生成圆柱体,圆柱体的轴线与 Z 轴平行,如图 10-92 (c) 所示。

4. 创建圆锥体

圆锥体由圆或椭圆作底面以及垂足在其底面上的锥顶点所定义,如图 10-92 (d) 所示,默认为圆锥体的底面位于当前 UCS 的 XOY 平面上,圆锥体的高平行于 Z 轴,高度值可以是正也可以是负。若用顶点选项,则顶点决定了圆锥体的高和轴线方向。创建步骤与圆柱体类似,故不述赘述。

5. 创建圆环体

圆环体与轮胎内胎相似,其创建按钮是◎。圆环体与当前 UCS 的 XOY 平面平行。步骤为:

(1) 单击"实体"工具条中 按钮。系统提示：

当前线框密度：ISOLINES = 4

指定圆环体中点〈0，0，0〉：

指圆环体半径或［直径（D）］：

指圆管半径或［直径（D）］：

(2) 生成圆环体，如图10-93（a）所示。

6. 创建楔体

楔体可用 命令创建。楔形的底面平行于当前UCS的 *XOY* 平面，其倾面正对第一个角。它的高可以是正也可以是负，并与 *Z* 轴平行。步骤为：

(1) 单击"实体"工具条中 按钮。系统提示：

指定楔体的第一角点或［中心点（CE）］〈0，0，0〉：

指定角点或［立方体（C）/长度（L）］：

指定高度：

(2) 生成楔体，如图10-93（b）所示。

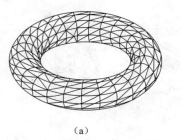
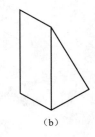

图10-93　基本实体（二）
(a) 圆环体；(b) 楔体

（二）创建拉伸实体和旋转实体

1. 创建拉伸实体

单击 命令，可以将二维的封闭的图形对象（如多段线、多边形、矩形、圆、椭圆、封闭的样条曲线、圆环和面域）拉伸成三维实体。在拉伸过程中，不但可以指定拉伸的高度，还可以是实体的截面拉伸方向变化。还可以将一些二维对象沿指定的路径拉伸。路径可以是圆、椭圆，也可以是圆弧、椭圆弧、多段线、样条曲线等组成。路径可以封闭，也可以不封闭。

下面以图10-94为例，介绍拉伸对象的方法和步骤。

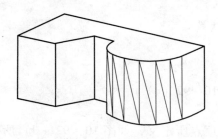

图10-94　拉伸实体

(1) 利用多段线绘制该形体下表面的二维对象。

(2) 单击"实体"工具条中 按钮。系统提示：

当前线框密度：ISOLINES = 4

选择对象：（选择要拉伸的对象）

指定拉伸高度或［路径（P）］：

指定拉伸的倾斜角度 <0>：

(3) 回车即可生成拉伸实体。

注意：若输入P（路径），选择作为路径的对象，即可拉伸实体。

拉伸倾斜角度是指拉伸方向偏移的角度，其范围是 −90°~90°。

2. 创建旋转实体

单击 命令，可以将二维的封闭的对象（如矩形、圆、椭圆、封闭的样条曲线）绕当前 UCS 坐标系的 X 轴或 Y 轴，旋转一定的角度形成实体。也可以绕直线、多段线或连个指定的点旋转对象。

下面以图 10-95 为例，介绍选转对象的方法和步骤。

（1）利用"多段线"命令绘制二维封闭对象，用"直线"命令生成直线。

（2）单击"实体"工具条中 ⊙ 按钮。系统提示：

指定对象：[指定要选转的对象，如图 10-95（a）所示]

指定旋转轴的起点或定义轴依照 [对象（O）/X 轴（X）/Y 轴（Y）]：O

选择对象：[指定旋转轴，如图 10-95（b）所示]

指定旋转角度 <360>：

（3）旋转角为 360°，回车即可生成旋转实体，如图 10-95（c）所示。

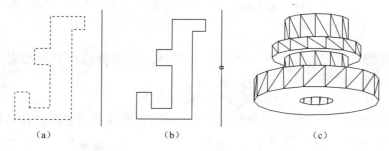

图 10-95 旋转实体过程
(a) 选择旋转对象；(b) 指定旋转轴；(c) 旋转实体

五、三维实体的编辑

创建三维模型之后，还可以对其进行布尔运算、旋转、阵列、镜像、修剪、倒角和到圆等编辑操作。

实体编辑工具条如图 10-96 所示。

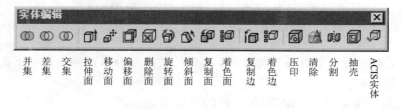

图 10-96 实体编辑工具条

通过对三维实体的布尔运算，可以利用简单的三维实体组合成比较复杂的实体。三维实体可以进行交、并、差运算，即布尔运算。布尔运算是创建复杂三维实体最主要的方法之一。布尔运算的对象是基本实体、拉伸实体、旋转实体和其他布尔运算实体。

1. 并集运算

并集运算是指将两个或者多个实体组合成一个新的复杂实体。下面以图 10-97 为例说明并集运算操作。

（1）绘制圆柱体和球体，如图 10-97（a）所示。

（2）执行 ◉ 命令。选择要合并的圆柱体和球体，即可完成并集运算，如图 10-97（b）所示。

（3）执行"消隐"命令，即可得到如图 10-97（c）所示实体效果。

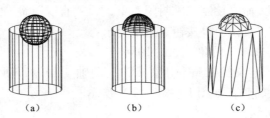

图 10-97 并集运算

(a) 并集运算前；(b) 并集运算后；(c) 消隐后

2. 差集运算

差集运算是指从选定的实体中减去另一个实体，从而得到一个新的实体。下面以图 10-98 为例说明差集运算操作。

（1）绘制圆柱体和球体，如图 10-98（a）所示。

（2）执行 ◉ 命令。选择要从中减去的实体圆柱体，选择要减去的实体球体，即可完成差集运算，如图 10-98（b）所示。

（3）执行"消隐"命令，即可得到如图 10-98（c）所示实体效果。

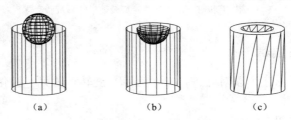

图 10-98 差集运算

(a) 差集运算前；(b) 差集运算后；(c) 消隐后

3. 交集运算

交集运算是指创建一个由两个或者多个实体的公共部分形成的实体。下面以图 10-99 为例说明差集运算操作。

（1）绘制圆柱体和球体，如图 10-99（a）所示。

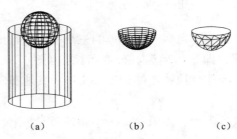

图 10-99 交集运算

(a) 交集运算前；(b) 交集运算后；(c) 消隐后

（2）执行 ⌖ 命令。选择相交的对象——圆柱体和球体，即可完成交集运算，如图 10-99（b）所示。

（3）执行"消隐"命令，即可得到如图 10-99（c）所示实体效果。

六、三位对象的图形编辑

1. 倒角

利用"倒角"命令可以切去实体的外角或填充实体的内角，从而在两相邻表面之间生成一个平坦的过渡面。下面以图 10-100 为例介绍实体倒角的操作过程。

（1）绘制如图 10-100（a）所示的长方体。然后选择下拉式菜单"修改（M）"→"倒角（C）"命令。

（2）选取长方形体的某条边，以确定要对其倒角的基面。

（3）确定后输入要倒角的距离，确定，在输入另一距离，确定。

（4）选择在基面上要倒角的边，回车，如图 10-100（b）所示。

2. 圆角

利用"圆角"命令可以在选定实体上倒圆角。系统默认时采用先确定倒圆角的半径，然后选择边界切除的方法。下面以图 10-101 为例介绍实体倒角的操作过程。

（1）绘制如图 10-101（a）所示的实体。然后选择下拉式菜单"修改（M）"→"圆角（F）"命令。

（2）选取实体上要倒圆的边线。

（3）输入圆角半径，确定，如图 10-101（b）所示。

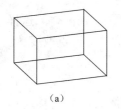

（a） （b）

图 10-100 实体倒角

（a）倒角前；(b）倒角后

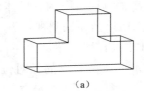 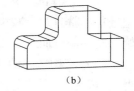

（a） （b）

图 10-101 实体倒圆角

（a）倒圆角前；(b）倒圆角后

3. 剖切

对三维实体进行剖切操作，是为了看清楚其内部结构。剖切时，首先要选择剖切的三维对象，然后确定剖切平面的位置。当确定完剖切平面的位置后，还必须指明是否将实体分割成的两部分保留。下面以图 10-102 为例介绍实体倒角的操作过程。

（1）单击 ⌖ 命令。

（2）选择剖切的三维实体，如图 10-102（a）所示。

（3）指定剖切平面。

（4）保留两侧（B），得到最后结果，如图 10-102（b）所示。

 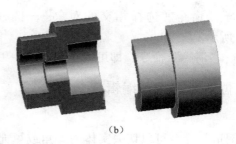

(a)　　　　　　　　　　　　　　(b)

图 10 - 102　剖切实体
(a) 剖切前；(b) 剖切后

七、三维造型要领

（1）在默认状态下，系统构造的三维形体，对于圆柱体、圆锥体、圆环体，其轴线是 Z 轴方向的；对于长方体、楔形体，底面在 XY 坐标面或其平行面上，高度方向是 Z 轴方向；对于拉伸体，平面图形画在 XY 坐标面上，沿 Z 轴方向拉伸。因此，在不同的视点下，可构造不同方向的三维基本立体。图 10 - 103 为不同视点下构造的三维基本立体。

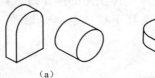 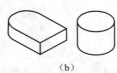 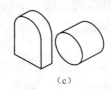

(a)　　　　　　　　(b)　　　　　　　(c)

图 10 - 103　不同视点下构造的三维基本立体
(a) 主视视点下构造形体；(b) 俯视视点下构造形体；(c) 左视视点下构造形体

（2）推荐读者在西南轴测视点下构造形体，即每次转换视点后都要按按钮 。这样造型过程非常直观，减少出错。当在轴测视点下不容易作出判断时，可随时将视点改变为主、俯、左视图方向来检查作图的正误。

（3）将构造好的基本形体按要求的相对位置定位后，进行布尔运算（交、并、差）可得到组合体。形体的定位途径是多种多样的，如可按所需姿态造好形体后，采用移动命令 移动形体至准确位置；也可直接将形体构造在准确的位置上；若形体的姿态不合乎要求，在平面视图下采用二维编辑命令改变姿态，也可以在轴测观察模式下通过三维编辑命令中的三维旋转等命令改变姿态。

八、三维实体造型举例

例 10 - 15　创建如图 10 - 104 所示填料压盖的实体模型。

首先要进行形体分析，该零件由带有两圆孔的底板及圆筒构成，各部分均为柱体，故可采用拉伸的方法创建立体。具体步骤如下：

（1）画截面。按照图 10 - 105 的尺寸，在 Auto CAD 二维环境画出填料压盖的左视图，并将最外面轮廓创建为面域，作为待拉伸的截面。

（2）拉伸。以刚才创建的面域和两小圆为截面，拉伸高度 10；以直径 34 和 22 圆为截面,拉伸高度 26,结果见图 10-105,图 10-106 是西南轴测方向观察的结果。

(3) 运算。将底板与大圆柱体作布尔并运算,然后用主体造型减去两个小圆柱体及中心圆柱体,消隐后的结果见图 10-107,图 10-108 是体着色效果。

(4) 调整立体到合适大小和位置,存盘。

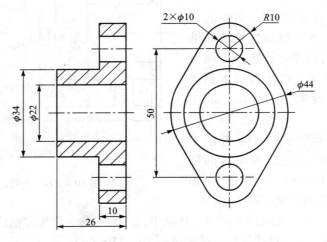

图 10-104 填料压盖视图

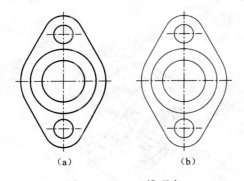

图 10-105 二维观察

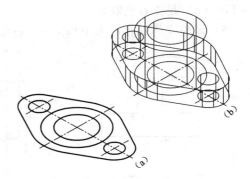

图 10-106 西南轴测方向观察

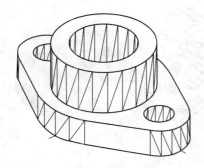

图 10-107 运算后消隐效果

图 10-108 着色效果

例 10-16 创建如图 10-109 所示皮带轮的实体模型。

对皮带轮进行形体分析，该零件主体部分为回转体，只是中间轮孔带有键槽，故可采用面域回转的方法创建主体，然后减去键槽。具体步骤如下：

（1）画截面。按照图 10-109 的尺寸，在 Auto CAD 二维环境画出皮带轮轴线及其以上剖面部分的平面图形（不画键槽部分），并将剖面部分的平面图形创建为面域，作为待旋转的截面。如图 10-110（a）所示。

（2）旋转。用旋转创建实体，将刚才创建的面域旋转 360°，完成回转体的创建，结果见图 10-110（b），图 10-110（c）是西南轴测方向消隐观察的结果。

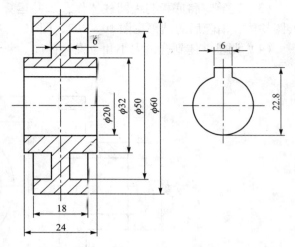

图 10-109 皮带轮视图

（3）拉伸键槽。在三维视图左视观察环境下，用矩形命令创建键槽面域，如图 10-110（d），拉伸长度 -24，完成键槽拉伸。结果见图 10-110（e）。

（4）运算。用主体造型回转体减去键槽长方体，消隐后的结果见图 10-110（f），图 10-110（g）是体着色效果。

（5）调整立体到合适大小和位置，存盘。

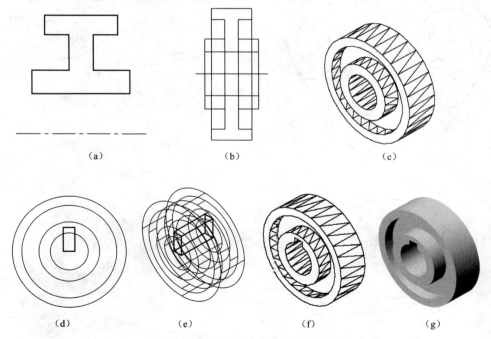

图 10-110 皮带轮的实体建模过程
(a) 平面图形；(b) 旋转结果；(c) 消隐轴测观察；(d) 创建键槽面域；
(e) 拉伸键槽面域；(f) 差集运算结果；(g) 体着色效果

第十节 图形输出

Auto CAD 系统提供了在模型空间和布局中打印。与 Microsoft Office Word 类似，Auto CAD 也提供页面设置，并且存盘时将页面设置信息存入文件中。在模型空间和布局中均可进行打印设置，方法是选择菜单"文件（F）"/"页面设置管理器（G）"。

一、页面设置

图 10-111 为页面设置管理器，单击"修改"按钮后弹出页面设置对话框（打印对话框与此对话框类似）。在"打印机/绘图机"标签下（见图 10-112），"名称（M）"域用于选择所用的打印机，按"特性（R）"按钮可改变打印机属性（如进纸方式、打印质量等）。"打印样式表（G）"域中可选择打印样式、编辑已有的打印样式或定义新的打印样式。系统默认样式为"无"，此方式下，按彩色打印方式打印。此时若使用黑白打印机，打印出的线条为灰度效果而并非黑白效果；若想打印成黑白图，应选择下拉列表中"monochrome.ctb（单色模式）"。系统默认打印线宽随图层设置而定。

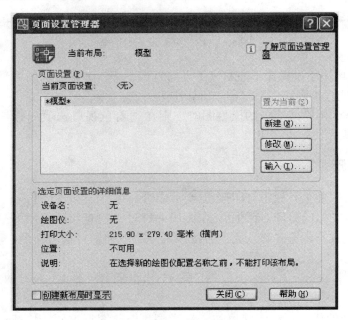

图 10-111 页面设置管理器

在"图纸尺寸（Z）"下拉列表中可选择纸张大小，该域下方还提供使用该纸张时的打印尺寸范围；"图形方向"域中可设置横向打印或纵向打印；"打印区域"域用于确定打印范围。默认为"显示"选项，下拉列表可选择其他选项。"显示"选项：打印当前屏幕上显示的图形；"图形界限"选项：打印图限范围内的图形；按"窗口"选项，则可用鼠标在绘图工作区确定一个矩形区域作为打印范围。

"打印比例"域中"比例"下拉列表中可选择打印比例，默认为"布满图纸（I）"方式（按图纸空间缩放），即将打印范围内的图形在所选择的图幅上满幅打印。

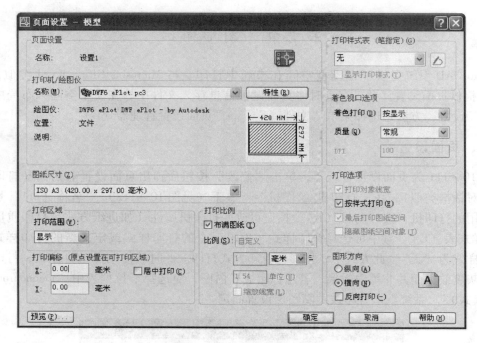

图 10-112 页面设置对话框

"打印偏移"域用于设置图形左右（X方向）或上下（Y方向）的移动距离。选择"居中打印（C）"复选框，则将图形打印在纸张中央。

若想打印线框、消隐或渲染的模型图时，则在"着色视口选项"标签下选择相应的选项，默认为"按显示"方式打印。

二、输出图形

出图时，单击标准工具栏中打印按钮 ，或选择菜单"文件（F）/打印（P）"，出现与页面设置对话框类似的打印对话框（见图 10-113），检查实际使用的打印机与页面设置中的打印机是否一致，预览并确认无误后按"确定"按钮即可输出图形。

本章小结

1. 计算机绘图的优点：绘图速度快、精度高；修改图形方便、快捷；复制方便；图形易于保存、管理；可促进产品设计的标准化、系列化，缩短产品的开发周期；便于网络传输。

2. Auto CAD 2006 操作界面包括：标题栏、菜单栏、工具栏、绘图区、坐标系图标、命令行、状态栏、滚动栏。

3. Auto CAD 绘图步骤：新建（或打开）、绘制、保存、关闭、输出。

4. 作图前要对 Auto CAD 进行的基本设置包括：设置图形界限；设置线型比例；设置图层、颜色和线型；设置线宽；更换图层；绘图区背景颜色的设置；状态栏的设置。

5. 图形坐标的表示方法：

图 10-113　打印对话框

（1）绝对坐标——绝对坐标通过 X、Y 轴上的绝对数值来表示点的坐标位置。

（2）相对坐标——通过新点相对于前一点在 X、Y 轴上的增量来表示新点的坐标位置。

（3）极坐标——通过新点与前一点的连线，与 X 轴正向间的夹角以及两点间的矢量长，来表示新点的坐标位置。

6. 任何复杂的图形都是由基本的直线、多线段、圆、圆弧、椭圆、方、多边形等元素组成，这些绘制基本元素的命令都可通过三种命令方式发出，即下拉菜单"绘图"中的各选项、单击"绘图工具栏"的各种命令按钮、在"命令行"直径输入命令。

7. 使用基本编辑命令可对图形移动、旋转、复制、拉伸、修剪等，Auto CAD 还可对图象进行圆弧过渡或修倒角、创建镜像对象、创建环形或矩形对象阵列等。

8. 在 Auto CAD 2006 中可以为图形进行文本标注和说明，另外，在图形中还经常出现一些诸如直径符号（ϕ），角度符号（°）等。这些在 Auto CAD 中都可以实现。对于已标注的文本，还有相应的编辑命令，使得绘图中文本标注能力大为增强。

9. 文本标注类型可用来设定：字体、字体样式、字高、效果等。

10. 标注样式可用来设定：尺寸线、尺寸界线、箭头、圆心等；文字的外观位置和对齐方式；尺寸数字的格式与精度，以及尺寸文字的前缀与后缀；公差及公差的标注格式。

11. 可通过"标注工具栏"上的命令按钮、"标注下拉菜单"中的各选项及在命令行上直接输入标注命令来进行尺寸标注。

12. 绘制平面图形的步骤：先进行平面图形分析，进行尺寸分析和线段分析，尺寸分析的重点是确定图形上各尺寸的性质，即确定图中所注尺寸是定形尺寸（确定对象形状和大小的尺寸）或是定位尺寸（确定对象在整个图形中位置的尺寸）；线段分析则是在尺寸分析的基础上，确定各线段的性质，即分清已知线段（定形尺寸和定位尺寸齐全）、中间线段

（定位尺寸不全）和连接线段（无定位尺寸）等三类线段。然后进行平面图形的绘制。

13. 图块是由若干个单个实体组合成的复合实体。定义成图块的实体可当作单一的对象来处理，可以在图形中的任何地方插入。

14. 创建图块步骤为：画出图形；定义属性；创建图块。

15. 绘制零件图的步骤为：设置图纸幅面、创建图层、绘制视图、整理三视图、标注尺寸、填充图案、定义和插入图幅、标注文本、整理文件。

16. Auto CAD 提供了三种建模方式：线框模型、表面模型、实体模型。

17. 利用 Auto CAD 创建三维实体的方法有以下三种：

（1）利用 Auto CAD 提供的基本实体（例如长方体、球体、圆柱体、圆锥体、楔体和圆环）创建件简单实体。

（2）沿路径将二维对象拉伸，或者将二维对象绕轴旋转。

（3）将前两种方法创建的实体进行布尔运算（交、并、差），生成更复杂的实体。

18. 输出图形先进行页面设置，然后输出图形。

参 考 文 献

[1] 刘朝儒，彭福荫，高政一．机械制图．第4版［M］．北京：高等教育出版社，2001．
[2] 冯秋官．机械制图与计算机绘图．第3版［M］．北京：机械工业出版社，2005．
[3] 王巍．机械制图［M］．北京：高等教育出版社，2003．
[4] 薄继康，张强华．Auto CAD 2006实用教程［M］．北京：电子工业出版社，2006．
[5] 柳阳明．汽车识图［M］．北京：机械工业出版社，2005．